JN322826

はじめて学ぶ

測量士補
受験テキスト
Q&A

基礎から合格までの道案内

この1冊で合格できる！

國澤 正和 編著

弘文社

はじめに

　測量法によると，「測量とは土地の測量をいい，距離や面積はGRS80楕円体の表面の値で表示する。」，国土交通大臣は，公共測量について作業規程の準則により，「標準的な作業方法等を定める。」等と規定されています。本書では，これらGRS80楕円体，公共測量，作業規程の準則等，測量用語を一つ一つ説明することにより，測量の理解を深め，測量士補受験の準備を図ることを目標としています。

　また，平成14年に測量法が改正され，日本測地系から世界測地系へ，平成20年には施行令が改正され，測量士補の試験科目に「測量に関する法規」が加わり，従来の三角測量・多角測量が統一され「GNSSを含む多角測量」へと変わり，三角測量はなくなっています。また，測量の各分野において，GNSS測量，数値地形測量などアナログからデジタル化へと進展しています。これらの新技術，多様な作業方法の導入等について公共測量の作業規程の準則に基づき，説明することにより，新しい測量技術の理解を深めます。

　「基本測量・公共測量に従事する技術者は，測量士又は測量士補でなければならない。測量士は作業計画を作製し又は実施する。測量士補は，作業計画に従い測量に従事する。」（測量法第48条）とその任務を定めています。このように，測量士・測量士補の資格は，測量に従事するすべての技術者に必要となります。

　測量士・測量士補の国家試験は，年齢・学歴に関係なく誰でも受験でき，原則として毎年5月中旬の日曜日に実施されます。この国家試験は，基本測量又は公共測量に従事する測量技術者として，専門的技術を有するかどうかを判定するものです。測量士補の試験科目は8科目から28題出題され，出題形式は5肢択一式（マークシート）で，合格基準は18問以上の正解です。

　本書は，はじめて測量士補の受験に取り組む受験生を対象に，測量作業について読者の質問に答えるQ&A形式で各項目ごとに基本事項を見開き2ページにまとめて説明しています。本書を受験テキストとして有効に活用され，多くの皆様が測量士補試験に合格されることを願っております。

　　　　　　　　　　　　　　　　　　　　　　　　　　著者　しるす

本書の特徴

　本書では，測量士補試験に出題される8科目28題の問題（P5，表1参照）を，113の重要項目に分類して取り上げQ＆A形式で説明しています。

1．各項目は，公共測量の「作業規程の準則」に基づいて，標準的な作業方法を詳しく説明しています。測量士・測量士補の試験は，「作業規程の準則」に基づいて出題されます。

2．まず最初に，測量についての概要及び基本的な考え方を理解するために，第1章に「測量士補入門」編を設け，ガイダンスとしています。第2章以降の学習を進める上で役に立ちます。

3．各項目は，読者の質問に答えるQ＆A形式で113項目にまとめ，1項目ごとに測量の基本事項を解説し，〔理解度の確認〕で理解ができたかどうかの確認をするための演習問題を設けています。

4．各項目の内容については，学習の途中でも理解度を深められるように，要点理解 ➡ P00 で関連事項へジャンプして学習できるように工夫しています。関連事項と結びつけて学習することにより，理解を深めることができます。

5．各章末の演習問題は，最新の出題問題です。各項目の理解度を確認するために必ずチャレンジして下さい。測量士補の試験は，60％余りが文章問題で，計算問題は40％弱です。多くの問題は，過去の問題と類似しており，過去の問題を調べておけば十分に対応できます。
　なお，問題集「直前突破！測量士補問題集」（弘文社）との併用で学習効果がさらに上がります。

6．巻末に，測量の重要用語，測量に必要な数学公式一覧表及び索引等を設けて学習の手助けとしています。不明な点があれば辞書代わりに活用することにより，より一層の理解を深めることができます。

測量士補の試験科目

1. 平成20年，測量法施行令の改正に伴い，「**公共測量の作業規程の準則**」が改定され，また，平成21年度から測量士補の試験科目の区分が表・1に示す8科目（28題）に変更となりました。
2. 試験科目の変更は，新たに加わった「**測量に関する法規**」及び従来の三角測量・多角測量が統合され，「**GNSS測量を含む多角測量（汎地球測位システム）**」となった他は，従前と変わりません。

表・1　測量士補の試験科目の区分

新科目区分	出題数・問題番号	備考
1．測量に関する法規	3題 (No1～No3)	新規 (測量法，地理空間情報活用推進基本法等)
2．多角測量	5題 (No4～No8)	GNSS測量（汎地球測位システム）を含む多角測量
3．汎地球測位システム測量		旧区分の三角・多角測量
4．水準測量	4題 (No9～No12)	
5．地形測量	4題 (No13～No16)	GIS（地理情報システム）を含む地形測量
6．写真測量	4題 (No17～No20)	航空レーザ測量を含む空中写真測量
7．地図編集	4題 (No21～No24)	GIS（地理情報システム）を含む地図編集
8．応用測量	4題 (No25～No28)	路線測量，河川測量，用地測量

① 「準則」の改定により，GPS測量の名称がGNSS測量となりました。
　「GNSS（Global Navigation Satellite Systems：汎地球測位システム）とは，人工衛星からの信号を用いて位置を決定する衛星測位システムの総称で，GPS（米国），GLONASS（ロシア），Galileo（ヨーロッパ）及び準天頂衛星（日本）等の衛星測位システムがある。GNSS測量においては，GPS，GLONASS及び準天頂衛星システムを適用する」となっています（準則第21条）。
② 応用測量とは，基準点測量，水準測量，地形測量及び写真測量などの測量方法を活用し，目的に応じてこれらを組み合せて行う測量をいいます。

= 目 次 =

測量士補試験受験案内 14

第1章　測量士補入門

Q1.　測量の定義 18
　　測量とは，どのような作業をいうのですか？
Q2.　測量の分類・新しい測量技術の動向 20
　　測量作業は，どのように分類しますか？
Q3.　測量の基準 22
　　地形・地物の位置は，どのような基準で決めるのですか？
Q4.　投影法と平面直角座標 24
　　球面から平面へ，どのように投影しますか？
Q5.　測量の原点 26
　　日本の測地座標の原点は，どこにあるのですか？
Q6.　測定値の誤差（誤差論） 28
　　測定値には，どのような誤差が含まれているのですか？
Q7.　測定値の取り扱い（軽重率） 30
　　測定データは，どのように計算処理しますか？
Q8.　誤差の伝播 32
　　誤差は，測定結果にどのように影響しますか？
Q9.　観測の種類 34
　　観測には，どのような方法がありますか？
Q10.　三角関数と測量 36
　　測量では，三角関数がどのように使われますか？
Q11.　弧度法（ラジアン）と測量 38
　　ラジアン単位は，どのように使われますか？
Q12.　二項定理・ベクトルと測量 40
　　二項定理・ベクトルは，どのように測量計算に使われますか？
Q13.　関数表の使用方法 42
　　演習問題 43

第2章　測量に関する法規

- Q1．測量法の概要 ……………………………… 50
  測量法とは，どのような法律ですか？
- Q2．測量の基準1（日本経緯度原点等） ……………………………… 52
  測量の位置の基準は，どのように決められていますか？
- Q3．測量の基準2（座標変換） ……………………………… 54
  座標変換は，どのようにするのですか？
- Q4．基本測量・公共測量 ……………………………… 56
  公共測量とは，どのような測量ですか？
- Q5．測量士・測量士補，作業規程の準則 ……………………………… 58
  標準的な測量作業は，どのように行われますか？
- Q6．地理空間情報活用推進基本法 ……………………………… 60
  地理情報システムとは，どのようなものですか？
- Q7．電子国土基本図・国土調査法 ……………………………… 62
  測量法と関連する法律には，どのようなものがありますか？

演習問題 ……………………………… 64

第3章　多角（基準点）測量

- Q1．多角（基準点）測量 ……………………………… 70
  多角測量とは，どのような測量ですか？
- Q2．基準点測量の作業工程 ……………………………… 72
  基準点測量の作業内容は，どのようなものですか？
- Q3．セオドライト（角の測定） ……………………………… 74
  セオドライトは，どのような測量機器ですか？
- Q4．セオドライトの器械誤差と消去法 ……………………………… 76
  器械誤差には，どのようなものがありますか？
- Q5．距離の測定（鋼巻尺） ……………………………… 78
  基準点測量の距離の測定は，どのように行いますか？
- Q6．光波測距儀の特徴と誤差 ……………………………… 80
  光波測距儀で距離は，どのように求めるのですか？
- Q7．トータルステーション（TS） ……………………………… 82
  TS等観測で距離は，どのように求めますか？
- Q8．方向観測法（測角） ……………………………… 84
  水平角の観測値の良否は，どのように判定するのですか？

- Q9. 方向観測法のデータの整理 ……………………… 86
  水平角測定データは，どのように整理しますか？
- Q10. 鉛直角の観測 ……………………… 88
  鉛直角の測定は，どのようにするのですか？
- Q11. 高低計算（間接水準測量） ……………………… 90
  高低差（比高）は，どのように求めるのですか？
- Q12. 偏心補正1（偏心要素） ……………………… 92
  測標が標石とずれている場合，どのように補正しますか？
- Q13. 偏心補正2（計算例） ……………………… 94
  偏心計算は，どのようにするのですか？
- Q14. 結合トラバース1（単路線方式） ……………………… 96
  結合トラバースの計算は，どのようにするのですか？
- Q15. 結合トラバース2（計算例） ……………………… 98
  閉合差及び座標は，どのように求めるのですか？
- Q16. 平面直角座標と基準点成果表 ……………………… 100
  基準点の測量成果は，どのように表示するのですか？

演習問題 ……………………… 102

第4章　GNSS測量（多角測量）

- Q1. GNSS測量（汎地球測位システム） ……………………… 110
  GNSS測量とは，どのような測量ですか？
- Q2. GNSS測量の特徴 ……………………… 112
  GNSS測量の特徴は，どのようなものですか？
- Q3. GNSS測量と基準点測量 ……………………… 114
  GNSS測量は，どのように活用されますか？
- Q4. GNSS観測 ……………………… 116
  GNSS測量の観測は，どのようにするのですか？
- Q5. GNSS観測の作業工程 ……………………… 118
  GNSS観測の作業工程は，どのようになっていますか？
- Q6. 搬送波及び楕円体高 ……………………… 120
  搬送波に与える影響には，どのようなものがありますか？
- Q7. 基線ベクトル1（許容範囲） ……………………… 122
  基線ベクトルの許容範囲は，どれ位ですか？

Q8. 基線ベクトル2（計算） ················· 124
　　基線ベクトルは，どのように求めるのですか？
Q9. GNSS測量の活用 ······················· 126
　　GNSS測量は，どのような測量分野に活用されますか？
Q10. 地形測量等への活用 ···················· 128
　　GNSS測量は，地形測量でどのように活用されますか？
演習問題 ··· 130

第5章　水準測量

Q1. 水準測量（定義） ······················· 138
　　水準測量とは，どのような測量ですか？
Q2. 観測の方法 ··························· 140
　　直接水準測量は，どのようにするのですか？
Q3. 水準儀と視準線の関係 ··················· 142
　　視準線を水平にするのには，どのようにするのですか？
Q4. 水準器の感度 ························· 144
　　水準器の感度は，どのように求めるのですか？
Q5. 水準儀の点検・調整 ····················· 146
　　水準儀の点検・調整は，どのようにするのですか？
Q6. 水準測量の誤差と消去法 ················· 148
　　測定値の誤差は，どのように取り除くのですか？
Q7. 標尺補正及び球差・気差・両差 ············ 150
　　球差・気差は，測定値にどのように影響しますか？
Q8. 渡海（河）水準測量 ····················· 152
　　水準路線の途中に河がある場合，どのように観測しますか？
Q9. 器高式・昇高式野帳の記入 ··············· 154
　　観測野帳は，どのように記入するのですか？
Q10. 水準測量の平均計算（最確値） ············ 156
　　標高（最確値）は，どのように求めるのですか？
Q11. 往復観測値の誤差の許容範囲 ············· 158
　　水準測量の誤差の許容範囲は，どれ位ですか？
Q12. 閉合差・環閉合差の点検計算 ············· 160
　　水準環の観測値の良否は，どのように判定しますか？
演習問題 ··· 162

第6章　地形測量（GISを含む）

Q1．地形測量 ·················168
　地形測量とは，どのような測量ですか？
Q2．平板測量 ·················170
　平板測量とは，どのような測量ですか？
Q3．細部測量 ·················172
　細部測量は，どのように実施するのですか？
Q4．等高線の測定 ·················174
　等高線は，どのようにして求めますか？
Q5．数値地形測量 ·················176
　数値地形測量は，どのような測量方法ですか？
Q6．数値地形測量の特徴 ·················178
　数値地形測量の特徴は，どのようなものですか？
Q7．数値地形測量のデータ形式 ·················180
　ラスタデータ，ベクタデータは，何を表しているのですか？
Q8．地理情報システム（GIS）の構築 ·················182
　トポロジー情報は，何を表すのですか？
Q9．基盤地図情報（位置情報） ·················184
　基盤地図情報は，どのように構築しますか？
Q10．地理空間情報（GIS） ·················186
　GISは，どのように利用されていますか？

演習問題 ·················188

第7章　写真測量

Q1．空中写真測量 ·················194
　空中写真測量とは，どのような測量ですか？
Q2．空中写真測量の原理 ·················196
　空中写真測量の原理は，どのようなものですか？
Q3．対空標識及び写真縮尺 ·················198
　対空標識は，何のために設置するのですか？
Q4．空中写真の撮影計画 ·················200
　空中写真の撮影は，どのように行いますか？
Q5．空中写真の撮影コース ·················202

空中写真の撮影コースは，どのように決めますか？
- Q 6． 単写真の性質 ·················· 204
  写真上の位置は，どのようにひずんでいるのですか？
- Q 7． 実体鏡による比高の測定 ·················· 206
  実体視は，どのようにするのですか？
- Q 8． 同時調整 ·················· 208
  同時調整では，どのようなことをするのですか？
- Q 9． 相互標定（標定要素） ·················· 210
  ステレオモデルを作るためには，どうしますか？
- Q10． 数値図化 ·················· 212
  数値図化は，どのようにしますか？
- Q11． 既成図数値化・修正測量 ·················· 214
  数値地形図データの取得は，どのようにしますか？
- Q12． 写真地図の作成 ·················· 216
  写真地図は，どのようにして作るのですか？
- Q13． 航空レーザ測量 ·················· 218
  航空レーザ測量とは，どのような測量方法ですか？
- Q14． 数値標高モデル（DEM） ·················· 220
  数値標高モデルは，どのように利用されていますか？
- Q15． 写真の判読 ·················· 222
  空中写真からどのような内容が読み取れますか？

演習問題 ·················· 224

第8章　地図編集（GISを含む）

- Q 1． 地図投影法 ·················· 232
  球面から平面へは，どのように投影するのですか？
- Q 2． メルカトル図法と横メルカトル図法 ·················· 234
  横メルカトル図法は，どのような投影法ですか？
- Q 3． 平面直角座標 ·················· 236
  平面直角座標は，どのように投影されたものですか？
- Q 4． UTM（ユニバーサル横メルカトル）図法 ·················· 238
  UTM図法の特徴は，どのようなものですか？
- Q 5． 平面直角座標とUTM図法 ·················· 240
  平面直角座標とUTM図法は，何が違うのですか？

Q6. 地形図の経緯度と図郭 ……………………242
　　地形図の番号は，どのように付けられるのですか？
Q7. 地図編集作業 ……………………244
　　地図の編集作業は，どのようにするのですか？
Q8. 編集描画 ……………………246
　　地形図は，どのように編集されるのですか？
Q9. 図式の概要1（道路・鉄道等） ……………………248
　　地形図の図式は，どのように決められていますか？
Q10. 図式の概要2（建物等・建物記号） ……………………250
　　地形図上で建物等は，どのように表示されますか？
Q11. 図式の概要3（水部・陸部の地形） ……………………252
　　地形図から現地の地形が分かりますか？
Q12. 1/2.5万地形図の整飾 ……………………254
　　地形図の見方は，どのようにするのですか？
Q13. 1/2.5万地形図の読図1（建物記号等） ……………………256
　　地形図からどのようなことが読み取れますか？
Q14. 1/2.5万地形図の読図2（計測） ……………………258
　　地形図からどのようなことが計測できますか？
Q15. 1/2.5万地形図の読図3（計測） ……………………260
　　地形図上で見通しができるか判定できますか？
Q16. GIS（地理情報システム） ……………………262
　　GISは，どのように利用されていますか？

演習問題 ……………………264

第9章　応用測量

Q1. 路線測量（作業工程） ……………………272
　　路線測量とは，どのような測量ですか？
Q2. 路線測量の作業内容 ……………………274
　　道路の線形は，どのように決定されますか？
Q3. 中心線測量・縦横断測量 ……………………276
　　縦断面図・横断面図は，どのように作成するのですか？
Q4. 曲線の設置（記号・公式） ……………………278
　　曲線の設置では，どのような計算が行われますか？

Q 5. 偏角測設法 ····················280
　　　単心曲線は，どのように設置するのですか？
Q 6. 路線変更計画 ····················282
　　　路線変更は，どのようにするのですか？
Q 7. 障害物がある場合の曲線設置 ····················284
　　　曲線設置作業中に障害物があった場合，どうしますか？
Q 8. 河川測量（作業工程） ····················286
　　　河川測量とは，どのような測量ですか？
Q 9. 河川堤防等 ····················288
　　　河川測量の測量区域は，どこまでですか？
Q10. 平均流速公式及び流量測定 ····················290
　　　河川の流速・流量は，どのように求めますか？
Q11. 用地測量（作業工程） ····················292
　　　用地測量とは，どのような測量ですか？
Q12. 面積の計算 ····················294
　　　面積は，どのように求めるのですか？
Q13. 境界線の整正 ····················296
　　　多角形の土地を長方形に整正するには，どうしますか？
Q14. 体積の計算 ····················298
　　　土地造成の土量の体積は，どのように求めますか？
演習問題 ····················300

付　録

1．測量用語 ····················308
2．測量のための数学公式 ····················318
3．関数表 ····················327
4．ギリシャ文字・接頭語 ····················328
索　引 ····················329

◎ GISに関しては，以下の項目を参照して下さい。
　　P 60, Q 6. 地理空間情報活用推進基本法
　　P182, Q 8. 地理情報システム（GIS）の構築
　　P184, Q 9. 基盤地図情報（位置情報）
　　P186, Q10. 地理空間情報（GIS）
　　P262, Q16. GIS（地理情報システム）

測量士補試験
受験案内

試 験 日	測量士試験とともに5月中旬（日曜日）
受 験 地	北海道，宮城県，秋田県，東京都，新潟県，富山県，愛知県，大阪府，島根県，広島県，香川県，福岡県，鹿児島県，沖縄県
試験手数料	書面による場合（収入印紙による）　2 850円
受 験 資 格	学歴・実務経験・年齢に関係なく受験可能

1．受験申込みの手続：
(1) 受験願書受付期間
　1月上旬～下旬（日程は変更される場合もありますので，必ず事前に確認をしてください）。受験願書用紙等は1月上旬から下記の場所で交付されます。
　① 交付場所
　　・国土地理院及び各地方測量部，沖縄支所
　　・各都道府県の土木関係部局（東京都は都市整備局）の主務課
　　・（公社）日本測量協会及び各地方支部
　② 入手方法
　　・受験願書交付場所で直接受け取ってください。
　　・郵送による請求の場合，郵便で交付場所に申請してください。

(2) 提出書類
　受験願書1部及び写真票等1部（国土地理院配布のものに限る）
　願書は鉛筆又はシャープペンシルで記入してください。

(3) 提出方法
　「受験願書受付場所」に持参し直接提出する方法と，郵送で提出する方法とがあります。受験願書1部及び写真票等1部を，必要事項を記入した指定の申込用封筒に入れて提出してください。収入印紙，写真，切手は必ず所定の欄に貼ってください。郵送で提出する場合は，指定の申込用封筒により簡易書留郵便で送付してください。

（4）受験願書受付場所
　　　国土地理院総務部総務課
　　　〒305-0811　茨城県つくば市北郷1番
　　　　　TEL　029-864-8214，8248

2．受験票の交付：
　　受験番号及び試験場を明記した受験票は，4月下旬に受験者あてに送付されます。

3．試験当日：
　①試験時間は，午後1時30分から午後4時30分までの3時間です。
　②試験当日は，直接試験室にお入りください。また，試験室において試験に関する注意の説明がありますので，試験開始時刻の30分前までに試験室にお入りください。
　③持参するもの
　　<u>【受験票，時計又はストップウォッチ（時計機能のみのものに限り，アラーム等音の出る機能の使用は不可），鉛筆又はシャープペンシル0.5mm（HB又はB），鉛筆削り（電動式・大型のもの・ナイフ類を除く。）消しゴム，直定規（三角定規及び三角スケールは使用できません。また，目盛以外の記載がある直定規は不可となります。）】</u>
　　<u>電卓の使用について（不可）</u>

4．受験に関する問い合わせ：
　　国土地理院総務部総務課（受験願書受付場所）
　　〒305-0811　茨城県つくば市北郷1番
　　　　　TEL　029-864-8214，8248

5．合格発表：
　　測量士・測量士補試験合格者の発表は，7月上旬頃です。
　　国土地理院，国土地理院各地方測量部及び国土地理院沖縄支所において合格者の受験番号及び氏名を公告するほか，全受験者あてに試験の結果（合否）が通知されます。また，国土地理院のホームページ上（http://www.gsi.go.jp/）に合格者の受験番号，標準的な解答例及び合格基準が7月上旬から1ヶ月間掲載されます。

6．合格基準：
　　1問当たり25点で700点満点中，450点（18問正解）以上で合格となります。

第1章
測量士補入門

○ 第1章では，測量を学習するにあたっての測量全般の概要及び基本事項について説明します。また，測量計算に用いられる数学の内容についても紹介します。
○ 試験区分に対応する内容については，要点理解 ➡ P00 で確認して下さい。

一等三角網

測量の定義 Q1

A 測量とは，土地の測量をいい，地球表面上の諸点の関係位置を決める技術です。測量結果（測量成果）に基づいて地図や図面を作成し，距離・面積・体積を計算する方法・理論及びその応用を考える学問です。

解　説

1．平面測量と測地学的測量

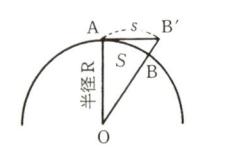

1．球体である地球表面の諸点の位置関係を表す場合，測量区域が小さく，地球の表面を平面とみなしてもよいとき，**平面測量**という。例えば，球面距離 S と平面距離 s との差（距離誤差）が，1 km につき 0.1m まで許す場合，半径約 10km までの範囲を平面とみなすことができる（精度 1/1 万）。

S：球面距離
s：平面距離
誤差 $\Delta S = s - S$
精度 $= \dfrac{\Delta S}{S} = \dfrac{1}{10^4}$

球面距離と平面距離が等しいとき距離誤差はない。

図1・1　球面距離と平面距離

2．測量区域が広く，地球の曲率を考えて測量しなければならない測量を**測地学的測量**（大地測量）という。なお，地球の形状は，南北方向に扁平な回転楕円体（GRS80 楕円体，P22 参照）とする。

2．基準点測量と細部測量

1．諸地点の相互の位置は，測点（基準点）を基準としたとき，その方向と距離及び高低差が分かれば決定できる。
2．測量は，その目的に応じた精度が一様に保たれなければならない。広範囲の地域を測量する場合，最初に測量区域全体をおおう基準となる測点（**基準点**という）の位置・高さを所定の精度で決定し，この基準点に基づき細部の測量を実施すれば正確さが一様に保たれ，能率よく作業ができる。
3．基準点間の位置を決める測量を**基準点測量**（多角測量）といい，その基準点に基づき細部にわたって行われる測量を**細部測量**という。
4．基準点測量は，トータルステーション（TS）や GNSS 測量機を用いた結合多角方式又は単路線方式等の**多角測量**により行う。細部測量は，TS 等によ

質問 測量とは，どのような作業をいうのですか？

る方法及びGNSS測量機によるネットワーク型RTK（リアルタイムキネマティック）により実施され，現在，平板測量（P170参照）は標準的な測量方法から除外されている。

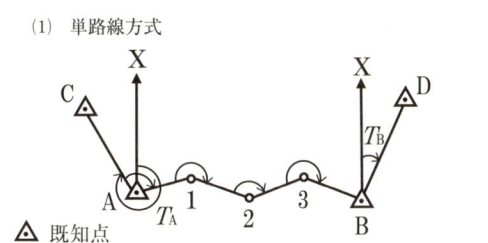

(1) 単路線方式　　　　　　(2) 結合多角方式

△ 既知点
○ 新点

図1・2　基準点（多角）測量

要点理解 ➡ P70

3．測量の区分

1．測量法（第3条）において，「測量とは，土地の測量をいい，地図の調製（作成）及び測量用写真の撮影を含む。」と規定されている。具体的には，基本測量，公共測量，基本測量及び公共測量以外の測量の3区分に分けられる。

① **基本測量**（同第4条）とは，すべての測量の基礎となる測量で，国土地理院の行うものをいう。精密測地網高度基準点測量，地域基準点測量，精密辺長測量，精密水準測量，国土基本図・地形図測量など。

② **公共測量**（同第5条）とは，基本測量以外の測量で，費用の全部又は一部を国又は公共団体が負担し又は補助して実施する測量をいう。1級〜4級基準点測量，1級〜4級水準測量，自治体の管内図など。

③ **基本測量及び公共測量以外の測量**（同第6条）とは，基本測量又は公共測量の測量成果を使用して実施する基本測量及び公共測量以外の測量をいう。但し，5条・6条とも，建物に関する測量，その他局地的測量，小縮尺図の調製（作成），高度の精度を必要としない測量などを除く。

2．公共測量の「**作業規程の準則**」（P58）では，測量を基準点測量（基準点測量及び水準測量），地形測量及び写真測量，応用測量（路線測量，河川測量，用地測量）に区分し，測量士・測量士補国家試験の試験科目となっている。試験科目の区分は，P5の表・1に示すとおり。

〔理解度の確認〕

測量の区分については，P50，測量法第4条〜6条を確認して下さい。

測量の分類・新しい測量技術の動向 Q2

測量は，何を測定し，何に利用するか。その目的により分類します。目的に応じて，必要な測量器械が使用されますが，最近は，デジタル化の進展により，測量方法にも大きな変化がみられます。

解　説

1．測量の分類

1．測量は，測量法（第34条）により国土交通大臣が定める**作業規程の準則**（以下準則）に基づき実施する。作業規程の準則では，測量を基準点測量（基準点測量及び水準測量），地形測量及び写真測量，応用測量（路線測量，河川測量及び用地測量等）の3分野に大きく区分している。

　　準則の区分に対応して，測量士・測量士補試験では，**GNSSを含む多角測量**，**水準測量**，**GISを含む地形測量**，**写真測量**，**応用測量**，及びこれらの測量の成果を表現する**地図編集**並びに測量に関する**法規**の8分野（P5参照）を対象としている。

2．測量の目的により，測量を分類すると次のとおり。
　① **基準点測量**：三角点等の既知点に基づき，新点の基準点の位置又は標高を定める測量をいう。結合多角方式で測量することから**多角測量**ともいう。
　② **水準測量**：土地の高低差を測る測量をいい，1等水準点等の既知点に基づき，新点である水準点の標高を定める基準点測量をいう。
　③ **地形測量**：地球表面上の地形・地物を測り，地形図を作成するための測量をいう。観測データは，数値地形図データ（P168）として取得する。
　④ **空中写真測量**：地形測量のうち，空中写真を用いて数値図化により数値地形図データを作成する測量をいう。
　⑤ **路線測量**：鉄道・道路などの線状築造物建設のための調査・計画・実施設計等に用いられる測量をいう。
　⑥ **河川測量**：河川・海岸等の調査及び河川の維持管理等に用いる測量をいう。水位・流量・潮流・深浅等の測量が含まれる。
　⑦ **用地測量**：土地及び境界等について調査し，用地取得に必要な資料及び図面を作成するための測量をいう。

3．測量作業に使用する測量器械によって分類すると，次のとおり。

質問 測量作業は，どのように分類しますか？

① 鋼巻尺等の測距器具による測量（距離測量）
② 光波測距儀による測量（距離測量）
③ 平板による測量（図解による地形測量）
④ セオドライト・トータルステーションによる測量（基準点測量）
⑤ GNSS測量機による測量（基準点測量，地形測量等）
⑥ レベルによる測量（水準測量）
⑦ 航空カメラによる測量（空中写真測量）

第1章　測量士補入門

2．新しい測量器械の動向（アナログからデジタルへ）

1．コンピュータの普及に伴いデジタル化が進み，従来のアナログ方式の測量方法がデジタル方式へ移行している。特に，平板測量は，標準的な測量から除外されている。

2．光波測距儀の測距機能とデジタル化されたセオドライトの測角機能を併せもつ**トータルステーション**（**TS**）が，測角・測距の測定に使用され，測量作業の主流を占めている。

3．新しい測量技術として，GNSS衛星の利用による**GNSS測量**が採用され，基準点測量，地形測量等に活用されている。トータルステーション，セオドライト，光波測距儀（**TS等**という）を用いて，関係点間の水平角・鉛直角・距離等を観測する作業を**TS等観測**といい，GNSS測量機を用いて，GNSS衛星からの電波を受信し，位相データを記録する作業を**GNSS観測**という。

4．TS等観測，GNSS観測により，測距精度が高まり従来の三角測量から三辺測量へ測量方法が変わり，基準点測量は多角方式で行われている。

5．観測データの処理は，TS等観測においてはデータコレクタからコンピュータで計算し，自動製図機による自動製図等の一連の作業を行うトータルステーションシステムが用いられる。GNSS観測では，地球の重心を原点とする地心三次元直交座標差で基線ベクトル（距離と方向）を求め，相対位置を定める基準点測量が実施されている。

　また，空中写真測量では，**デジタルステレオ図化機**により空中写真から数値図化を行うワークステーションが一般的となっている。

6．地形測量では，デジタル（数値データ）に移ったことにより縮尺の概念がなくなり，縮尺は**地図情報レベル**，地形図は**数値地形図データ**となっている（P168参照）。

〔理解度の確認〕

新しい測量技術の導入により，アナログからデジタルへの変化を理解する。

測量の基準 Q3

A 地形・地物の相対的な位置関係は、地球表面に固定した基準点に基づく幾何学的座標値で表します。座標系は、小区域の測量では**平面直角座標**、広域の測量では地球楕円体を基準とする**地心直交座標**を用います。

解 説

1. 地球の大きさ（地球楕円体）

1. 地球の形状は、南北軸を短軸とした楕円体で、この軸の周りに回転させた回転楕円体は地球に近似することから**準拠楕円体**（測量計算に使用）という。平成14年（2002年）の測量法の改正により、従来のベッセルの地球楕円体から世界測地系の **GRS80楕円体**が採用されている。

表1・1 準拠楕円体

	ベッセル (旧日本測地系)	GRS80 (世界測地系)	差
長半径	6 377 397.155m	6 378 137.00m	739.84m
短半径	6 356 078.963m	6 356 752.31m	673.35m

(注) GRS80：Geodetic Reference System 1980
(注) ITRF座標系：国際地球基準座標系
　　　 International Terrestrial Reference Frame

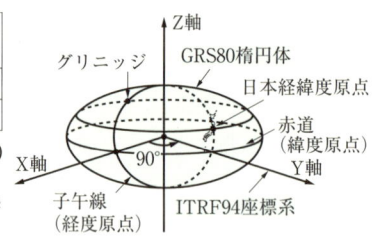

図1・3 世界測地系（ITRF 94・GRS 80）

2. 測量の基準

1. 空間の位置は、原点Oを地球の重心にとり、直交するX, Y, Zの座標軸により、三次元 (x, y, z) の**地心直交座標系**（ITRF94系）で表す。この座標系とGRS80楕円体を併せもつものを**世界測地系**という。

2. 世界測地系は、原点を地球の重心に、自転軸をZ軸、経度0度の子午面と赤道面とが交わるX軸、X軸から東に90度方向をY軸とする**ITRF94系三次元直交座標**と、GRS80楕円体を併せもつ座標系をいう。これに基づき地理学的経緯度を表す。

　　　　　　　　　　　　　　　　　　　　要点理解 ➡ P53, P112

3. 地心直交座標系に対して、地球の自転軸と赤道を基準とし、赤道面と平行な地球表面の平行圏（緯度 φ ）と自転軸を通る子午線（経度 λ, グリニッジ天文台を基準）及び高さ（準拠楕円体表面からの高さ、楕円体高 h ）で表す座標系を**球面座標系**という。

質問 地形・地物の位置は、どのような基準で決めるのですか？

4．**平面直角座標系**は、日本固有の座標系で球面座標を平面座標に変換したものである。平面直角座標は、各測量区域内ごとに座標原点をとり、原点を通る子午線X軸とX軸に直交するY軸を基準面として水平位置を表し、高さはジオイド面からの標高とする座標系 (x, y, H) である。地球楕円体から平面への投影は、ガウスの等角投影法とする。　要点理解 → P236

5．**高さの基準面**は、静止した仮想上の海面（ジオイド）からの高さ（標高）で表す。ジオイドは、重力方向に垂直な面で密度の違いにより、ゆるやかな凹凸となり準拠楕円体とは一致しない。東京湾平均海面を通る水準面を高さの基準面（ジオイド）とする。　要点理解 → P53

6．地球上の位置は、地理学的経緯度又は平面直角座標と、日本水準原点からの高さで表し、距離及び面積は準拠楕円体表面の値とする。

第1章　測量士補入門

表1・2　測量の基準（座標系）

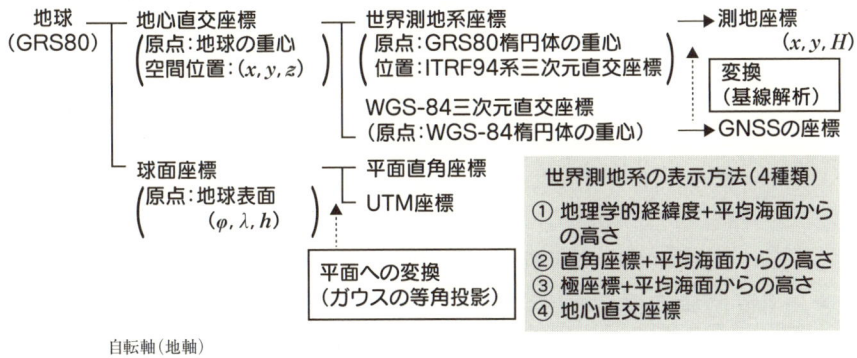

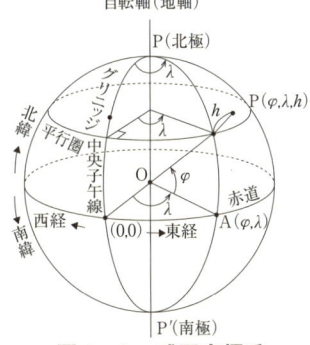

```
地球　─┬─地心直交座標　　　　　┬─世界測地系座標　　　　　　　　　　　　─→測地座標
(GRS80)│ （原点：地球の重心　　│ （原点：GRS80楕円体の重心　　　　　　　 (x, y, H)
       │  空間位置：(x, y, z)） │  位置：ITRF94系三次元直交座標）　　変換
       │                       │                                    （基線解析）
       │                       └─WGS-84三次元直交座標
       │                         （原点：WGS-84楕円体の重心）　　　─→GNSSの座標
       │
       └─球面座標　　　　　　　┬─平面直角座標
         （原点：地球表面　　　 └─UTM座標
          (φ, λ, h)）
                                  平面への変換
                                  （ガウスの等角投影）
```

世界測地系の表示方法（4種類）
① 地理学的経緯度＋平均海面からの高さ
② 直角座標＋平均海面からの高さ
③ 極座標＋平均海面からの高さ
④ 地心直交座標

図1・4　球面座標系

GNSS観測で得られる楕円体高さと測地座標の標高とでは高さの定義が違う。

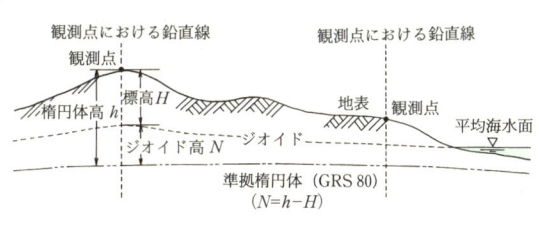

図1・5　地球楕円体とジオイド及び標高の関係（$N = h - H$）

〔理解度の確認〕

P43、演習問題の 問1 、問2 にチャレンジして下さい。

Q4 投影法と平面直角座標

地球上のある点の水平位置は，準拠楕円体上の地理学的経緯度（φ, λ）によって表します。しかし，公共測量のような測量範囲が狭い場合には，日本固有の座標系である平面直角座標（x, y）で表す方が便利です。

解説

1 横メルカトル投影

1. 地球上の位置は，準拠楕円体上の経緯度（φ ファイ, λ ラムダ）で表される。測量の成果は，平面直角座標（x, y）で表す。球体の地球をそのままの形で平面に展開することはできない。そこで地球の中心から球面を円筒面内へ投影し，母線で切って平面とする**円筒図法**を用いる。

要点理解 → P233

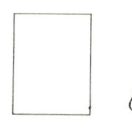

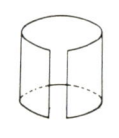

(1) 平面　(2) 円錐曲面　(3) 円筒曲面

図1・6　投影図

図1・7　横メルカトル図法

2．平面直角座標系とUTM座標系

1. **平面直角座標**は，地軸と円筒軸を直交させた横円筒面内に等角投影した**横メルカトル図法**である。これを**ガウス・クリューゲル図法**という。

2. 準拠楕円体上の位置は，子午線からの**方位角**と距離で表すのに対し，平面直角座標では座標軸からの**方向角**と距離で表す。方位角と方向角は，座標原

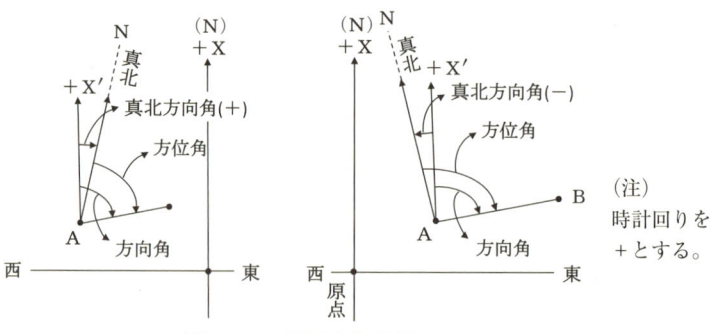

（注）時計回りを＋とする。

図1・8　平面直角座標

質問 球面から平面へ、どのように投影しますか？

点の位置により図1・8に示すように異なってくる。**真北**は子午線を示し、方向角は座標原点X軸から時計回りに測った角を示す。

3. **UTM図法**（ユニバーサル横メルカトル図法）は、平面直角座標と同様、横円筒面内にガウス・クリューゲルの等角投影をし、世界共通の基準を加えたものである。平面直角座標系とは、適用範囲やシステムが異なるが、日本では1/2.5万、1/5万地形図及び地勢図に使用されている。

4. 国土地理院刊行の地図の投影法は、表1・3のとおり。

表1・3 地図の種類と投影法

地図の種類	投影法	備考
1/2 500　国土基本図	平面直角座標	実測図
1/5 000　国土基本図	平面直角座標	実測図
1/10 000　地形図	UTM図法	編集図
1/25 000　地形図	UTM図法	実測図
1/50 000　地形図	UTM図法	編集図
1/200 000　地形図（地勢図）	UTM図法	編集図
1/500 000　地形図（地方図）	正角割円錐図法	編集図
1/1 000 000　日本（国際図）	正角割円錐図法	編集図

例題1 次の文は、地図の投影について述べたものである。｜ア｜～｜オ｜に入る語句を語句群の中から選びなさい。

地図の投影とは、地球上の地物の位置や形をできるだけ正しく｜ア｜に描くために考えられたものである。地球の表面は｜イ｜であるが、ごく狭い範囲を描く場合を除いて、｜イ｜上の図形を完全に｜ア｜に描くことは｜ウ｜であり、必ず｜エ｜を生じる。

そのため、地図の投影では図形の｜エ｜を、長さ、角度、｜オ｜の要素について、できるだけ小さくするようにしている。

語句群　　地上　平面　円盤　曲面　可能　不可能
　　　　　転位　ひずみ　面積　方位

解説　地図の投影

地図は、地球表面を平面に投影して作成する。球面から平面への投影方法を**地図投影法**という。地球表面を平面に投影する場合、距離・角度・面積にひずみが生じる。

解答　ア－平面　イ－曲面　ウ－不可能　エ－ひずみ　オ－面積

〔理解度の確認〕

P44、演習問題の問3にチャレンジして下さい。

測量の原点　Q5

平面直角座標の測量の原点は，測量法により日本経緯度原点及び日本水準原点と定められ，原点の経度，緯度及び標高が与えられています。また原点の地心直交座標値も与えられ，地表面の位置が確定しています。

解　説

1．測量の原点

1．**測量の原点**は，次に示す日本経緯度原点及び日本水準原点とする。
　① **日本経緯度原点（測地原点）：**
　　　　地点：東京都港区麻布台2丁目18番1号，（国土地理院構内）
　　　　経度：東経 139°44′28″8869
　　　　緯度：北緯　35°39′29″1572
　　原点方位角：32°20′46″209（原点において，真北を基準として右回りに観測したつくば超長基線電波干渉計観測点までの方位角）

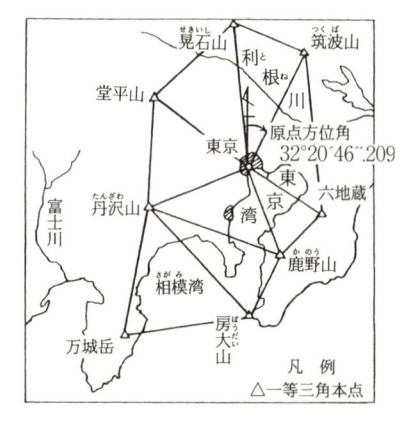

表1・4　日本経緯度原点の座標値（地心直交座標系）

軸	座標値
X軸	−3 959 340.090m
Y軸	3 352 854.541m
Z軸	3 697 471.475m

図1・9　東京近郊の三角網と原点方位角

　② **日本水準原点：**
　　　　地点：東京都千代田区永田町1丁目1番地内
　　　原点数値：東京湾平均海面（ジオイド）上＋24.3900 m
2．**距離**及び**面積**は，準拠楕円体（GRS80）上の球面距離で表す。**標高**は，平均海面（ジオイド）を基準にした高さで表す。

要点理解 ➡ P52

質問 日本の測地座標の原点は，どこにあるのですか？

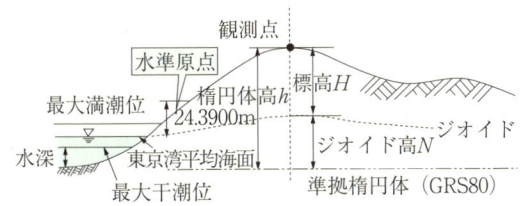

図1・10 高さの基準（ジオイド）

2．平面直角座標の縮尺係数

1. **平面直角座標系**は，ガウス・クリューゲルの等角投影法により，球面座標から平面座標へ投影したものである。座標原点を通る子午線は等長に，図形は等角の相似形に投影される。距離については，原点から東西に離れるに従い平面距離が増大していく。距離誤差を1／1万以内に収めるため原点の**縮尺係数** s/S（0.9999）を与え，東西130km以内を適用範囲とする。

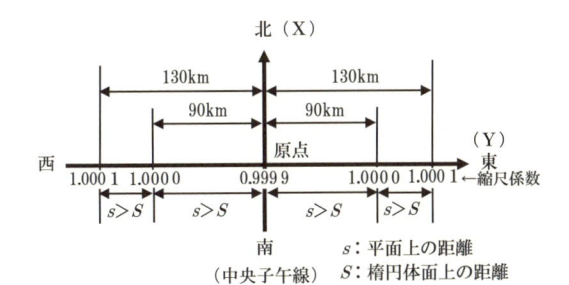

縮尺係数
曲面上の距離 S とそれを投影した平面距離 s の比 s/S。縮尺係数が1より小さい場合は平面距離が曲面距離より短く，大きい場合には平面距離が曲面距離より長い。

座　標
平面直角座標では，数学で用いる座標とは異なり，縦座標を X，横座標を Y とする。これにより，地点の位置を (x, y) の直角座標で表す。

図1・11 縮尺係数

2. 平面直角座標の特徴は，次のとおり。
   ① 適用範囲として，全国を19の区域に分ける（経度差1〜2°）。
   ② 座標は縦軸 X，横軸 Y とし，座標原点は X＝0m，Y＝0m とする。
   ③ 原点から東及び北方向を ＋，西及び南方向を － の値とする。
   ④ 座標原点より東西130kmを適用範囲とする。　　要点理解 → P100

〔理解度の確認〕

P44，演習問題の 問4 にチャレンジして下さい。

測定値の誤差（誤差論） Q6

測量は，距離・角度・高さなど測る作業であり，測定値には常に誤差が伴います。測量は，その目的に合った精度を保たなければならず，準則では，測量ごとに作業方法を規制し，誤差の発生を防いでいます。

解　説

1．誤差の種類

1. 測定値には，定誤差，不定誤差及び過失が含まれる。このうち，定誤差と過失は取り除くことができるので，不定誤差を**誤差論**で合理的に処理する。
2. **定誤差（系統的誤差）**は，条件が同じであれば，いつも同じ大きさで同じ方向に起こる誤差をいう。定誤差は，発生の原因がはっきりしているので外業でその原因を除き又は内業で測定値を補正することができる。
   ① **器械的誤差**：器械・器具の構造上の不備による誤差。使用前に器械・器具の検査・調整を行う。また観測方法により器械的誤差を消去する。
   ② **物理的誤差**：観測中の温度変化，光の屈折等の自然現象による誤差。
   ③ **個人的誤差**：観測者個人の視覚又は聴覚の癖による誤差。
3. **不定誤差（偶然誤差）**は，誤差の起こる原因が不明又は原因が分かっていてもその影響が除去できないものが複雑に重なって生じる誤差で，起こる方向も一定でない。不定誤差は，「測定回数の平方根に比例する」ので，1回の測定に $\pm\alpha$ の誤差があれば，n 回の測定では誤差の総和は $\pm\alpha\sqrt{n}$ となる。
4. **過失**は，観測者の不注意によって起こる誤差であり，目盛の読み違い，記帳の誤り，計算上のミス等，一般に他の測定値と比べれば判別できる。

2．誤差の性質・誤差曲線

1. 誤差のうち，定誤差は誤差の大きさと方向を知ることにより取り除く（補正する）。不定誤差は，誤差論（最小二乗法）により合理的に処理する。不定誤差では，次の**誤差の公理**が成り立つ。
   ① 小さい誤差は，大きい誤差より多く現われる。
   ② 正の誤差と負の誤差の起こる回数は，ほぼ同じである。
   ③ 極端に大きい誤差は，ほとんど現われない。

> **質問** 測定値には，どのような誤差が含まれているのですか？

2. 誤差の公理より，不定誤差の分布曲線（**誤差曲線**）は，左右対称の**正規分布曲線**となる。測定値を ℓ，真値を X とすれば，誤差 x は，$x = \ell - X$ で定義される。真値 X を中心として，$X \pm m$ の範囲が誤差分布曲線の 68% となる大きさ，つまり誤差曲線の変曲点に相当する大きさの誤差を**標準偏差** m（**平均二乗誤差**）という。

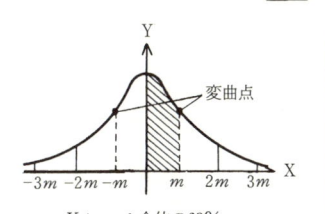

$X \pm m$：全体の68%
$X \pm 2m$：全体の95%
$X \pm 3m$：全体の99.7%

図1・12 誤差曲線

3. 測定値では，真値 X は不明である。真値の代わりに最も確からしい値として，**最確値**（一群の測定値の算術平均値）を用いる。この場合，各測定値 ℓ と最確値 M との差を**残差** v という。誤差と残差の定義は，次のとおり。

誤差 $x =$ 測定値 $\ell -$ 真値 X
残差 $v =$ 測定値 $\ell -$ 最確値 M ……式（1・1）

最確値 $M = \dfrac{\ell_1 + \ell_2 + \cdots\cdots + \ell_n}{n} = \dfrac{\Sigma \ell}{n} = \dfrac{[\ell]}{n}$ ……式（1・2）

但し，$\Sigma \ell = [\ell] = \ell_1 + \ell_2 + \cdots\cdots + \ell_n$，$n$：測定回数

3．測定値の精度

1. 測定値のばらつき（**精度**）を分散 V，標準偏差 m を用いて表す。

① **分散** V とは，残差 v の二乗和 $[vv]$ を自由度 $(n-1)$ で割った値をいう。

$[vv] = (\ell_1 - M)^2 + (\ell_2 - M)^2 + \cdots\cdots + (\ell_n - M)^2$ ……式（1・3）

分散 $V = \dfrac{[vv]}{n-1}$ ……式（1・4）

② **標準偏差** m とは，分散の平方根で，測定値の最確値からのバラツキの程度を表し，誤差の大きさを示す。なお，標準偏差には±の符号はつけない。

1観測の標準偏差 $m = \sqrt{V} = \sqrt{\dfrac{[vv]}{n-1}}$
最確値の標準偏差 $m_0 = \sqrt{\dfrac{m}{n}} = \sqrt{\dfrac{[vv]}{n(n-1)}}$ ……式（1・5）

③ **自由度**とは，互いに独立に動けるデータの数。測定値 ℓ_1，$\ell_2 \cdots\cdots \ell_n$ の自由度は n，しかし，式（1・3）の自由度は，$[v] = \sum_{i=1}^{n} (\ell_i - M) = 0$ より，ℓ_1，$\ell_2 \cdots\cdots \ell_{n-1}$ が決まれば ℓ_n は自動的に求まり，独立して動けるデータではなくなるため，$(n-1)$ となる。

〔理解度の確認〕

P44，演習問題の **問5** にチャレンジして下さい。

Q7 測定値の取り扱い（軽重率）

A 観測方法によって，測定値の精密さ（信用度）は異なります。観測条件が異なった測定値を用いる場合は，それぞれの値について軽重率（測定値の重み）を考えて最確値を求めます。

解説

1. 軽重率（測定値の重み）

1. **軽重率（重量）** は，測定値の信用の度合いを示す数値で，その数値が大きい程，信用度は高い。測定値の軽重率は次による。

① **観測回数による軽重率**：軽重率 p は観測回数に比例する。同一器械を用いて観測した距離の測定回数が表 $1 \cdot 5$ のとき，3人の軽重率は次のとおり。

$$p_a : p_b : p_c = n_a : n_b : n_c = 4 : 2 : 6 = 2 : 1 : 3 \quad \cdots\cdots 式（1 \cdot 6）$$

表 $1 \cdot 5$　観測回数と軽重率

測定者	測定値	測定回数	軽重率
A	75.352m	$n_a = 4$	2
B	75.348m	$n_b = 2$	1
C	75.354m	$n_c = 6$	3

表 $1 \cdot 6$　標準偏差と軽重率

測定者	測定値	標準誤差	軽重率
A	35°42′30″	$m_a = 2″$	36
B	35°42′45″	$m_b = 3″$	16
C	35°42′34″	$m_c = 4″$	9

② **標準偏差による軽重率**：軽重率 p は，標準偏差の二乗に反比例する。同一器械を用いて観測した3人の測角の標準偏差が表 $1 \cdot 6$ のとき，3人の軽重率 p は次のとおり。

$$p_a : p_b : p_c = \frac{1}{m_a^2} : \frac{1}{m_b^2} : \frac{1}{m_c^2} = \frac{1}{2^2} : \frac{1}{3^2} : \frac{1}{4^2} = \frac{1}{4} : \frac{1}{9} : \frac{1}{16}$$

$$= 36 : 16 : 9 \quad \cdots\cdots 式（1 \cdot 7）$$

③ **直接水準測量の軽重率**：軽重率 p は，測定距離に反比例する。図 $1 \cdot 13$ の水準点 A，B，C から F 点の標高を求めた場合，3つの測定値の軽重率は次のとおり。

表 $1 \cdot 7$　直接水準測量と軽重率

観測方向	距離 L	F の標高	軽重率
A → F	$L_a = 4$ km	8.248m	3
B → F	$L_b = 3$ km	8.228m	4
C → F	$L_c = 6$ km	8.235m	2

（距離は km を単位とする。）

$$p_a : p_b : p_c = \frac{1}{L_a} : \frac{1}{L_b} : \frac{1}{L_c}$$

$$= \frac{1}{4} : \frac{1}{3} : \frac{1}{6} = 3 : 4 : 2 \quad \cdots\cdots 式（1 \cdot 8）$$

図 $1 \cdot 13$　観測の方向

質問 測定データは，どのように計算処理しますか？

2．軽重率と測定値の取り扱い

1．**軽重率が等しい場合**：各測定値（1観測）及び最確値の標準偏差 m, m_0 は，P29，測定値の精度に示すとおり。

$$\left. \begin{array}{l} 1観測の標準偏差 \quad m = \sqrt{\dfrac{[vv]}{n-1}} \\[2mm] 最確値の標準偏差 \quad m_0 = \dfrac{m}{\sqrt{n}} = \sqrt{\dfrac{[vv]}{n(n-1)}} \end{array} \right\} \quad \cdots\cdots 式（1・9）$$

但し，$[vv] = v_1 v_1 + v_2 v_2 + \cdots\cdots + v_n v_n$, $n-1$：**自由度**

2．**1観測の標準偏差** m とは，n 個の測定値全体の中で各測定値1つ1つがもつ誤差をいう。1回の測定で生じる誤差を m とすれば，n 回の測定では不定誤差の総和は，測定回数の平方根に比例する（式（1・13）参照）ので $m\sqrt{n}$ となる。最確値は，測定値の算術平均であるから $m\sqrt{n}$ を測定回数 n で割ったものが**最確値の標準偏差** m_0 となる。（標準偏差＝誤差）。

$$m_0 = \frac{m\sqrt{n}}{n} = \frac{m}{\sqrt{n}} = \sqrt{\frac{[vv]}{n(n-1)}} \quad \cdots\cdots 式（1・10）$$

3．表1・8，光波測距儀である区間を5回測定した場合の最確値 M, 標準偏差 m_0 は次のとおり。

$$M = 287.640 + \frac{5+3+7+9+6}{5 \times 1\,000}$$

$$= 287.646 \text{m}$$

$$m_0 = \sqrt{\frac{20}{5(5-1)}} = 1.0 \text{mm}$$

表1・8　残差の求め方

回数 n	測定値 (m)	最確値 (m)	残差 v (mm)	vv
1	287.645	287.646	−1	1
2	287.643	〃	−3	9
3	287.647	〃	+1	1
4	287.649	〃	+3	9
5	287.646	〃	0	0

$[vv] = 20$

4．**軽重率が異なる場合**：各測定値及び最確値の標準偏差は，次のとおり。

$$\left. \begin{array}{l} 最確値 \quad M = \dfrac{p_1 \ell_1 + p_2 \ell_2 + \cdots\cdots + p_n \ell_n}{p_1 + p_2 + \cdots\cdots p_n} = \dfrac{[p\ell]}{p} \\[2mm] 1観測の標準偏差 \quad m = \sqrt{\dfrac{[pvv]}{n-1}} \\[2mm] 最確値の標準偏差 \quad m_0 = \sqrt{\dfrac{[pvv]}{[p](n-1)}} \end{array} \right\} \quad \cdots\cdots 式（1・11）$$

但し，$[pvv] = p_1 v_1 v_1 + p_2 v_2 v_2 + \cdots\cdots + p_n v_n v_n$

$[p] = p_1 + p_2 + \cdots\cdots + p_n$, $n-1$：自由度

〔理解度の確認〕

P45，演習問題の 問6 , 問7 , 問8 にチャレンジして下さい。

第1章 測量士補入門

誤差の伝播 Q8

A 測定値に含まれる誤差は，最小二乗法で処理され，誤差の大きさは標準偏差で表します。測定値に基づいて計算により未知数を求める場合には，それぞれの誤差は未知数にも伝播します。

解　説

1．誤差の伝播

1. 測定値に基づいて，計算によって未知量を求める場合，測定値に誤差があれば計算した値にも誤差が伝播する（**誤差の伝播の法則**）。
2. 測定値 $\ell_1, \ell_2, \cdots\cdots \ell_n$ が互いに独立で，これらの関数 y を計算で求める場合，$\ell_1, \ell_2, \cdots\cdots \ell_n$ の標準偏差を $m_1, m_2, \cdots\cdots m_n$ とすれば，関数 y の標準偏差 M は，次のように表される。

   ① $\left.\begin{array}{l} y = a\ell \quad (a：定数) \\ M = am \end{array}\right\}$ ……式（1・12）

   ② $\left.\begin{array}{l} y = \ell_1 \pm \ell_2 \pm \cdots\cdots \pm \ell_n \\ M = \sqrt{m_1^2 + m_2^2 + \cdots\cdots + m_n^2} \end{array}\right\}$ ……式（1・13）

   ③ $\left.\begin{array}{l} y = a_1\ell_1 \pm a_2\ell_2 \pm \cdots\cdots \pm a_n\ell_n \\ M = \sqrt{(a_1m_1)^2 + (a_2m_2)^2 + \cdots\cdots + (a_nm_n)^2} \end{array}\right\}$ ……式（1・14）

   ④ $\left.\begin{array}{l} y = \ell_1 \cdot \ell_2 \\ M = \sqrt{(\ell_2 m_1)^2 + (\ell_1 m_2)^2} \end{array}\right\}$ ……式（1・15）

3. 和及び積の最確値と標準偏差：

   ① AB を 4 分割して，次の結果を得た。最確値とその標準偏差は，式（1・13）より次のとおり。

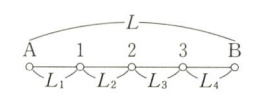

   　　A－1区間　$L_1 \pm m_1$　　1－2区間　$L_2 \pm m_2$
   　　2－3区間　$L_3 \pm m_3$　　3－B区間　$L_4 \pm m_4$
   　　$\left.\begin{array}{l} \text{AB の全長（最確値）} \quad L = L_1 + L_2 + L_3 + L_4 \\ L \text{ の標準偏差 } m_0 = \sqrt{m_1^2 + m_2^2 + m_3^2 + m_4^2} \end{array}\right\}$ ……式（1・16）

図1・14　測定値の和　　**図1・15　測定値の積**

質問：誤差は，測定結果にどのように影響しますか？

② 長方形の面積を求める場合，2辺の長さが $L_1 \pm m_1$, $L_2 \pm m_2$ のとき，その面積（最確値）と標準偏差は，（式 1・15）より次のとおり。

$$\left.\begin{array}{l} \text{面積（最確値）} S = L_1 \times L_2 \\ S \text{の標準偏差} \ m = \sqrt{(m_1 L_2)^2 + (m_2 L_1)^2} \end{array}\right\} \quad \cdots\cdots 式（1・17）$$

2．誤差の伝播の計算例

例題1 A，B2点間の距離を50mの鋼巻尺を用いて測定したところ，200.000mであった。50mの距離測定の標準偏差が3mmであるとすれば，AB間の測定距離の標準偏差はいくらか。

解説 誤差の伝播（和）

測定回数 $n = 200\text{m}/50\text{m} = 4$ 回，鋼巻尺50m当たりの標準偏差 $m = 3\text{mm}$，
AB間の標準偏差 $m_0 = \sqrt{m_1^2 + m_2^2 + \cdots\cdots + m_4^2} = m\sqrt{n} = 3\sqrt{4} = \underline{6\text{mm}}$

例題2 長方形の2辺 x, y の測定値と標準偏差は次のとおり。面積の標準偏差はいくらか。

$x = 60.260\text{m} \pm 0.016\text{m}$　　$y = 38.540\text{m} \pm 0.005\text{m}$

解説 誤差の伝播（積）

面積 $S = 60.26\text{m} \times 38.54\text{m} = 2\,322.4\text{m}^2$

標準偏差 $m_0 = \sqrt{(0.016\text{m} \times 38.540\text{m})^2 + (0.005\text{m} \times 60.260\text{m})^2} = \underline{0.69\text{m}^2}$

3．誤差と精度

1. 精度を表すのに標準偏差 m_0 が用いられる。つまり m_0 が小さいほど精度が良いからであり，観測状態を点検できる。例えば，距離測量では標準偏差 m_0 と最確値 L との比で表す（精度 $P = m_0 / L$）。

2. いくつかの測定値を得た場合，測定値中の任意の2つを取り出し，その差（**較差**という）を求めたとき，それが大きければ測定値がばらついていることになり，精度が悪い。例えば，角測量の方向法観測では倍角差・観測差，水準測量では往復観測値の較差によって観測状態を点検している。

3. 多角（トラバース）測量では，誤差は測線数 N が多くなれば，あるいは測線長 S が長くなれば大きくなるため，$30''\sqrt{N}$ のように閉合差の許容範囲，あるいは閉合誤差 E と全測線長 ΣS との比（閉合比 $R = E / \Sigma S$）で精度を表す（P97参照）。

〔理解度の確認〕
各測量区分ごとに，観測値の点検方法についてまとめて下さい。

第1章　測量士補入門

観測の種類 Q9

既知点から新点の位置を求めるため，トータルステーション（TS）等により水平角，高低角及び斜距離を直接測定します。水平距離・標高は，これらの値から計算で求め，観測精度は条件式によって判定します。

解　説

1．観測の種類

1. **独立観測**：測定値が独立したものであり，他から制約を受けることなく，ある条件式を満足する必要もない観測をいう。例えば，巻尺で2点間の距離を測る場合やトータルステーション等で1つの角を測る場合等である。
2. **条件付観測**：測定値が理論上から決められた条件式（例えば，三角形の内角を測る場合，その内角の和は180°）を満足する必要がある場合の観測をいう。条件式によって，測定値を補正でき独立観測に比べて信頼度は高い。
3. **直接観測**：距離，高低差，角度等を巻尺，トータルステーション，レベル等を用いて，直接その値（未知量）を測定する観測方法をいう。
4. **間接観測**：未知量を直接測定して求めるのではなく，他の量を測定して計算によって求める観測をいう。間接観測は，直接観測に比べて誤差が大きい。

表1・9　観測の種類

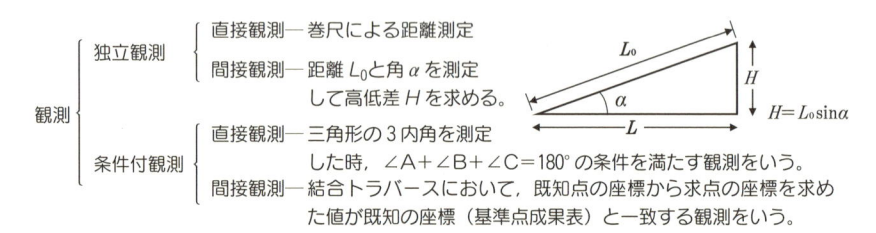

観測
- 独立観測
  - 直接観測——巻尺による距離測定
  - 間接観測——距離 L_0 と角 $α$ を測定して高低差 H を求める。
- 条件付観測
  - 直接観測——三角形の3内角を測定した時，$∠A+∠B+∠C=180°$ の条件を満たす観測をいう。
  - 間接観測——結合トラバースにおいて，既知点の座標から求点の座標を求めた値が既知の座標（基準点成果表）と一致する観測をいう。

$H = L_0 \sin α$

5. ある量を数値で表すには観測（測定）が必要で，測量では主に距離や角度を測る。測定値には常に誤差がともない，一般には条件付観測（倍角差・観測差，較差，閉合差等）によって観測状態をチェックする。誤差が許容範囲であることを確認しなければならない。1未知量の直接観測の場合，測定値の軽重率を考慮して最確値を求め，標準偏差によって精度を確認する（P29）。

質問 観測には，どのような方法がありますか？

2．条件付観測の計算例

例題1 ∠AOB，∠BOC，∠AOC を観測し，次の結果を得た。
軽重率を考えた場合と，考えない場合の各測定角の最確値はいくらか。

∠AOB＝35°26′30″	2回観測
∠BOC＝26°20′35″	4回 〃
∠AOC＝61°47′26″	6回 〃

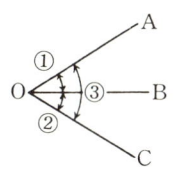

解説 条件付観測の最確値

測定値に条件式を満足させるための**補正量** $\delta = (-\omega，誤差)$ を加えたものが**最確値**となる。条件式，∠AOC＝∠AOB＋∠BOC。

$\omega =$ ∠AOB＋∠BOC－∠AOC＝35°26′30″＋26°20′35″－61°47′26″＝－21″

閉合差 $\omega = -21″$，故に補正量 δ は 21″ となる。

① **軽重率が等しい場合**：

∠AOB，∠BOC，∠AOC の補正量をそれぞれ $\delta_1，\delta_2，\delta_3$ とすると，
(∠AOB＋δ_1)＋(∠BOC＋δ_2)－(∠AOC＋δ_3)＝0, $\delta_1 + \delta_2 - \delta_3 = 0$

軽重率が等しい時は，各測定値の補正量 $\delta_1，\delta_2，\delta_3$ は等しい。

$\delta_1 = \delta_2 = 7″, \; \delta_3 = -7″$

∠AOB＝35°26′30″＋7″＝35°26′37″
∠BOC＝26°20′35″＋7″＝26°20′42″
∠AOC＝61°47′26″－7″＝61°47′19″

② **軽重率が異なる場合**：

測定値の軽重率は測定回数に比例するから，補正値は測定回数に反比例する。∠AOB，∠BOC，∠AOC の軽重率を $p_1 : p_2 : p_3$ とすれば，

$p_1 : p_2 : p_3 = \dfrac{1}{2} : \dfrac{1}{4} : \dfrac{1}{6} = 6 : 3 : 2$　故に補正値 $\delta_1, \delta_2, \delta_3$ は，$[p]=11$ より

$\delta_1 = \dfrac{\delta}{[p]} \times p_1 = \dfrac{21″}{11} \times 6 ≒ 11″, \quad \delta_2 = \dfrac{\delta}{[p]} \times p_2 = \dfrac{21″}{11} \times 3 ≒ 6″$

$\delta_3 = -\dfrac{\delta}{[p]} \times p_3 = \dfrac{21″}{11} \times 2 ≒ -4″$

∠AOB＝35°26′30″＋11″＝35°26′41″
∠BOC＝26°20′35″＋6″＝26°20′41″
∠AOC＝61°47′26″－4″＝61°47′22″

三角関数と測量 Q10

測量では，角と距離の測定が中心となります。2点間の位置関係 (x, y) は，測点Oを基準として，その距離 L と方向角 θ を求めれば決定できます。2点の座標を表すとき，三角関数が必要となります。

解　説

1．三角関数と測量

1. **三角比**：座標の取り方は，数学では横軸X，縦軸Yに対して，測量では北方向（子午線）を基準とすることから縦軸X，横軸Yとする。角度は，数学ではX軸より反時計回りを正，測量では時計回りを正とする。

2. 点P (x, y)，動径 OP=r，OPがX軸となす角を θ とするとき，

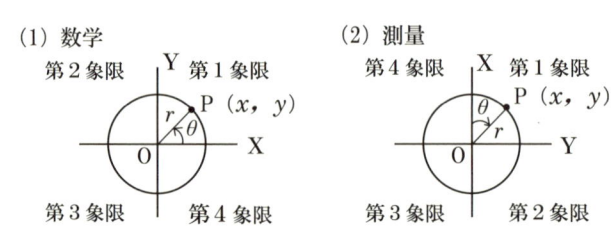

$$\left.\begin{array}{l}\sin\theta = \dfrac{y}{r}\ (正弦),\quad \text{cosec}\,\theta = \dfrac{r}{y}\ (余割) \\[4pt] \cos\theta = \dfrac{x}{r}\ (余弦),\quad \sec\theta = \dfrac{r}{x}\ (正割) \\[4pt] \tan\theta = \dfrac{y}{x}\ (正接),\quad \cot\theta = \dfrac{x}{y}\ (余接)\end{array}\right\} \quad \cdots\cdots 式（1・18）$$

(1) 数学　　　　　　　　　(2) 測量

図1・16　数学と測量の座標軸

3. 三角比の主な値は，次のとおり。

	0°	30°	45°	60°	90°	120°	150°
$\sin\theta$	0	$\dfrac{1}{2}$	$\dfrac{1}{\sqrt{2}}$	$\dfrac{\sqrt{3}}{2}$	1	$\dfrac{\sqrt{3}}{2}$	$\dfrac{1}{2}$
$\cos\theta$	1	$\dfrac{\sqrt{3}}{2}$	$\dfrac{1}{\sqrt{2}}$	$\dfrac{1}{2}$	0	$-\dfrac{1}{2}$	$-\dfrac{\sqrt{3}}{2}$
$\tan\theta$	0	$\dfrac{1}{\sqrt{3}}$	1	$\sqrt{3}$	∞	$-\sqrt{3}$	$-\dfrac{1}{\sqrt{3}}$

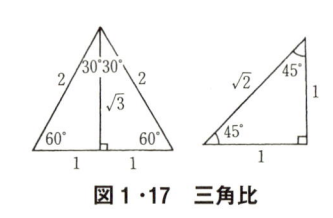

図1・17　三角比

> **質問** 測量では，三角関数がどのように使われますか？

4．三角比の相互関係は，次のとおり。

$$\left.\begin{array}{l} \tan\theta = \dfrac{\sin\theta}{\cos\theta} \\ \sin^2\theta + \cos^2\theta = 1 \\ 1 + \tan^2\theta = \dfrac{1}{\cos^2\theta} \end{array}\right\} \quad \cdots\cdots 式（1・19）$$

5．還元公式：$\pi = 180°$ とする。試験時に配布される関数表（三角関数）は，90°までしか記載されていない。還元公式により 90°以下の角に変換する。

① $2n\pi + \theta$ と θ

$$\begin{cases} \sin(2n\pi+\theta) = \sin\theta \\ \cos(2n\pi+\theta) = \cos\theta \\ \tan(2n\pi+\theta) = \tan\theta \end{cases}$$
$(n = 0, \pm1, \pm2, \cdots\cdots)$

② $-\theta$ と θ

$$\begin{cases} \sin(-\theta) = -\sin\theta \\ \cos(-\theta) = \cos\theta \\ \tan(-\theta) = -\tan\theta \end{cases}$$

③ $\pi - \theta$ と θ

$$\begin{cases} \sin(\pi-\theta) = \sin\theta \\ \cos(\pi-\theta) = -\cos\theta \\ \tan(\pi-\theta) = -\tan\theta \end{cases}$$

④ $\pi + \theta$ と θ

$$\begin{cases} \sin(\pi+\theta) = -\sin\theta \\ \cos(\pi+\theta) = -\cos\theta \\ \tan(\pi+\theta) = \tan\theta \end{cases}$$

……式（1・20）

> **例題 1** 還元公式により 90°未満の角度にして，その値を求めてみましょう。

(1) $\sin 210° = \sin(180°+30°) = -\sin 30° = -0.5$
(2) $\cos 210° = \cos(180°+30°) = -\cos 30° = -\sqrt{3}/2$
(3) $\tan 210° = \tan(180°+30°) = \tan 30° = 1/\sqrt{3}$
(4) $\sin 150° = \sin(180°-30°) = \sin 30° = 0.5$
(5) $\cos 150° = \cos(180°-30°) = -\cos 30° = -\sqrt{3}/2$

2．三角関数と三角形の関係

1．正弦定理：$\dfrac{a}{\sin A} = \dfrac{b}{\sin B} = \dfrac{c}{\sin C} = 2R$

……式（1・21）

2．余弦定理：$a^2 = b^2 + c^2 - 2bc\cos A$ ……式（1・22）

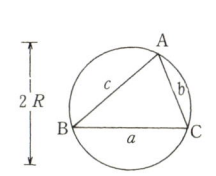

3．面積：2辺とそのはさむ角 $S = \dfrac{1}{2}bc\sin A$

ヘロンの公式 $S = \sqrt{s(s-a)(s-b)(s-c)}$

但し，$(2s = a+b+c)$ ……式（1・23）

図 1・18 三角形と外接円

第1章 測量士補入門

弧度法（ラジアン）と測量　Q11

A 角の大きさを表す方法として，**弧度法（ラジアン）**が用いられます。円の半径 R に等しい弧 ℓ に対する中心角を 1 ラジアン（$=180°/\pi$）と定義し，測量では，2辺の挟む挟角を求めるときに用いられます。

解説

1．弧度法（ラジアン）の定義

1. 1つの円において，中心角とそれに対する弧の長さは比例する。半径 R の円周上に，半径 R に等しい弧 $\stackrel{\frown}{AB}=\ell$ を取り，これに対する中心角を ρ（ロー）とすれば，次式が成り立つ。

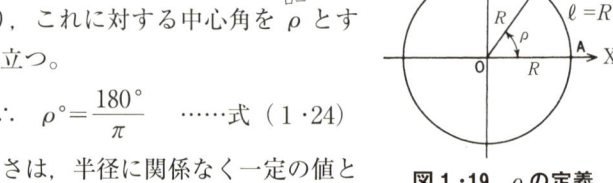

$$\frac{360°}{2\pi R}=\frac{\rho°}{R} \quad \therefore \quad \rho°=\frac{180°}{\pi} \quad \cdots\cdots 式（1・24）$$

2. この角 ρ の大きさは，半径に関係なく一定の値となる。この ρ を角度の単位に用いたものを**ラジアン単位（弧度法）**という。ラジアン単位を用いれば，角度を長さと長さの比で表すことができる。1 ラジアンとは，半径 R と円弧の長さ ℓ が等しいときの角度 ρ であり，度数法では $\rho=57.295°≒2''×10^5$ である。

図1・19　ρ の定義

2．度数法と弧度法との関係

1. 1 ラジアン（ρ）を，（$\rho°$）・分（ρ'）・秒（ρ''）の**度数法（ディグリー単位，60進法）**で表すと，次のとおり。

$$\left.\begin{array}{l}\rho°=180°/\pi=57.295\,8°=57°17'45''\\ \rho'=180°×60'/\pi=3\,437.749\,6'\\ \rho''=180°×60'×60''/\pi=206\,265''≒2''×10^5\end{array}\right\} \cdots\cdots 式（1・25）$$

2. 度数法から弧度法（rad）への換算は，次のとおり。

$$弧度=\frac{度数}{\rho}, \quad 度数=\rho×弧度 \quad \cdots\cdots 式（1・26）$$

3. 半径 R の円において，弧の長さ ℓ に対する中心角 α（rad）は，次のとおり。

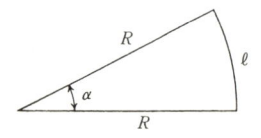

図1・20　中心角と弧長との関係

> **質問** ラジアン単位は，どのように使われますか？

$$\alpha = \frac{\ell}{R} \quad \ell = \alpha \cdot R \qquad \cdots\cdots 式（1・27）$$

$$\alpha° = \rho° \frac{\ell}{R} \quad \alpha' = \rho' \frac{\ell}{R} \quad \alpha'' = \rho'' \frac{\ell}{R} \qquad \cdots\cdots 式（1・28）$$

4．三角関数をマクローリンの定理で展開すると，次の近似式が得られる。

$$\left.\begin{array}{l}\sin\alpha = \alpha - \dfrac{\alpha^3}{3!} + \dfrac{\alpha^5}{5!} - \dfrac{\alpha^7}{7!} + \cdots\cdots \\ \cos\alpha = 1 - \dfrac{\alpha^2}{2!} + \dfrac{\alpha^4}{4!} - \dfrac{\alpha^6}{6!} + \cdots\cdots\end{array}\right\} \qquad \cdots\cdots 式（1・29）$$

α が微小のとき，$\sin\alpha \fallingdotseq \alpha$，$\cos\alpha \fallingdotseq 1$，$\tan\alpha \fallingdotseq \alpha$ が成り立つ。

例題1 細部測量において，基準点Aにトータルステーションを整置し，点Bを観測したときに2′30″の方向誤差があった場合，点Bの水平位置の誤差はいくらか。

但し，点A，B間の水平距離は92 m，角度1ラジアンは2″×10⁵とする。

解説 長さと長さの比（ラジアン）

方向角 T の誤差 $\varepsilon = 2'30'' = 150''$ が位置誤差 e に与える影響は，$e = L\sin 2'30''$。巻末の関数表からは $\sin 2'30''$ の値が求められないので，ラジアン単位に変換すると，式（1・26）より

$$e = \frac{\varepsilon'' \times L}{\rho''} = \frac{150'' \times 92\text{m}}{2'' \times 10^5}$$

$$= 0.069\text{m} = \underline{69\text{mm}}$$

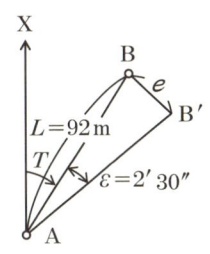

図1・21 測角誤差と位置誤差

例題2 水準測量の観測中，レベルの水準器の気泡が，正しい位置から2目盛ずれた場合，40m離れた標尺上の読みはいくら変わるか。

但し，水準器の感度は20″/1目盛とし，$\rho'' = 2'' \times 10^5$ とする。

解説 度数から弧度へ

中心角 α は，2目盛 40″ ずれているから，ラジアンで表せば，

$$\alpha = 40'' = 40''/\rho'' = 2 \times 10^{-4}$$

$$h = \alpha \cdot L = 2 \times 10^{-4} \times 40\text{m} = \underline{8\text{ mm}}$$

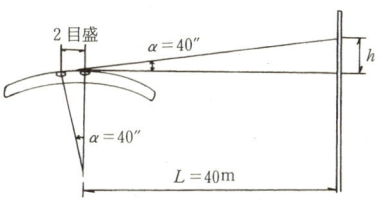

図1・22 水準器の感度

〔理解度の確認〕

P46，演習問題の **問9** にチャレンジして下さい。

二項定理・ベクトルと測量 Q12

$(a+b)^n$ を展開した式を**二項定理**といいます。また，向きと大きさをもつ量を**ベクトル**といいます。測量では，$n=1/2$（$\sqrt{}$ の展開）に二項定理を，測定値の座標計算にベクトルが用いられます。

解説

1．二項定理と測量

① $(1+x)^n = 1 + nx + \dfrac{n(n-1)}{1\cdot 2}x^2 + \cdots\cdots$

$\qquad + \dfrac{n(n-1)(n-2)\cdots(n-r+1)}{1\cdot 2\cdot 3\cdots\cdots r}x^r$ （但し，$-1 < x < 1$）

② $n=2$ のとき，$(1+x)^2 = 1 + 2x + \dfrac{2(2-1)}{1\cdot 2}x^2 = 1 + 2x + x^2$

③ $n=-1$ のとき，$(1+x)^{-1} = 1 - x + \dfrac{-1(-1-1)}{1\cdot 2}x^2 - \cdots$

$\qquad = 1 - x + x^2 - \cdots\cdots$

④ $n=\dfrac{1}{2}$ のとき，$(1\pm x)^{\frac{1}{2}} = 1 \pm \dfrac{1}{2}x - \dfrac{1}{8}x^2 \pm \dfrac{1}{16}x^3 - \cdots$

⑤ $n=-\dfrac{1}{2}$ のとき，$(1\pm x)^{-\frac{1}{2}} = 1 \mp \dfrac{1}{2}x + \dfrac{3}{8}x^2 \mp \dfrac{5}{16}x^3 + \cdots$

……式（1・30）

例題1 斜距離 L_0，高低差 H のとき水平距離を求めるための傾斜補正 C_g はいくらか。

解説 二項定理（傾斜補正）

距離は，水平距離で表す。測量で測定する距離は斜距離です。これを傾斜補正で水平距離に換算する。

$L = \sqrt{L_0{}^2 - H^2} = L_0\left(1 - \dfrac{H^2}{L_0{}^2}\right)^{\frac{1}{2}}$

$\quad = L_0\left(1 - \dfrac{H^2}{2L_0{}^2} - \dfrac{H^4}{8L_0{}^4} - \cdots\right) \fallingdotseq L_0 - \dfrac{H^2}{2L_0}$

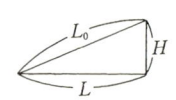

∴ 傾斜補正 $\quad C_g = L_0 - L = \underline{\dfrac{H^2}{2L_0}}$

要点理解 → P78

> **質問** 二項定理，ベクトルは，どのように測量計算に使われますか？

2．空間ベクトルと測量

1．Oを座標原点とし，2点A，Bの座標を (x_A, y_A, z_A)，(x_B, y_B, z_B) とすると，

$\overrightarrow{OA}=(x_A, y_A, z_A)$，$\overrightarrow{OB}=(x_B, y_B, z_B)$

$\overrightarrow{OA}+\overrightarrow{AB}=\overrightarrow{OB}$，$\overrightarrow{AB}=\overrightarrow{OB}-\overrightarrow{OA}$ から

$\overrightarrow{AB}=(x_B-x_A, y_B-y_A, z_B-z_A)$

距離$AB=\sqrt{(x_B-x_A)^2+(y_B-y_A)^2+(z_B-z_A)^2}$

……式（1・31）

図1・23　空間ベクトル

2．測量では，距離と方向をもつ線分を**基線ベクトル**（相対関係）といい，$\Delta X=(x_B-x_A)$，$\Delta Y=(y_B-y_A)$，$\Delta Z=(z_B-z_A)$ とすると，次のとおり。なお，平面上の場合は，成分Zがない。

$$\begin{vmatrix} X_B \\ Y_B \\ Z_B \end{vmatrix} = \begin{vmatrix} X_A \\ Y_A \\ Z_A \end{vmatrix} + \begin{vmatrix} \Delta X \\ \Delta Y \\ \Delta Z \end{vmatrix}$$

……式（1・32）

👉 要点理解 ➡ P124

例題2　平面直角座標系上において，点Pは，点Aから方向角が$310°0'0''$，平面距離が1 000.00mの位置にある。点Aの座標値は，$X=-500.00$m，$Y=+1\,000.00$mとする場合，点PのX座標及びY座標の値はいくらか。

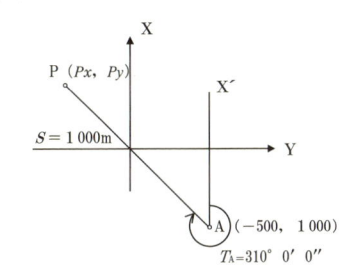

(解説)　ベクトルの成分

点Pの平面直角座標を (P_x, P_y) とすると，

$P_x=-500.00+1\,000.00\cos310°0'0''$
$\quad=-500.00+1\,000.00\times 0.642\,79=\underline{142.79\text{m}}$

$P_y=1\,000.00+1\,000.00\sin310°0'0''$
$\quad=1\,000.00+1\,000.00\times(-0.766\,04)=\underline{233.96\text{m}}$

（注）還元公式（P37）より

$\cos310°=\cos50°$ （関数表より $\cos50°=0.642\,79$）

$\sin310°=-\sin50°$ （関数表より $\sin50°=0.766\,04$）

〔理解度の確認〕

P46，演習問題の 問10 にチャレンジして下さい。

関数表の使用方法 Q13

計算問題では，「関数の数値が必要な場合は，巻末の関数表を使用すること」と指示されます。この関数表には，1〜100までの平方根と，0°〜90°までの三角関数の値が記載されていて，使用方法は次のとおり。

解 説

1. 平方根について

10^n指数関数に換算して，100以下の数とする（但し，nは偶数にする）。

$\sqrt{500} = \sqrt{5 \times 10^2} = 10\sqrt{5} = 10 \times 2.23607 = 22.3607$

$\sqrt{0.5} = \sqrt{50 \times 10^{-2}} = 10^{-1}\sqrt{50} = 10^{-1} \times 7.07107 = 0.707107$

関 数 表 (P327より)

平 方 根

	√		√
1	1.00000	51	7.14143
2	1.41421	52	7.21110
3	1.73205	53	7.28011
4	2.00000	54	7.34847
5	2.23607	55	7.41620
6	2.44949	56	7.48331
7	2.64575	57	7.54983
35	5.91608	85	9.21954
36	6.00000	86	9.27362
37	6.08276	87	9.32738
38	6.16441	88	9.38083
39	6.24500	89	9.43398
45	6.70820	95	9.74679
46	6.78233	96	9.79796
47	6.85565	97	9.84886
48	6.92820	98	9.89949
49	7.00000	99	9.94987
50	7.07107	100	10.00000

三角関数

度	sin	cos	tan	度	sin	cos	tan
0	0.00000	1.00000	0.00000				
1	0.01745	0.99985	0.01746	46	0.71934	0.69466	1.03553
2	0.03490	0.99939	0.03492	47	0.73135	0.68200	1.07237
3	0.05234	0.99863	0.05241	48	0.74314	0.66913	1.11061
4	0.06976	0.99756	0.06993	49	0.75471	0.65606	1.15037
5	0.08716	0.99619	0.08749	50	0.76604	0.64279	1.19175
6	0.10453	0.99452	0.10510	51	0.77715	0.62932	1.23490
34	0.55919	0.82904	0.67451	79	0.98163	0.19081	5.14455
35	0.57358	0.81915	0.70021	80	0.98481	0.17365	5.67128
36	0.58779	0.80902	0.72654	81	0.98769	0.15643	6.31375
37	0.60182	0.79864	0.75355	82	0.99027	0.13917	7.11537
38	0.61566	0.78801	0.78129	83	0.99255	0.12187	8.14435
44	0.69466	0.71934	0.96569	89	0.99985	0.01745	57.28996
45	0.70711	0.70711	1.00000	90	1.00000	0.00000	*****

2. 三角関数について

還元公式（P37参照）により90°以下の値とする。

$\sin 125° = \sin(90° + 35°) = \cos 35° = 0.81915$

$\cos 125° = \cos(90° + 35°) = -\sin 35° = -0.57358$

$\sin 215° = \sin(180° + 35°) = -\sin 35° = -0.57358$

$\cos 215° = \cos(180° + 35°) = -\cos 35° = -0.81915$

第1章 演習問題

解答はP47〜48にあります。
なお，関数の数値が必要な場合は，P327の関数表を使用すること。

問1 次の文は，測量法における測量の基準について述べたものである。 ア ～ オ に入る語句の組合せとして適当なものはどれか。

基本測量及び公共測量においては，「位置は， ア 及び平均海面からの高さで表示するが，場合により，直角座標及び平均海面からの高さ，極座標及び平均海面からの高さ又は地心直交座標で表示することができる」と規定され， ア は， イ に従って測定しなければならない。 イ とは，長半径及び ウ が， ア の測定に関する国際的な決定に基づき政令で定める値であること，中心が地球の重心と一致すること及び エ が地球の自転軸と一致することの要件を満たす扁平な オ であると想定して行う ア の測定に関する測量の基準をいう。なお，距離及び面積は， オ の表面上の値で表示する。

	ア	イ	ウ	エ	オ
1.	地心経緯度	日本測地系	短半径	長軸	ジオイド
2.	地理学的経緯度	世界測地系	短半径	短軸	ジオイド
3.	地理学的経緯度	世界測地系	扁平率	短軸	回転楕円体
4.	地理学的経緯度	日本測地系	短半径	長軸	回転楕円体
5.	地心経緯度	世界測地系	扁平率	短軸	ジオイド

問2 次の文は，測量法における測量の基準について述べたものである。間違っているものはどれか。

1. 世界測地系とは，地球を規定された要件を満たした扁平な回転楕円体であると想定して行う，地理学的経緯度の測定に関する測量の基準をいう。
2. 世界測地系で想定した回転楕円体は，その中心が地球の重心と一致するものである。
3. 位置は，地理学的経緯度及び規定された回転楕円体の表面からの高さで表示する。
4. 距離及び面積は，規定された回転楕円体の表面上の値で表示する。
5. 世界測地系では，回転楕円体はGRS80楕円体を使用し，座標系はITRF94系を採用している。

問3 次の文は，平面直角座標系による三角点成果について述べたものである。正しいものはどれか。
1. 方向角は，三角点を通る子午線の北から右回りに観測した角である。
2. 座標原点から北東に位置する三角点成果のX，Yの符号は，正である。
3. 真北方向角，方位角，方向角の間には，「真北方向角＝方位角－方向角」の関係がある。
4. 2つの三角点間の平面距離は，球面距離よりも常に短い。
5. 座標原点の東側にある三角点の真北方向角の符号は，正である。

問4 平面直角座標系について，正しいものの組合せはどれか。
a. 中央経線からそれと直交する方向に約180km離れた点の縮尺係数は1.0000である。
b. 各座標系における原点の座標値は，$X=0.000$m, $Y=0.000$m である。
c. 座標系のX軸上における縮尺係数は0.9999である。
d. 地球全体を6度幅ごとの経度帯に区分している。
e. 投影法は，ガウス・クリューゲル図法である。
1. a, b, d　　2. a, b, e　　3. b, c, d
4. b, c, e　　5. c, d, e

問5 次の文は，測量における誤差について述べたものである。　ア　～　オ　に入る語句の組合せとして適当なものはどれか。

　一般に観測値は，観測するごとにわずかに異なった値となる。この観測値と　ア　との差を誤差という。測量では，十分な注意を払って観測を行っても　ア　を求めることはできない。したがって，複数の観測値から最も確からしい値として　イ　を統計的に推定する。

　測量における誤差には，測量機器が正常に機能していない場合や，観測者に固有の癖がある場合に一定の傾向で生じる　ウ　誤差と，観測者が注意しても避けることができない　エ　誤差がある。観測者の不注意によって生じる測定値の誤りを　オ　誤差として，誤差に含めることもある。

	ア	イ	ウ	エ	オ
1.	最確値	標準偏差	系統	偶然	器械
2.	標準偏差	最確値	確率	系統	器械
3.	真値	最確値	系統	偶然	過失
4.	最確値	推定値	偶然	系統	確率
5.	真値	標準偏差	系統	確率	過失

問6 A，B 2点間の距離を同一の光波側距儀を用いて測定し，次の結果を得た。A，B 2点間の距離の最確値として，正しいものはどれか。

　　1回目　　平均値＝1000.010m　　標準偏差＝0.006m
　　2回目　　平均値＝1000.002m　　標準偏差＝0.002m

1．1000.003m
2．1000.004m
3．1000.006m
4．1000.008m
5．1000.009m

問7 セオドライトを用いて，ある水平角を4回に分けて観測し，表の結果を得た。水平角の最確値はいくらか。

1．80°20′14″
2．80°20′16″
3．80°20′18″
4．80°20′20″
5．80°20′22″

観測値	観測対回数
80°20′10″	4
80°20′15″	6
80°20′20″	2
80°20′25″	3

問8 F点の標高を求めるため，水準点A，B，Cから水準測量を行って，次の値を得た。F点の平均標高（最確値）及びその標準偏差はいくらか。

既知点の標高	観測方向	高低差	距離
H_A＝2.562m	A→F	＋5.681m	4 km
H_B＝5.243m	F→B	－2.985m	3 km
H_C＝10.327m	C→F	－2.092m	6 km

　　（最確値）　　（標準偏差）
1．8.105m　　　3 mm
2．8.243m　　　4 mm
3．8.235m　　　5 mm
4．8.302m　　　6 mm
5．8.452m　　　7 mm

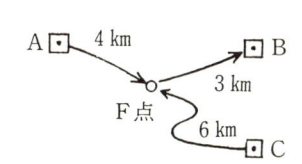

問9 図において，$S=2\,000$m，$e=0.10$m，$\alpha=60°$のとき，xはいくらか。
1. $8''$
2. $9''$
3. $10''$
4. $11''$
5. $12''$

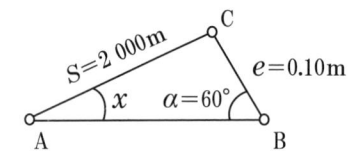

問10 平面直角座標系上において，点Pは，点Aから方向角が$230°00'00''$平面距離が$1\,000.00$mの位置にある。点Aの座標値は，$X=-100.00$m，$Y=-500.00$mとする場合，点Pの座標値はいくらか。
1. $X=-642.79$m　　$Y=-766.04$m
2. $X=-666.04$m　　$Y=-142.79$m
3. $X=-742.79$m　　$Y=-1\,266.04$m
4. $X=-866.04$m　　$Y=-1\,142.79$m
5. $X=-1\,266.04$m　　$Y=-742.79$m

演習問題　解答・解説

問1 ③ 測量法の改正に伴い，測量の基準が日本測地系から世界測地系に変更された。地理学的経緯度は，世界測地系に従って表示する。

　世界測地系とは，地球を次の要件を満たす扁平な回転楕円体であると想定して行う地理学的経緯度の測定に関する測量の基準をいう。
① 長半径及び扁平率が，地理学的経緯度の測定に関する国際的な決定に基づき政令で定める値
② 中心が，地球の重心と一致する。
③ 短軸が，地球の自転と一致する。

問2 ③ 位置は，地理学的経緯度及び平均海面からの高さで表す（P52，測量法第11条）。なお，1.は世界測地系，測量法第11条を参照のこと（P52）。
5.の**ITRF94系**は，GRS80楕円体と整合するように定義された3次元直交座標系をいい，地球の重心に原点を置き，X軸をグリニッジ子午線と赤道との交点方向に，Y軸を東経90°方向に，Z軸を北極方向に取り，位置をx, y, zで表す。

問3 ② なお，1.方向角は，その点を通るX軸の北方向から右回りに観測した角をいう。3.真北方向角＝方向角－方位角。4.球面距離を平面直角座標系上の平面距離に補正する場合は，平面距離s＝縮尺係数m×球面距離Sとなる。縮尺係数は，座標原点からの位置によって異なる（0.9999〜1.0001）。5.真北方向角は，三角点のX軸から三角点を通る子午線までの角度を時計回りを正，反時計回りを負とする。東側は－となる。

問4 ④ 平面直角座標とUTM図法の比較は，P240参照のこと。なお，a及びdは，UTM座標系（P238）の規定である。

[球面距離と平面距離]

　測量作業で得られる距離（実測値）は，地球表面上の**球面距離**Sである。一方，平面直角座標では，これを**平面距離**sとして表示する。実測値から座標値へ，あるいは座標値を実測値へ変換する場合，**縮尺係数**mを用いる。

$$\left.\begin{array}{l}縮尺係数\ m=\dfrac{平面距離\ s}{球面距離\ S} \\ 平面距離\ s=縮尺係数\ m\times 球面距離\ S\end{array}\right\} \quad \cdots\cdots 式（1）$$

問5 ③ 測定に伴う誤差には，系統誤差（定誤差），偶然誤差（不定誤差），過失がある。偶然誤差は，最小二乗法により処理する。

問6

$\boxed{1}$ $p_1 : p_2 = \dfrac{1}{m_1^2} : \dfrac{1}{m_2^2} = \dfrac{1}{0.006^2} : \dfrac{1}{0.002^2} = \dfrac{1}{6^2} : \dfrac{1}{2^2} = \dfrac{1}{36} : \dfrac{1}{4} = 1 : 9$

最確値 $M = \dfrac{p_1 \ell_1 + p_2 \ell_2}{p_1 + p_2} = 1\,000.000 + \dfrac{1 \times 10 + 9 \times 2}{1 + 9} \times \dfrac{1}{1\,000} = \underline{1\,000.003\text{m}}$

問7

$\boxed{2}$ $p_1 : p_2 : p_3 : p_4 = 4 : 6 : 2 : 3$ から

$M = 80°\,20' + \dfrac{10'' \times 4 + 15'' \times 6 + 20'' \times 2 + 25'' \times 3}{4 + 6 + 2 + 3} \fallingdotseq \underline{80°\,20'\,16''}$

問8

$\boxed{3}$ A → F 観測 $H_F = 2.562 + 5.681 = 8.243$m

同様に

F → B $= 5.243 + 2.985 = 8.228$m

C → F $= 10.327 - 2.092 = 8.235$m

$p_1 : p_2 : p_3 = \dfrac{1}{4} : \dfrac{1}{3} : \dfrac{1}{6} = 3 : 4 : 2$

$M = 8.2 + \dfrac{0.043 \times 3 + 0.028 \times 4 + 0.035 \times 2}{3 + 4 + 2} = \underline{8.235\text{m}}$

	測定値	最確値	残差 [mm]	距離 L[km]	軽重率	pvv
A → F	8.243	8.235	8	4	3	192
F → B	8.228	8.235	−7	3	4	196
C → F	8.235	8.235	0	6	2	0

$[p] = 9,\ [pvv] = 388$

$m_0 = \sqrt{\dfrac{388}{9 \times 2}} \fallingdotseq \underline{5\text{mm}}$

問9

$\boxed{2}$ 正弦定理，$\dfrac{e}{\sin x} = \dfrac{S}{\sin \alpha}$ より

$\sin x = \dfrac{e}{S} \sin \alpha,\ x'' \fallingdotseq \dfrac{e}{S} \sin \alpha \cdot \rho = \dfrac{0.10}{2\,000} \sin 60° \times 2'' \times 10^5 = \underline{9''}$

問10

$\boxed{3}$ $X_P = X_A + S\cos T = -100.00 + 1\,000.00 \times \cos 230°$

$= -100.00 + 1\,000.00 \times (-\cos 50°)$

$= -100.00 + 1\,000.00 \times (-0.642\,79) = \underline{-742.79\text{m}}$

$Y_P = Y_A + S\sin T = -500.00 + 1\,000.00 \times \sin 230°$

$= -500.00 + 1\,000.00 \times (-\sin 50°)$

$= -500.0 + 1\,000.00 \times (-0.766\,04) = \underline{-1\,266.04\text{m}}$

第2章
測量に関する法規

○ 測量作業を実施する上で必要となる測量法，公共測量の作業規程の準則，地理空間情報活用推進基本法など，測量に関する法規について説明します。なお，測量作業上の注意事項についても，この分野で出題されます。
○ 公共測量の実施の流れは，次のとおり（準則より）。

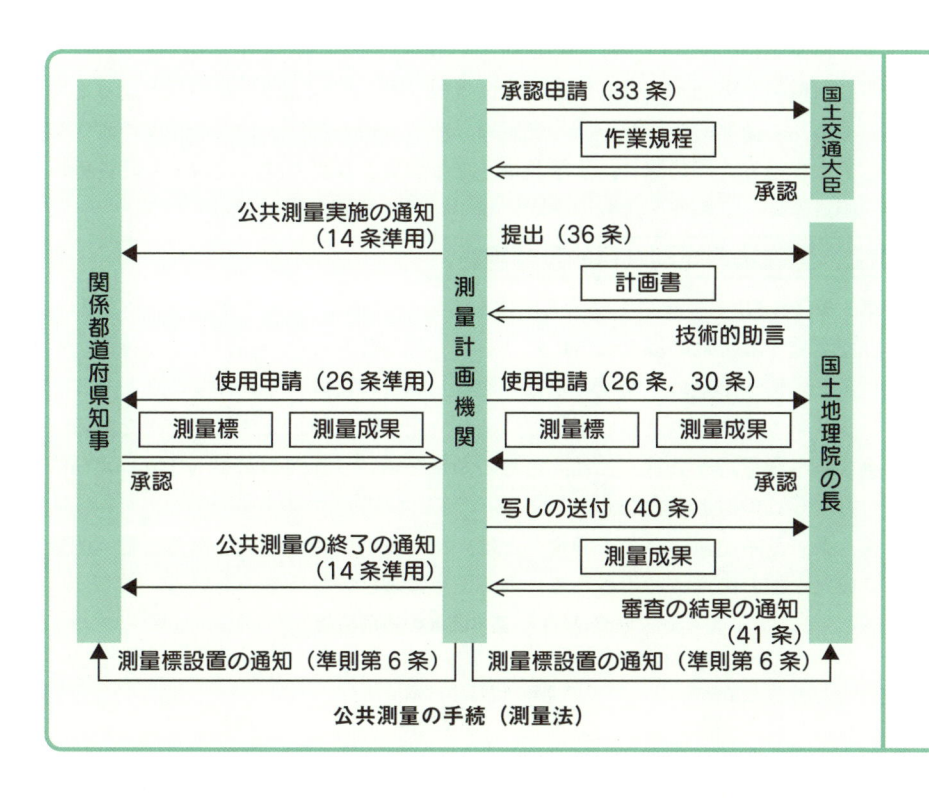

```
関係都道府県知事 ← 公共測量実施の通知（14条準用） ← 測量計画機関 → 承認申請（33条） → 国土交通大臣
                                                              ← 作業規程
                                                              ← 承認
                                                              → 提出（36条） → 国土地理院の長
                                                              ← 計画書
                                                              ← 技術的助言
      ← 使用申請（26条準用）           使用申請（26条，30条） →
        測量標  測量成果                測量標  測量成果
      → 承認                                              ← 承認
                                      ← 写しの送付（40条）
      ← 公共測量の終了の通知（14条準用）    測量成果
                                      ← 審査の結果の通知（41条）
  ↑ 測量標設置の通知（準則第6条） │ 測量標設置の通知（準則第6条）
                  公共測量の手続（測量法）
```

測量法の概要 Q1

測量法は，測量を全国的視野で統一し，実施の基準，実施の権能（権限と資格），重複の排除，精度保持，測量業の健全な発展を目的として制定されました。測量を実施する上で，基本となる法律です。

解 説

1．測量法・作業規程の準則の概要

1. **測量法**は，第1章総則（目的及び用語，測量の基準），第2章基本測量（計画及び実施，測量成果），第3章公共測量（計画及び実施，測量成果），第4章基本測量及び公共測量以外の測量，第5章測量士及び測量士補，第6章測量業者（登録，監督等）など，66条から成り立っている。
2. **作業規程の準則**は，測量法第34条の規定に基づき，地方公共団体等の測量計画機関が実施する公共測量の作業規程（P57，第33条）の規範となるものであり，標準的な作業方法等を定め，その規格の統一，必要な精度の確保を図っている。多角測量，水準測量，地形測量，写真測量，地図編集及び応用測量等は，この作業規程の準則に基づいて，測量作業が実施される。

2．測量法の総則（目的及び用語）

第1条（目的） 国若しくは公共団体が費用の全部若しくは一部を負担・補助して実施する土地の測量について，その実施の基準及び実施に必要な権能（権限と資格）を定め，測量の重複を除き，測量の正確さを確保するとともに，測量業者の登録・業務の規制等により，測量業の適正な運営と発達を図る。

第3条（測量）「測量」とは，土地の測量をいい，地図の調製（作成）及び測量用写真の撮影を含むものとする。

第4条（基本測量）「基本測量」とは，すべての測量の基礎となる測量（測量成果が他の測量に利用される）で，国土地理院の行うものをいう。

表2・1 基本測量の適用範囲

測量の種類	基本測量の適用範囲
三角測量	1等～4等三角測量
水準測量	1等～3等水準測量
国土基本図測量	1/2 500，1/5 000の国土基本図の測量
地形図の測量	1/2.5万地形図の測量，1/5万の地形図の編集
土地利用図の作成	土地利用図の作成

質問 測量法とは，どのような法律ですか？

第5条（公共測量）「公共測量」とは，基本測量以外の測量で，国又は公共団体が費用を負担・補助するものをいう。

　公共測量は，1級～4級基準点測量，1級～3級水準測量など，公共の利益を目的として実施し，測量の基準の統一を図り，精度を確保するため公共測量作業規程の準則に基づき実施する。

　なお，次の測量は，公共測量から除く（法の適用を受けない）。
① 建物に関する測量
② 横断測量及び局地的な測量
③ 1/100万未満の小縮尺図の調製（地図作成）
④ 高度の精度を要しない測量

第6条（基本測量及び公共測量以外の測量）　基本測量又は公共測量の測量成果を使用して実施する基本測量及び公共測量以外の測量をいう（5条と同様，建物に関する測量その他の局地的測量又は小縮尺図の調製その他の高度の精度を必要としない測量で政令で定めるものを除く）。

　6条の測量には，公共測量で除外された測量及び民間が実施する測量等（私費）が該当する。なお，測量法の適用を受けない測量として，登記簿に登録するための地籍測量，工事施工のための工事測量等がある。

第7条（測量計画機関）「測量計画機関」とは，測量法に規定する土地の測量を計画する者をいう。具体的には，公共測量等の国土地理院以外の国の機関，地方公共団体等の測量を計画する者をいう。

第8条（測量作業機関）「測量作業機関」とは，測量計画機関の指示又は委託を受けて測量作業を実施する者（測量業者）をいう。

第9条（測量成果及び測量記録）「測量成果」とは，当該測量の最終の目的として得た結果をいい，「測量記録」は測量成果を得る過程の作業記録をいう。

第10条（測量標）「測量標」とは，永久標識（三角点標石，図根点標石，水準点標石等），一時標識（標杭・標杭）及び仮設標識（標旗，仮杭）をいう。

第10条の2（測量業）「測量業」とは，基本測量，公共測量又は基本測量及び公共測量以外の測量を請け負う営業をいう。

第10条の3（測量業者）「測量業者」とは，第55条の5（登録の実施及び登録の通知）による測量業者の登録を受けて測量業を営む者をいう。

第2章　測量に関する法規

〔理解度の確認〕

P64，演習問題の 問1 ， 問2 にチャレンジして下さい。

Q2 測量の基準1（日本経緯度原点等）

A 我が国の測量の基準は，第11条により日本経緯度原点及び日本水準原点で表します。日本経緯度原点は，地心直交座標である世界測地系の座標値をもち，地球上の位置に基づいています。

解　説

1．測量の基準

第11条（測量の基準）　基本測量及び公共測量は，次の基準に従って行う。

① 位置は，地理学的経緯度（任意の地点の水平位置は，測地経緯度より自動的に決まる。これを**地理学的経緯度**という。）及び平均海面からの高さで表示する。但し，場合により，直角座標又は極座標及び平均海面からの高さ，地心直交座標で表示することができる。

② 距離及び面積は，回転楕円体（GRS80楕円体）の表面上の値で表示する。

③ 測量の原点は，日本経緯度原点及び日本水準原点とする。

・日本経緯度原点（世界測地系に基づく原点）：
　地点：東京都港区麻布台2丁目18番1号（国土地理院構内）
　経度：東経　139°44′28″.8869
　緯度：北緯　35°39′29″.1572

表2・2　地心直交座標系における日本経緯度原点の座標値

軸	座　標　値
X軸	−3 959 340.090m
Y軸	3 352 854.541m
Z軸	3 697 471.475m

・日本水準原点：
　地点：東京都千代田区永田町1丁目1番地内
　原点数値：東京湾平均海面（ジオイド）上＋24.3900m

2．世界測地系（X，Y，Z軸）

1．世界測地系（ITRF94）は，次の条件を満たす座標系をいう。

① **GRS80楕円体**：地球の形状（長半径及び扁平率）が最も地球に近似した回転楕円体（P22，表1・1参照）。

> **質問** 測量の位置の基準は，どのように決められていますか？

② **三次元直交座標**：地球重心を原点とし，地球の短軸をZ軸，グリニッジ天文台を通る子午線と赤道の交点と重心を結ぶ軸をX軸，X軸とZ軸に直交する軸をY軸とする地心直交座標。

(1) 回転楕円体(GRS80)　(2) 三次元直交座標(ITRF94)　(3) 世界測地系

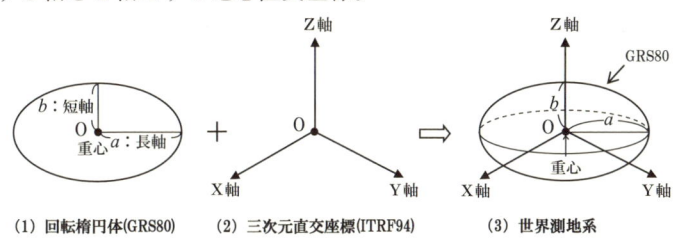

図2・1　世界測地系（測地成果 2000）

2．地球上の任意の位置は，世界測地系の地球重心を原点とする三次元座標（X，Y，Z）で表すことができる。表2・2は，日本経緯度原点を世界測地系の地心直交座標で表したものである。

3．高さの基準

1. GNSS測量で得られるのは，**楕円体高 h** である。測量成果としては**標高 H** が要求される。地心直交座標では，観測点の高さは準拠楕円体表面を基準とする。一方，標高は，平均海面（ジオイド面）を基準とする。
2. 楕円体表面とジオイド面は一致しない。両者の差を**ジオイド高 N** という。次の関係が成り立つ。

$$標高 H = 楕円体高 h - ジオイド高 N \quad \cdots\cdots 式（2・1）$$

3. ジオイド高は，標高既知の水準点でGNSS測量を行い，得られる楕円体高から，その差のジオイド高を求める（ジオイド測量）。

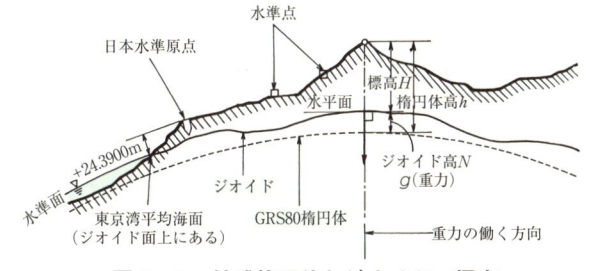

図2・2　地球楕円体とジオイド・標高

〔理解度の確認〕

P65，演習問題の 問3 ， 問4 にチャレンジして下さい。

測量の基準2（座標変換） Q3

A GNSS観測で得られる位置基準は，世界測地系（地心直交座標）です。これを国内で用いる平面直角座標へ変換する必要があります。平面直角座標は，地球表面を基準とする座標系です。

解 説

1．測量の基準

1．測量法第11条により，地上の位置は「地理学的経緯度及び平均海面からの高さ」で表す。但し，「直角座標及び平均海面からの高さ」や「極座標及び平均海面からの高さ」，「地心直交座標」で表すことができる。

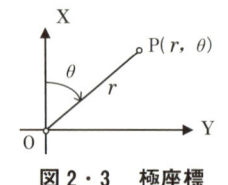

地理学的経緯度とは，ITRF94座標に規定する経緯度をいう。

図2・3　極座標

👉 要点理解 ➡ P22，P23

```
GNSS観測
地心直交座標  ⇒  ① 地理学的経緯度（φ，λ）と平均海面（H）
(WGS-84)        ② 平面直角座標（x，y）と平均海面（H）
                ③ 極座標（r：動径，θ：偏角）と平均海面（H）
```

2．GNSS測量機を用いた観測で求められる値は，WGS-84（ITRF-94とほぼ同様）による座標値である。これを次に示す座標値や経緯度に変換し，高さに関しては平均海面からの高さに座標変換する。

例題1　次の文は，測量を行う上での位置の表示について述べたものである。 ア ～ オ に入る語句はどれか。

測量法では，基本測量及び公共測量については，位置を ア 及び平均海面からの高さで表示するが，場合によっては イ などで表示することができる。GNSS測量機による測量では， イ による基線ベクトル，座標値を求めることができる。 イ は ウ の成分で表され，計算によって緯度，経度， エ に換算できる。 エ から標高を求めるためには，別に測量して求められた，準拠楕円体から オ までの高さが必要である。

語句群　| 地理学的経緯度　地心経緯度　平面直角座標
　　　　| 地心直交座標　$X・Y・Z$の3つ　$X・Y$の2つ
　　　　| ジオイド高　楕円体高　地表　ジオイド

質問 座標変換は，どのようにするのですか？

解説 位置の表示

ア－ 地理学的経緯度，イ－ 地心直交座標，ウ－$X・Y・Z$の3つ，エ－ 楕円体高，オ－ ジオイド。なお，別に測量とはジオイド測量のこと。

例題2 次の文は，測量で用いられる高さの関係について述べたものである。 ア ～ オ に入る語句はどれか。

図に示すとおり， ア は，平均海面に相当する面を陸地内部まで延長したときにできる仮想の面として定められたものである。 イ は， ア を基準として測定される。

ア には，地球内部の質量分布の不均質などによって凹凸があるため，地球の形状に近似した ウ を想定する。我が国においては ウ のうち，地理学的経緯度の測定に関する国際的な決定に基づいたものを エ として採用している。

GNSS測量で イ を求めるためには， エ から地表までの距離である楕円体高に， エ から ア までの距離である オ で補正する。

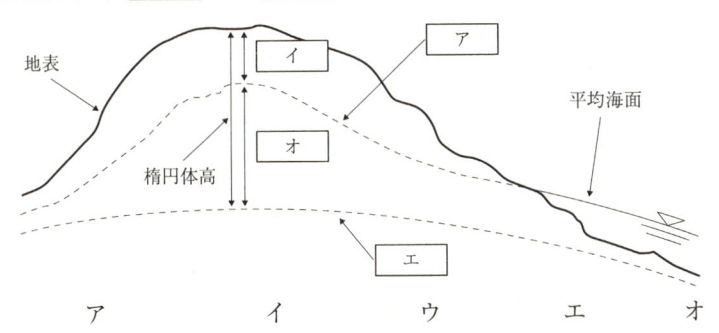

	ア	イ	ウ	エ	オ
1．	ジオイド	標高	回転楕円体	準拠楕円体	地盤高
2．	等ポテンシャル面	地盤高	準拠楕円体	回転楕円体	ジオイド高
3．	等ポテンシャル面	ジオイド高	回転楕円体	準拠楕円体	地盤高
4．	ジオイド	標高	回転楕円体	準拠楕円体	ジオイド高
5．	等ポテンシャル面	ジオイド高	準拠楕円体	回転楕円体	標高

解説 高さの基準（定義）

高さの定義は，平面直角座標と地心直交座標では異なる。標高，ジオイド高，楕円体高の関係を明確にしておくこと。　　**解答** 4

〔理解度の確認〕

P66，演習問題の 問5 にチャレンジして下さい。

第2章 測量に関する法規

基本測量・公共測量 Q4

基本測量は，すべての測量の基準となる測量で国土地理院が行う。**公共測量**は，基本測量の測量成果に基づいて実施され，高度の精度を要しない測量を除いて，すべての測量が該当します。

解　説

1．基本測量の計画及び実施

1. 第12・14条（長期計画，実施の公示）国土交通大臣は，基本測量に関する長期計画を定め，また国土地理院の長は，基本測量を実施しようとするとき，その地域・期間等を，関係都道府県知事に通知しなければならない。
2. 第15・16条（土地の立入及び通知，障害物の除去）国土地理院の長又はその命若しくは委任を受けた者は，必要があるときは，国有，公有又は私有の土地に立ち入ることができる。また，障害となる植物又はかき・さく等の障害物を除去することができる。
3. 第21条（永久標識及び一時標識に関する通知）国土地理院の長は，基本測量において永久標識又は一時標識を設置したときは，関係都道府県知事に通知しなければならない。
4. 第22条（測量標の保全）何人も，国土地理院の長の承諾を得ないで，基本測量の測量標を移転・汚損する行為をしてはならない。
5. 第26条（測量標の使用）基本測量以外の測量を実施しようとする者は，国土地理院の長の承認を得て，基本測量の測量標を使用することができる。

2．基本測量の測量成果

1. 第27・28条（測量成果の公表及び保管，測量成果の公開）国土交通大臣は，基本測量の測量成果を得たときは，測量の種類・精度・実施時期及び地域等を官報で公告しなければならない。基本測量の測量成果及び測量記録の謄本又は抄本の交付を受けようとする者は，国土地理院の長に申請する。
2. 第29条（測量成果の複製）基本測量の測量成果を複製する者は，国土地理院の長の承認を得なければならない。
3. 第30条（測量成果の使用）基本測量の測量成果を使用して基本測量以外の測量を実施しようとする者は，国土地理院の長の承認を得なければならない。

> **質問** 公共測量とは，どのような測量ですか？

3．公共測量の計画及び実施

1. **第32条（公共測量の基準）** 公共測量は，基本測量又は公共測量の測量成果に基づいて実施しなければならない。
2. **第33条（作業規程）** 測量計画機関は，公共測量を実施しようとするときは，観測機械の種類，観測法，計算法等の事項の作業規程を定め，国土交通大臣の承認を得なければならない。公共測量は，国土交通大臣の承認を得た作業規程に基づいて実施しなければならない。
3. **第34条（作業規程の準則）** 国土交通大臣は，作業規程の準則（公共測量の作業方法の規範）を定めることができる。公共測量は，この作業規程の準則に基づいて実施する。　　　　　　　　　　　要点理解 ➡ P58
4. **第35条（公共測量の調整）** 国土交通大臣は，測量の正確さを確保し又は測量の重複を除くため，必要があるときは測量計画機関に対し勧告をすることができる。
5. **第36条（計画書についての助言）** 測量計画機関は，公共測量を実施しようとするときは，あらかじめ，次の事項を記載した計画を提出して，国土地理院の長の技術的助言を求めなければならない。
   ①　目的，地域及び期間，②　精度及び方法
6. **第39条（基本測量に関する規定の準用）** 基本測量に関する第14条から第26条までの規定は，公共測量に準用する（この場合，「基本測量」→「公共測量」，「国土地理院の長」→「測量計画機関」と読み替える）。

4．公共測量の測量成果

1. **第40・41条（測量成果の提出，測量成果の審査）** 測量計画機関は，公共測量の測量成果を得たときは，遅滞なくその写しを国土地理院の長に送付しなければならない。国土地理院の長は，測量成果をすみやかに審査し，その結果を測量計画機関に通知しなければならない。
2. **第42条（測量成果の保管及び閲覧）** 国土地理院の長は，測量成果・測量記録の写しを保管し，一般の閲覧に供しなければならない。
3. **第44条（測量成果の使用）** 公共測量の測量成果を使用して測量を実施しようとする者は，あらかじめ当該測量成果を得た測量計画機関の承認を得なければならない。　　　　　　　　　　　　　　　　　　　要点理解 ➡ P49

〔理解度の確認〕

P66，演習問題の 問6 ， 問7 にチャレンジして下さい。

測量士・測量士補，作業規程の準則 Q5

公共測量に従事する技術者は，測量士又は測量士補でなければなりません。また，公共測量の「作業規程の準則」は，公共測量の規格と精度を確保するため標準的な作業方法を定めたものです。

解　説

1．測量士，測量士補

1．**第48条（測量士及び測量士補）**技術者として基本測量又は公共測量に従事する者は，登録された測量士又は測量士補でなければならない。
   ① 測量士は，測量に関する計画を作製し，又は実施する。
   ② 測量士補は，測量士の作製した計画に従い測量に従事する。
2．**第49条（測量士及び測量士補の登録）**測量士又は測量士補となる資格を有する者は，国土地理院の長に対して測量士名簿又は測量士補名簿に登録の申請をしなければならない。
3．**第51条（測量士補となる資格）**次のいずれかに該当する者は，測量士補となる資格を有する。
   ① 大学，短期大学において，測量に関する科目を修め卒業した者
   ② 測量に関する養成施設で，1年以上必要な専門知識・技能を修得した者
   ③ 国土地理院の長が行う測量士補試験に合格した者

2．公共測量の作業規程の準則

1．**作業規程の準則**は，第1編総則（第1条～第17条）で各編に共通する基本事項が規定され，各作業の具体的な技術事項については，第2編基準点測量（第18条～第77条），第3編地形測量及び写真測量（第78条～第338条），第4編応用測量（第339条～第426条）に規定されている。この準則において，公共測量における標準的な作業方法等を定めている。
2．**第1条（目的及び適用範囲）**作業規程の準則は，測量法第34条（P34）の規定に基づき，公共測量における標準的な作業方法等を定め，その規格を統一するとともに，必要な精度を確保することを目的とする。この準則は，公共測量に適用する。
3．**第2条（測量の基準）**位置は，平面直角座標系に規定する世界測地系に従

質問　標準的な測量作業は，どのように行われますか？

う直角座標及び日本水準原点を基準とする高さ（標高）により表示する。
　（注）測量法第11条（測量の基準）参照。準則では，公共測量の位置の統一表示として，位置の水平位置は平面直角座標，高さは日本水準原点を基準とした標高によって表すと規定する。

4．**第3条（測量法の遵守等）**：測量計画機関及び測量作業機関並びに作業に従事する者は，作業の実施にあたり，法を遵守しなければならない。

5．**第4条（関係法令等の遵守等）**：測量計画機関及び測量作業機関並びに作業に従事する者は，作業にあたり，財産権，労働，安全，交通，土地利用規制，環境保全，個人情報の保護等に関する法令を遵守し，かつ，これらに関する社会的慣行を尊重しなければならない。

6．**第5条（測量の計画）** 計画機関は，公共測量を実施しようとするときは，目的・作業量・期間・精度・方法等について適切な計画を策定しなければならない。計画機関は，利用できる測量成果の種類，内容，構造，品質等を示す製品仕様書（地理情報標準プロファイル（JPGIS）に準拠 P60参照）を定めなければならない。

7．**第8条（基盤地図情報）** 計画機関は，測量成果である基盤地図情報（P61）の整備及び活用に努めるものとする。

8．**第9条（実施体制）** 作業機関は，測量作業を円滑かつ確実に実行するため，適切な実施体制を整えなければならない。作業計画の立案，工程管理及び精度管理を総括する者として，高度な技術と実務経験を有する**主任技術者**（登録された測量士）を選任しなければならない。また，技術者は，測量士又は測量士補でなければならない。

9．**第11条（作業計画）** 作業機関は，測量作業着手前に，測量作業の方法，使用する主要な機器，要員，日程等について適切な作業計画を立案し，これを計画機関に提出してその承認を得なければならない。

10．**第12・13条（工程管理，精度管理）** 作業機関は，作業計画に基づき，適切な工程管理を行わなければならない。また，測量の正確さを確保するため，適切な精度管理を行い品質評価表及び精度管理表を作成し，計画機関に提出しなければならない。

11．**第16条（測量成果の提出）** 作業機関は，作業が終了したときは，遅滞なく，測量成果等を整理し，計画機関に提出しなければならない。

〔理解度の確認〕

P67，演習問題の 問8 にチャレンジして下さい。

地理空間情報活用推進基本法 Q6

地理情報システムとは,地図情報(基盤地図情報)と地理情報(地理空間情報)を特定の目的のためにコンピュータ支援によって総合的に管理・加工して視覚的に表示し,利用するシステムをいいます。

解　説

1．地理空間情報活用推進基本法

第1条（目的） 現在及び将来の国民が,安心して豊かな生活を営むことができる経済社会を実現する上で,地理空間情報を高度に活用することを推進することは極めて重要である。地理空間情報の活用の推進に関する施策に関し,基本理念を定め,並びに国及び地方公共団体の責務等を明らかにし,施策の基本となる事項を定めることにより,総合的・計画的に推進する。

第2条（定義）

(1) 「**地理空間情報**」とは,次の情報をいう。
　① 空間上の特定の地点又は区域の位置を示す情報(**位置情報**)
　② 位置情報に関連付けられた情報(自然,人々の生活,産業,文化などに関する**地理情報**)

(2) 「**地理情報システム**（GIS）」とは,地理空間情報の地理的な把握又は分析を可能とするため,電磁的方式により記録された地理空間情報を電子計算機を使用して電子地図(電磁的方式により記録された地図)上で一体的に処理する情報システムをいう。

(3) 「**基盤地図情報**」とは,地理空間情報のうち,電子地図上における地理空間情報の位置を定めるための基準となる測量の基準点,海岸線,公共施設の境界線,行政区画その他の国土交通省令で定めるもの（P167,基盤地図情報項目）の位置情報であって電磁的方式により記録されたものをいう。

電子地図上の位置基準を定めることにより,地理空間情報を正しくつなぎ合せ,重ね合せることができる。

（注）基準点測量成果のすべて及び地形測量・写真測量,応用測量の一部は,基盤地図情報に該当する。

(4) 「**衛星測位**」とは,人工衛星から発射される信号を用いて位置の決定及び当該位置に係る時刻に関する情報の取得並びにこれらに関連付けられた移

質問 地理情報システムとは，どのようなものですか？

動の経路等の情報の取得をいう。

第3条（基本理念） 地理空間情報の活用の推進は，基盤地図情報，統計情報，測量に係る画像情報等の**地理空間情報**が，国民生活の向上及び国民経済の健全な発展を図るための不可欠な基盤である。

これらの地理空間情報の電磁的方式による正確かつ適切な整備及びその提供，地理情報システム，衛星測位等の技術の利用の推進，人材の育成，国，地方公共団体等の関係機関の連携の強化等，必要な体制の整備その他の施策を総合的・体系的に行うことを旨とする。

要点理解 ➡ P184，P262

2．地理情報システム（GIS）

1. **GIS**（Geographic Information System：**地理情報システム**）は，空間の位置に関連づけられた自然，社会，経済などの地理情報を総合的に処理・管理・分析するシステムをいう。

   デジタルで記録された地理空間情報（空間属性，時間属性，主題属性）を電子地図（数値地図）上で一括処理し，都市計画，災害対策，ナビゲーションシステムなど広い分野で利用されている。なお，準則では，地理空間情報のうち，位置に関する測量（数値地形図データ）を規定している。

2. **地理情報標準**は，GISの基盤となる地理空間情報を，異なるシステム間で相互利用する際の互換性の確保を主な目的に，データの設計・品質・記述方法・仕様の書き方等のルールを定めたものをいう。

3. **JPGIS**（Japan Profile for Geographic Information Standards：**地理情報標準プロファイル**）は，地理空間情報を利用しやすくするため，日本における実利用に必要な内容を取り出し体系化したもので，地理空間情報に関する国際標準（ISO 191）及び日本工業規格（JIS X 71）に準拠している。これにより地理空間情報の検索，整備，活用などの様々な場面で自由な交換を実現することができる。

4. **基盤地図情報**は，電子地図上における測量の基準点，海岸線，行政区画など13項目の位置情報（P167，白地図）を，電磁的方法により記録したもので，基準点測量の成果はすべて該当する。

第2章 測量に関する法規

〔理解度の確認〕

P67，演習問題の 問9 にチャレンジして下さい。

電子国土基本図・国土調査法 Q7

A　国土の実態を正確に把握する必要性から国土調査法が制定されている。国土調査に伴い地籍の明確化が図られ，登記簿に記載され固定資産税等の基礎情報に活用されています。

解　説

1．電子国土基本図（地理情報）

1. 国土の実態を科学的・総合的に把握するためには，基礎資料とともに大縮尺の**国土基本図**（1/2 500，1/5 000）が必要となり，基準点の増設（4等三角点）及び国土基本図測量が実施された。現在，測量法，地理空間情報活用推進基本法の趣旨を踏まえ，デジタルデータを中心とする電子国土基本図体系へ移行している。**電子国土**は，地図情報レベル2 500～25 000の新たな基本図である（P262参照）。

2. 国土基本図は，国土地理院が測量し作成する基本図で，1/2 500，1/5 000の大縮尺の地図をいう。一軒一軒の建物の形状など詳細に描かれ，土地の高低（主曲線）も1/2 500では2 m，1/5 000では5 mで表示される。

3. 国土地理院が行う最も基本的な地図（**基本図**），1/2 500国土基本図及び1/2.5万地形図等は，地理空間情報活用推進基本法に規定する電子地図上の位置基準である**基盤地図情報項目**（基準点，海岸線，道路・河川区境界等，P167参照）と整合が図られている。

☞ 要点理解 ➡ P244，P262

2．国土調査法

1. **第1条（目的）国土調査法**は，国土の開発及び保全並びにその利用の高度化に資するとともに，あわせて地籍の明確化を図るため，国土の実態を科学的かつ総合的に調査することを目的とする。

2. **第2条（定義）国土調査**とは，国の機関・都道府県が行う基本調査で，土地分類調査又は水調査及び地方公共団体等が行う地籍調査をいう。
　基本調査では，土地分類調査，水調査及び地籍調査の基礎とするため土地及び水面の測量を行い，地図及び簿冊に作成する。

3. **地籍調査**では，毎筆の土地について，その所有者，地番及び地目の調査並びに境界及び地積に関する測量を行い，地図及び簿冊に作成することをいう。地籍調査の作業手順は，計画→基準点測量→一筆地調査→地籍測量→地積測

> **質問** 測量法と関連する法律には，どのようなものがありますか？

定→地籍図・地籍簿の作成→成果の認証→登記所への送付となる。

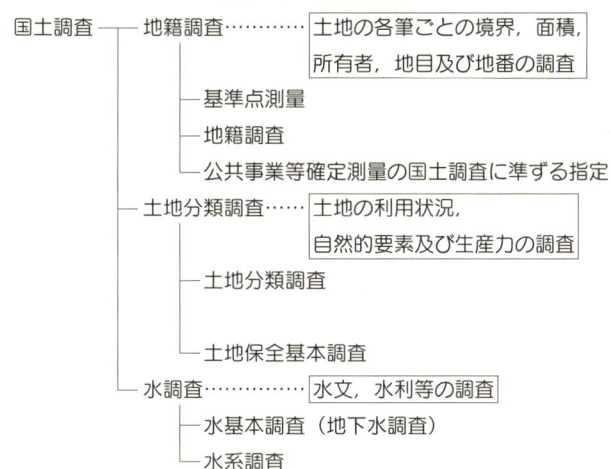

表2・3　国土調査

```
国土調査 ── 地籍調査 ………── 土地の各筆ごとの境界，面積，
          │                  所有者，地目及び地番の調査
          │     ├─ 基準点測量
          │     ├─ 地籍調査
          │     └─ 公共事業等確定測量の国土調査に準ずる指定
          ├─ 土地分類調査 …── 土地の利用状況，
          │                  自然的要素及び生産力の調査
          │     ├─ 土地分類調査
          │     └─ 土地保全基本調査
          └─ 水調査 ………── 水文，水利等の調査
                ├─ 水基本調査（地下水調査）
                └─ 水系調査
```

第2章　測量に関する法規

3．土地家屋調査士法

1. **土地家屋調査士法**は，登記簿（不動産の物理的状況及びその変更の登記又は所有権・抵当権等の権利関係の登記）における不動産の表示の正確さを確保するため，調査士の制度を定めたものである。
2. 調査士は，他人の依頼を受けて，登記に必要な土地又は家屋に関する調査・測量及び申請手続をすることを業とする者である。
   ① 不動産表示の登記に必要な土地・家屋に関する調査・測量
   ② 登記の申請手続，審査請求手続の代理及び作成など
3. 調査士の国家試験は，毎年8月に筆記試験が行われ，その合格者に対して11月に口述試験が実施される。筆記試験の内容は，次のとおり。
   ① 民法に関する知識
   ② 登記の申請手続及び審査請求の手続に関する知識
   ③ 土地・家屋の調査及び測量に関する知識・技能（平面測量，作図）
   ④ 土地家屋調査士法（業務に必要な知識及び能力）

   このうち，測量士・測量士補は，③が免除される。なお，口述試験は②と④に該当する事項について行われる。

〔理解度の確認〕

1/2 500，1/5 000 の国土基本図の特徴をあげて下さい。

第2章 演習問題

解答は P68 にあります。

問1 次の文は，測量法に規定された事項について述べたものである。 ア ～ エ に入る語句の組合せとして適当なものはどれか。

a．「測量」とは，土地の測量をいい， ア 及び測量用写真の撮影を含むものとする。

b．「測量作業機関」とは， イ の指示又は委託を受けて測量作業を実施する者をいう。

c．基本測量以外の測量を実施しようとする者は， ウ の承認を得て，基本測量の測量標を使用することができる。

d．測量士は，測量に関する エ を作製し，又は実施する。測量士補は，測量士の作製した エ に従い測量に従事する。

	ア	イ	ウ	エ
1．	地図の複製	元請負人	都道府県知事	作業規程
2．	地図の調製	測量計画機関	国土地理院の長	作業規程
3．	地図の調製	測量計画機関	国土地理院の長	計画
4．	地図の複製	測量計画機関	都道府県知事	計画
5．	地図の調製	元請負人	都道府県知事	計画

問2 次の文は，測量法の一部を抜粋したものである。 ア ～ オ に入る語句の組合せとして適当なものはどれか。

a．この法律は，国若しくは公共団体が費用の全部若しくは一部を負担・補助して実施する土地の測量について，その実施の基準及び必要な権能を定め，測量の ア を除き，並びに測量の イ を確保することを目的とする。

b．「基本測量」とは，すべての測量の基礎となる測量で， ウ の行うものをいう。

c．何人も， エ の承諾を得ないで，基本測量の測量標を移転し，汚損し，その他その効用を害する行為をしてはならない。

d．公共測量は，基本測量又は公共測量の オ に基づいて実施しなければならない。

	ア	イ	ウ	エ	オ
1．	重複	正確さ	国土地理院	国土地理院の長	測量成果
2．	重複	正確さ	国土交通省	国土地理院の長	測量計画
3．	障害	実施期間	国土地理院	国土地理院の長	測量計画
4．	障害	正確さ	国土地理院	都道府県知事	測量成果
5．	重複	実施期間	国土交通省	都道府県知事	測量成果

問3 次の文は，地球の形状と地球上の位置について述べたものである。間違っているものはどれか。

1．楕円体高と標高から，ジオイド高を計算することができる。
2．ジオイド面は，重力の方向に平行であり，地球楕円体面に対して凹凸がある。
3．地球上の位置は，地球の形に近似した回転楕円体の表面上における地理学的経緯度及び平均海面からの高さで表すことができる。
4．地心直交座標系の座標値から，当該座標の地点における緯度，経度及び楕円体高が計算できる。
5．測量法に規定する世界測地系では，地心直交座標系としてITRF94系に準拠し，回転楕円体としてGRS80を採用している。

問4 地理学的経緯度は，世界測地系に従って測定しなければならない。国土地理院は，世界測地系の導入にあたり，地球の基準座標系に係る国際機関が構築したITRF系を採用している。

次の文は，ITRF系について述べたものである。間違っているものだけの組合せはどれか。

a．ITRF系は，GNSSを含む複数の宇宙測地技術により構築されている。
b．ITRF系は，地球の重心を原点とした三次元直交座標系である。
c．ITRF系のX軸は，地球の自転軸と一致している。
d．我が国の現在の測地成果は，経度，緯度及び標高で表示，ITRF系で表示する場合は，x, y, zで表示する。
e．我が国の現在の測地成果は，ITRF系の更新に連動して変更される。

1．a，c
2．a，d
3．b，d
4．b，e
5．c，e

第2章 測量に関する法規

問5　次の文は，測量を行う上での位置の表示について述べたものである。間違っているものはどれか。
1．平面位置は，平面直角座標系に規定する世界測地系に従う直角座標により表示した。
2．ジオイド高は，標高から楕円体高を引いて求める。
3．地球上の位置は，地理学的経緯度又は平面直角座標と日本水準原点からの高さで表す。
4．地球表面の大部分を覆っている海面は，常に形を変えている。その平均的な状態を陸地内部まで延長した仮想の面をジオイドという。
5．世界測地系では，回転楕円体はGRS80楕円体を使用し，座標系はITRF94系を採用している。

問6　次の文は，公共測量における現地での作業について述べたものである。間違っているものはどれか。
1．永久標識を設置した際，成果表，点の記を作成し，写真等により記録した。
2．山頂に埋設してある測量標の調査を行ったが，標石を発見できなかったため，掘り起こした土を埋め戻し，周囲を清掃した。
3．基準点測量において，周囲を柵で囲まれた土地に在る三角点を使用するため，作業開始前にその占有者に土地の立入りを通知した。
4．基準点測量において，既知点の現況調査を効率的に行うため，山頂に設置されている既知点については，その調査を観測時に行った。
5．局地的な大雨による増水事故が増えていることから，気象情報に注意しながら作業を進めた。

問7　次の文は，公共測量における測量作業機関の現地での作業について述べたものである。間違っているものはどれか。
1．A県が発注する基準点測量において，A県が設置した基準点を使用する際に，当該測量標の使用承認申請を行わず作業を実施した。
2．B村が発注する空中写真測量において，対空標識設置の作業中に樹木の伐採が必要となったので，あらかじめ支障となる樹木の所有者又は占有者の承諾を得て，当該樹木を伐採した。
3．C市が発注する水準測量において，すべてC市の市道上での作業となることから，道路使用許可申請を行わず作業を実施した。

4．D市が発注する基準点測量において，D市の公園内に新点を設置することになったが，利用者が安全に公園を利用できるように，新点を地下埋設として設置した。
5．E町が発注する写真地図作成において，E町から貸与された図書や関係資料を利用する際に，損傷しないように注意しながら作業を実施した。

問8 次の文は，測量作業機関が，公共測量を行う場合に留意しなければならないことを述べたものである。間違っているものはどれか。
1．測量作業機関は，測量作業着手前に，測量作業の方法，使用する主要な機器，要員，日程等について適切な作業計画を立案し，測量計画機関に提出してその承認を得る。作業計画を変更しようとするときも同様とする。
2．測量作業機関は，測量作業を円滑かつ確実に実行するため，適切な実施体制を整えなければならない。そのため，作業計画の立案，工程管理及び測量成果の検定を実施する者として，監理技術者を選任する。
3．測量作業機関は，作業計画に基づき，適切な工程管理を行い，測量作業の進捗状況を適宜測量計画機関に報告する。
4．測量作業機関は，作業実施にあたり，測量法及び関係法令を遵守し，かつ，これらに関する社会的慣行を尊重する。
5．測量作業機関は，作業が終了したときは，原則として製品仕様書などであらかじめ測量計画機関が定める様式に従って測量成果などを電磁的記録媒体に格納し，遅滞なく測量計画機関に提出する。

問9 地理情報に関する国際標準化に関して，間違っているものはどれか。
1．地理情報標準プロファイル（JPGIS）は，地理情報に関する国際規格及び日本工業規格の地図の図式部分を体系化したものである。
2．JPGISの基礎になっている地理情報に関する国際規格は，国際標準化機構により定められている。
3．JPGISの基礎となっている地理情報に関する日本工業規格は，国際標準化機構が定めた地理情報に関する国際規格と整合している。
4．測量計画機関は，測量成果の種類，内容，構造，品質などを示すJPGISに準拠した製品仕様書を定めなければならない。
5．地理空間情報活用推進基本法に定める基盤地図情報を提供する場合の適合すべき規格には，国際標準化機構の地理情報規格が含まれる。

第2章 測量に関する法規

演習問題　解答・解説

問1 ③　aは第3条の規定。地図の調製とは，地図を正しくつなぎ合せたり，重ね合せたりすること。bは第8条の規定。cは第26条（測量標の使用）の規定。dは第48条（測量士及び測量士補）の規定。

問2 ①　aは第1条の規定。bは第4条の規定。cは第22条（測量標の保全）の規定。dは第32条（公共測量の基準）の規定。

問3 ②　ジオイドは，地球の重力の等ポテンシャル面で，重力の方向に直交している。ジオイドは，地殻密度の不均一により凹凸がある。

問4 ⑤　c．ITRF94系は，地球の重心を原点にとり，自転軸をZ軸，経度0度の子午線と赤道面が交わってできる直線をX軸，Y軸から東に90度方向にY軸を取る三次元直交座標である。

e．わが国では地理学的経緯度の測定に関する測量の基準は，世界測地系に基づいた測量成果（測地成果2000）で表示している。したがって座標値は世界測地系となっている。ITRF94系が変更されれば，法令（第11条に規定する施行令第3条，長半径及び扁平率）を改正しなければならない。自動的に変更されるものではない。

問5 ②　ジオイド高 $N=$ 楕円体高 $h-$ 標高 H

問6 ④　基準点測量の既知点現況調査は，新点の測量標設置や観測に先立ち，新点の選定時に行う（準則第27条）。なお，1．は準則第32・33条の規定。点の記とは，永久標識の所在地，敷地の所有者，道順，略図等が記載された基準点の戸籍簿であり，必ず作成する。2．は準則第4条（関係法令等の遵守等）。3．は法第39条の準用規定（立入及び通知）。5．は準則（安全確保）の規定。

問7 ③　準則第4条（関係法令等の遵守等）により，警察署に道路使用許可申請を行う。

問8 ②　準則第9条（実施体制）の規定。作業計画の立案，工程管理及び精度管理を総括する者として主任技術者（測量士で高度な技術と十分な実務経験を有する者）を選任しなければならない。なお，4．は，準則第3・4条（測量法の遵守等，関係法令等の遵守等）の規定。

問9 ①　JPGISは，空間データの設計・位置・品質等を規定している。図式を決めている訳ではない。

第3章
多角（基準点）測量

○ 多角測量は，準則によると水準測量を除く基準点測量を指します。基準点測量とは，既知点に基づき，新点（未知点）の位置・標高を定める作業をいいます。観測方法には，TS等観測とGNSS観測があります。
○ この章では，多角測量全般の内容をTS等観測を中心に説明します。GNSS観測については，第4章で説明します。

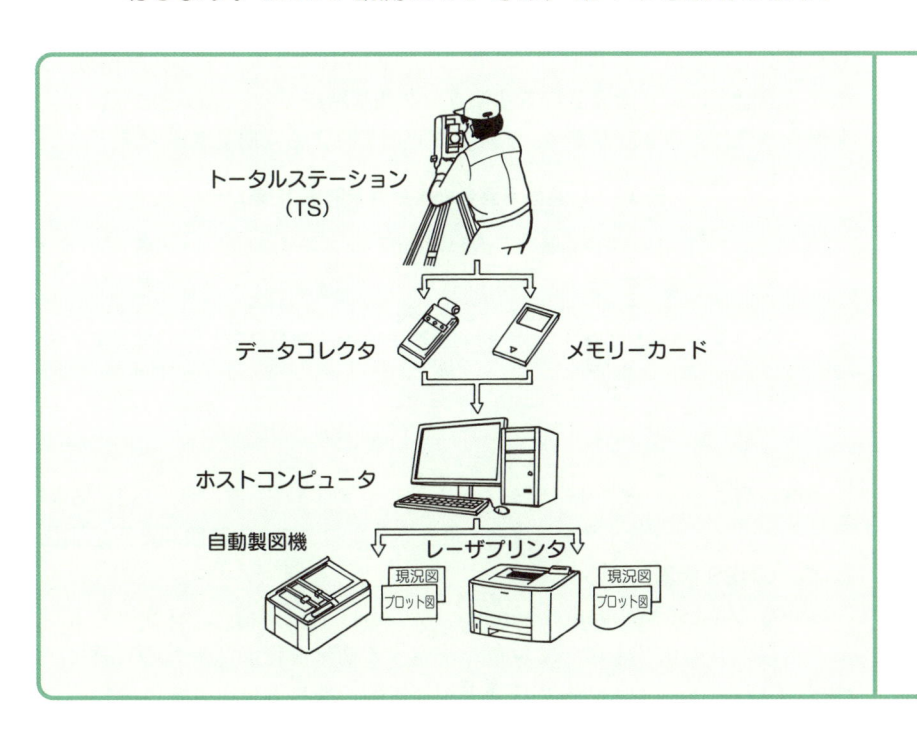

多角（基準点）測量 Q1

基準点測量（基準点測量及び水準測量）は，既知点の位置情報に基づき，新点の位置・標高を決める測量をいいます。ここでは，水準測量を除く狭義の基準点測量について説明します。

解　説

1．基準点測量

1．**基準点測量**とは，座標と標高が分かっている**既知点**に基づき，**新点**である基準点の位置・標高を定める作業をいう（準則第21条）。
2．基準点測量は，表3・1に示す既知点の種類，既知点間及び新点間の距離に応じて，**1級基準点測量**，**2級基準点測量**，**3級基準点測量**及び**4級基準点測量**に区分される。1級基準点測量により設置される基準点を**1級基準点**，2級基準点測量により設置される基準点を**2級基準点**といい，以下同様に3級基準点測量による**3級基準点**，4級基準点測量による**4級基準点**がある。

表3・1　基準点測量の区分（準則第22条）

項目＼区分	1級基準点測量	2級基準点測量	3級基準点測量	4級基準点測量
既知点の種類	電子基準点（注） 一～四等三角点 1級基準点	電子基準点 一～四等三角点 1～2級基準点	電子基準点 一～四等三角点 1～2級基準点	電子基準点 一～四等三角点 1～3級基準点
既知点間距離(m)	4 000	2 000	1 500	500
新点間距離(m)	1 000	500	200	50

（注）電子基準点：GNSSの24時間連続観測点（全国1200カ所に設置）。

3．基準点測量は，トータルステーション，セオドライト，測距儀（以上 **TS等**という）を用いて，水平角・鉛直角・距離等を観測する **TS等観測**と衛星測位による **GNSS観測**がある。
4．**GNSS**（Global Navigation Satellite Systems，汎地球測位システム）とは，人工衛星からの信号を用いて位置を決定する衛星測位システムの総称で，GPS，GLONASS，Carlileo及び準天頂衛星等の衛星測位システムをいう。GNSS測量においては，GPS，GLONASS及び準天頂衛星システムを適用する。GNSS測量については，第4章GNSS測量を参照のこと。

要点理解 ➡ P110

> **質問** 多角測量とは，どのような測量ですか？

2．基準点測量の方法・原理

1．トータルステーション（TS）等を用いて，距離と角を測り，2点間の座標差と比高を求める。座標既知の点 A（x_A, y_A, H_A）の位置情報に基づく新点 B の座標と標高（x_B, y_B, H_B）は，次のとおり。

$$\left. \begin{array}{l} x_B = x_A + \Delta x = x_A + S \cos T \\ y_B = y_A + \Delta y = y_A + S \sin T \\ H_B = H_A + L \sin \alpha \quad (但し \, i = f) \end{array} \right\} \quad \cdots\cdots 式（3・1）$$

但し，T：B 点の方向角（P96 参照）
　　　S：座標平面上の距離　　L：測定距離（斜距離）
　　　α：高低角

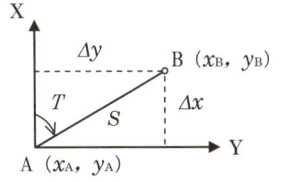

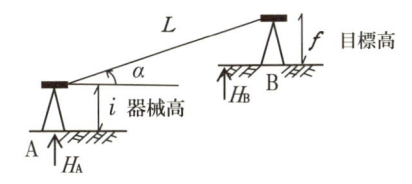

図3・1　基準点測量の原理（座標差）　　図3・2　基準点測量の原理（比高）

2．GNSS 測量では，GNSS 測量機を用いて複数点で同時に衛星からの行路差と方向を求める。なお，地心直交座標から経緯度，楕円体高（φ, λ, h）を求め，平面直角座標と標高（x, y, H）に変換する（P23）。

3．TS 等の観測方法

1．観測に使用する機器は，測量の区分に応じ，1級～3級トータルステーション，1・2級 GNSS 測量機，1級～3級セオドライト，測距儀等を用いる。観測は，計画機関の承認を得た**平均図**に基づき**観測図**により実施する。

表3・2　TS 等の観測・観測方法（準則第 37 条）

項目	区分	1級基準点測量	2級基準点測量 1級トータルステーション，セオドライト	2級基準点測量 2級トータルステーション，セオドライト	3級基準点測量	4級基準点測量
水平角観測	読定単位	1″	1″	10″	10″	20″
	対回数	2	2	3	2	2
	水平目盛位置	0°, 90°	0°, 90°	0°, 60°, 120°	0°, 90°	0°, 90°
鉛直角観測	読定単位	1″	1″	10″	10″	20″
	対回数	1	1	1	1	1
距離測定	読定単位	1mm	1mm	1mm	1mm	1mm
	セット数	2	2	2	2	2

基準点測量の作業工程 Q2

基準点測量の工程別作業区分及び順序は，①作業計画，②選点，③測量標の設置，④観測，⑤計算（平均計算），⑥品質評価，⑦成果等の整理となります（準則第24条）。

解　説

1．基準点測量の工程別作業区分

1. **作業計画**：測量作業機関（測量業者等）は，測量作業着手前に，使用する主要な機器，要員，日程等について適切な**作業計画**を立案し，測量計画機関に提出して承認を得る（準則第11条，P59）。

   地形図上に新点の概略位置を決定し，**平均計画図**を作成する。平均計画図は，原則，既知点間を結ぶ路線の結合多角方式とし，測点間距離はできるだけ等しく，節点（視通しがない場合の経由点）は少なく，路線長は短くする。

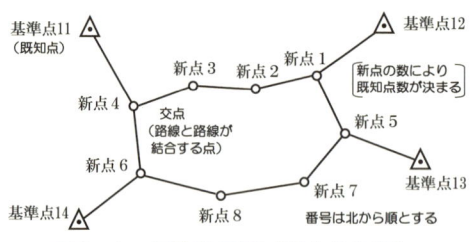

   図3・3　平均計画図（結合多角網）　　図3・4　永久標識

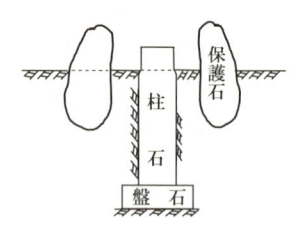

2. **選点及び平均図の作成**：**選点**とは，平均計画図に基づき，現地において既知点の現況を調査するとともに，新点の位置を選定し，**選点図**及び**平均図**（計画機関の承認を得る）を作成する作業をいう。既知点の現況調査は，異常の有無等を確認し，基準点現況調査報告書を作成する。新点は，後続作業の利用等を考慮し，適切な位置とする。

3. **測量標の設置**：新点の位置に永久標識を設ける。埋設前に必ず土地の所有者，地権者から建標承諾書を得ておく。永久標識には，**点の記**（所在地，地目，所有者，順路，スケッチ等の資料）を作成する。

4. **観測**：観測は，平均図等に基づき，**観測図**（観測値の取得法）を作成し，トータルステーション，セオドライト，測距儀等（以下「TS等」という）を

質問　基準点測量の作業内容は，どのようなものですか？

用いて，関係点間の水平角，鉛直角，距離等を観測する作業（以下「TS等観測」という），及びGNSS測量機を用いて，GNSS衛星からの電波を受信し，位相データ等を記録する作業（以下「GNSS観測」という）をいう。

観測にあたっては，必要に応じて測標水準測量を行う。

5．**計算（平均計算）**：計算は，新点の水平位置及び標高を求めるために行う。TS等による基準面上の距離の計算は，楕円体高を用いる（準則第40条）。なお，楕円体高は，標高とジオイド高から求める（測量法第11条，距離・面積は，GRS80楕円体の表面上の値及び高さは標高で表す）。

6．**成果表の作成**：成果表に記載する点の位置は，地理学的経緯度で表すが，位置情報は平面直角座標でも表す。隣接点までの距離及び方向角は，GRS80楕円体の表面上の距離と方向角に変換して記載する。

要点理解 ➡ P101

第3章　多角（基準点）測量

2．基準点測量作業の流れ図

1．基準点測量の工程別作業区分及び順序は，次のとおり（則第24条）。

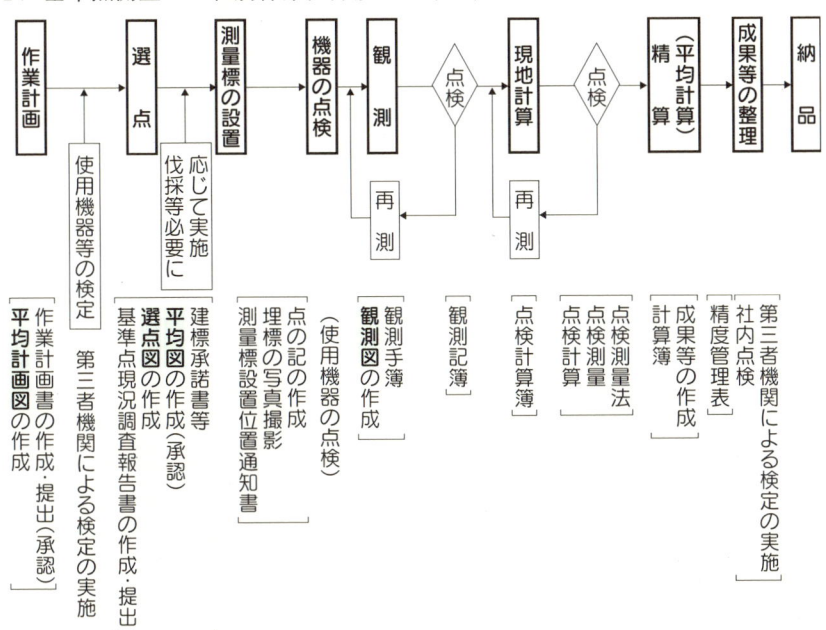

図3・5　基準点測量作業の工程別作業区分

〔理解度の確認〕

P102，演習問題の 問1 ， 問2 にチャレンジして下さい。

セオドライト（角の測定） Q3

A セオドライトは，鉛直軸・水平軸・視準軸（3軸）と水平目盛盤・高度目盛盤及び鉛直軸を鉛直にするための上盤水準器（プレートレベル）で構成され，測角機能をもつ測量機です。

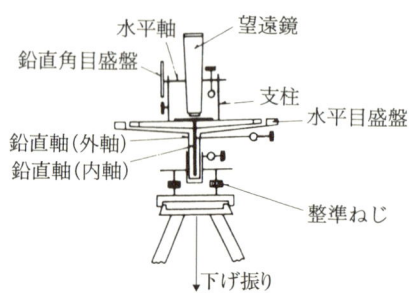

解 説

1．セオドライトの構造

1. セオドライトの上部構造は，測角のための主要部分で，望遠鏡，上盤，下盤，水平軸，鉛直軸の3軸と，水平目盛盤，鉛直目盛盤，支柱などから成る。下部構造は，整準装置，底盤（平行上盤，平行下盤）から成る。
2. 上盤は，鉛直軸（内軸）を中心に水平回転し，角度読定用としてデジタル装置が付けられている。下盤は，鉛直軸（外軸）を中心に水平回転ができ，水平目盛盤が付けられている。

図3・6　セオドライトの構造

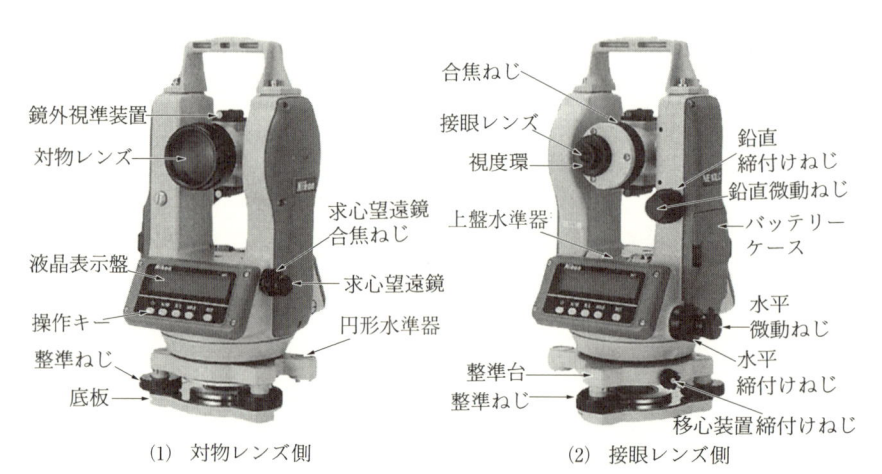

(1) 対物レンズ側　　　(2) 接眼レンズ側

図3・7　セオドライトの各部の名称

質問　セオドライトは，どのような測量機器ですか？

2．望遠鏡

1．望遠鏡は，対物レンズ，接眼レンズ，十字線，望遠鏡筒から成る。望遠鏡の対物レンズの光心と十字線の交点を結ぶ線を**視準線**といい，対物レンズと接眼レンズの光心を結ぶ線を**光軸**という。視準線と光軸が一致していなければならない。

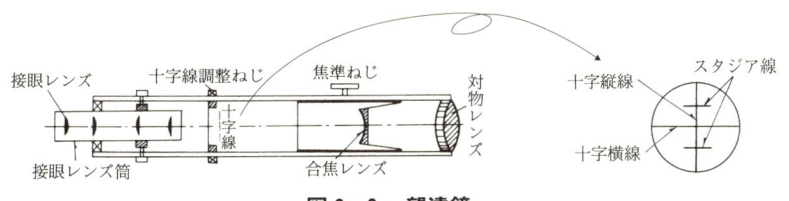

図3・8　望遠鏡

2．セオドライトで目標物を視準する場合，望遠鏡を空又は白壁に向けて，接眼レンズを調整して十字線がはっきり見えるようにする（**視度調整**）。次に，望遠鏡を目標に向けて，対物レンズの焦準ねじを調整して目標物がはっきり見えるようにする（**視差の消去**）。なお，視度調整が不十分のままで，目標を視準すると十字線よりずれた位置に像を結ぶため，接眼レンズをのぞく目の位置により像が動く（**視差，パララックス**）。

3．セオドライトの据付け

1．**整準**は，セオドライトなどの測角器械の鉛直軸を正しく鉛直にして，器械を正しく水平にする作業をいう。器械下部の3個の整準ねじにより行う。
2．**求心**は，セオドライト底盤の下方の中心に下げ振りを取り付けて，測点の中心と器械の中心を正しく一致させる作業をいう。
3．測点を視準する場合は，次の順序による。
　① 接眼レンズを操作して十字線がはっきり見えるように視度調整し，水平締付けねじと鉛直締付けねじを緩める。
　② 下部運動で望遠鏡の鏡外視準装置を利用して目標に合せた後，焦準ねじで目標に焦準を合せ，各締付けねじを締める（鏡外視準）。
　③ 水平微動ねじと鉛直微動ねじを右回りに操作し，測点を正しく視準し（鏡内視準），初読をとる。
　④ 上部運動で目標物を視準し，終読をとり測角（終読－初読）とする。

〔理解度の確認〕
セオドライトの構造をスケッチし，各部の名称を記しなさい。

第3章　多角（基準点）測量

セオドライトの器械誤差と消去法 Q4

セオドライトには，鉛直軸V，水準器軸L，水平軸H，視準軸Cの4軸があり，次の関係があります。
① 上盤水準器軸は，鉛直軸に直交する（L⊥V）。
② 視準軸は，水平軸に直交する（C⊥H）。
③ 水平軸は，鉛直軸に直交する（H⊥V）。

解　説

1．セオドライトの器械誤差

1．**鉛直軸誤差**は，鉛直軸が傾いている場合に生じる誤差で，観測方法によっても消去できないので，次の**上盤水準器（気泡管）の調整**によって正す。上盤が水平であれば，鉛直軸は鉛直となる。

① セオドライトを堅固な場所に据え付け，気泡を水準器中央に導く。
図3・10に示す水準器と2個の整準ねじを結ぶ線とを平行に置き，整準ねじを同時に外側（又は内側）に操作すれば，気泡は左手親指の動く方向に移動する。

② セオドライトを水平に180°回転させる。このとき，気泡が移動せず水準器の中央にあれば，上盤Uと水準器軸Lは平行（鉛直軸が鉛直）である。

③ 気泡が水準器の中央から移動すれば，水準器軸Lと鉛直軸Vは直交していない。

④ 移動量bの半分を整準ねじで，残り半分を水準器調整ねじで調整する。

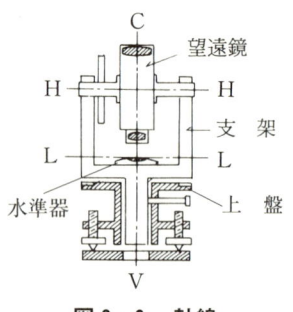

図3・9　軸線

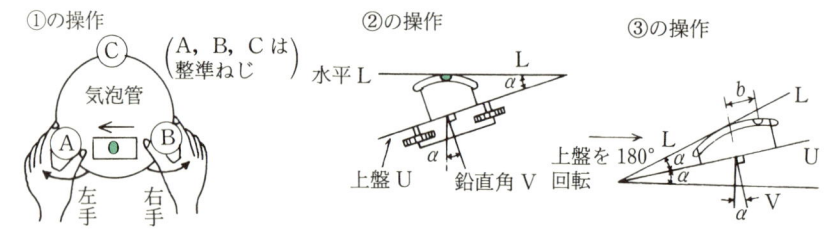

図3・10　左手親指の法則　　図3・11　上盤水準器の調整

> **質問** 器械誤差には，どのようなものがありますか？

2. **視準軸誤差**は，視準軸（線）Cと水平軸Hが直交していないため（十字線の調整が不完全）生じる誤差で，望遠鏡の正・反観測で消去できる。
3. **水平軸誤差**は，水平軸Hが鉛直軸Vと直交していないため（水平軸の調整が不完全）生じる誤差である。望遠鏡の正・反観測で消去できる。
4. **外心誤差**は，視準線（対物レンズの中心と十字線の中心を結ぶ線）が鉛直軸の中心から外れている場合に生じる誤差である。望遠鏡の正・反観測で消去できる。
5. **偏心誤差**は，目盛盤の中心が鉛直軸（回転軸）の中心から外れている場合に生じる誤差で，望遠鏡の正・反観測で消去できる。
6. **目盛誤差**は，目盛盤の目盛の間隔が不等のために，目盛の位置によって測定値が変わる誤差で，n対回観測の場合，$180°/n$ずつ目盛盤をずらして観測し，その平均値により影響を小さくする。なお，**対回**とは，望遠鏡の正位・反位で測定することをいう。

2．器械の調整不良・構造上の誤差と消去法

1. 調整不良による誤差（3軸誤差）は，次のとおり。
   ① 鉛直軸誤差，② 視準軸誤差，③ 水平軸誤差
2. 構造上による誤差は，次のとおり。
   ① 視準線の外心誤差，② 目盛盤の偏心誤差，③ 目盛誤差

表3・3　器械誤差の原因とその消去法

誤差の種類	誤差の原因	観測方法による消去法
鉛直軸誤差	上盤水準器が鉛直軸に直交していない。	なし（誤差の影響を少なくするには各視準方向ごとに整準する）。
視準軸誤差	視準軸が水平軸に直交していない。	望遠鏡，正・反観測の平均をとる。
水平軸誤差	水平軸が鉛直軸に直交していない。	望遠鏡，正・反観測の平均をとる。
視準軸の外心誤差	望遠鏡の視準線が，回転軸の中心と一致していない（鉛直軸と交わっていない）。器械製作不良。	望遠鏡，正・反観測の平均をとる。
目盛盤の偏心誤差	セオドライトの鉛直軸の中心と目盛盤の中心が一致していない。器械製作不良。	望遠鏡，正・反観測の平均をとる。
目盛誤差	目盛盤の刻みが正確でない。器械製作不良。	なし（方向観測法等で全周の目盛盤を使うことにより影響を少なくする）。

第3章　多角（基準点）測量

〔理解度の確認〕

P103. 演習問題の 問3 にチャレンジして下さい。

距離の測定（鋼巻尺） Q5

距離は，水平距離をいい，準拠楕円体上の表面距離（球面距離）で表します。距離の測定には，鋼巻尺や光波測距儀，トータルステーション等が用いられます。ここでは鋼巻尺の使用について説明します。

解　説

1. 鋼巻尺による測定

1. **鋼巻尺**は，多角測量の距離測定などに広く使用され，温度変化及び張力による伸縮を考慮し，**温度補正及び尺定数補正**を行う。
2. 測定距離は，一般に斜距離 L であり，次式により水平距離 L_0 に補正する。

$$L_0 = \sqrt{L^2 - H^2} = L(1 - H^2/L^2)^{\frac{1}{2}}$$

図 3・12　斜距離・水平距離

L に比べ高低差 H が小さいとき，二項定理（P40）より，

$$L_0 = L(1 - H^2/2L^2) = L - H^2/2L$$

傾斜補正 $C_g = -\dfrac{H^2}{2L}$　　　　　　　　　……式（3・2）

3. **尺定数** δ（デルタ）とは，正しい長さ L と使用巻尺の長さ ℓ との差（$\delta = \ell - L$）をいう。標準温度15℃，標準張力98 N（ニュートン）として，50mの鋼巻尺が3.4mm伸びているとき，「50m＋3.4mm，15℃，98N」のように表示する。尺定数が＋の場合，鋼巻尺は伸びており測定値は短くなり，＋に補正する。反対に，－の場合は鋼巻尺が縮んでおり，測定値は長くなり－に補正する。

2. 距離の補正

1. 距離測定の補正計算は，鋼巻尺の場合，①温度補正 C_t，②尺定数の補正 C_ℓ，③傾斜補正 C_g，④準拠楕円体面上の補正 C_h の順に行う。
2. **温度補正**は，測定時の温度 t が標準温度 t_0（15℃）でない場合，鋼巻尺の伸縮による誤差が生じるので，その補正を行う。

温度補正量 $C_t = \alpha L(t - t_0)$　　　　　　　……式（3・3）

但し，L：測定距離

α：鋼巻尺の線膨張係数（0.000 012/℃）

t, t_0：測定温度，標準温度（15℃）

> **質問** 基準点測量の距離の測定は、どのように行いますか？

3. **尺定数補正**は、標準尺 L と使用巻尺 ℓ との差（指標誤差、$\delta = \ell - L$）を取り除くために行う補正である。尺定数の補正量 C_ℓ は、測定距離 L に比例し、単位長当たりの補正値は次のとおり。

$$\text{尺定数補正 } C_\ell = \frac{L}{L_u} \delta \qquad \cdots\cdots 式（3・4）$$

但し、L：測定距離
L_u：使用鋼巻尺の長さ（30m, 50m）
δ：尺定数（$= \ell - L$）

4. **投影補正**は、測定距離を準拠楕円体面上へ投影した値に換算する補正である。以上より、基準面上の距離 S は次のとおり。

$$\text{投影補正 } C_h = -\frac{Lh}{R} \qquad \cdots\cdots 式（3・5）$$

基準面上の距離 $S = L + C_g + C_t + C_\ell + C_h$

但し、R：地球の曲率半径（6 370km）
S：全補正が終わった距離
h：楕円体高
　（ジオイド高 N + 標高 H）

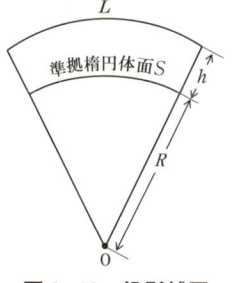

図3・13　投影補正

> **例題1** 準拠楕円体からの高さ500mにある2点A, Bの距離を鋼巻尺で測定して200.000mを得た。気温25℃、鋼巻尺の尺定数は50mに対して－3.5mm、AB間の高低差14.000mのとき、準拠楕円体面へ補正した距離はいくらか。
> 　但し、鋼巻尺の線膨張係数を0.000 012/℃とする。

〔解説〕 鋼巻尺の補正

(1) 温度補正 $C_t = \alpha L(t - t_0) = 0.000\,012 \times 200(25-15) = 0.024\text{m}$

(2) 尺定数補正 $C_\ell = \frac{L}{L_u}\delta = \frac{200}{50} \times (-0.003\,5) = -0.014\text{m}$

(3) 傾斜補正 $C_g = -\frac{H^2}{2L} = -\frac{14^2}{2 \times 200} = -0.490\text{m}$

以上より、水平距離 $L_0 = L + C_t + C_\ell + C_g = 199.520\text{m}$

(4) 投影補正 $C_h = -\frac{L_0 h}{R} = -\frac{199.520 \times 500}{6\,370\,000} \fallingdotseq -0.016\text{m}$

故に、準拠楕円体面の補正距離 $S = L_0 + C_h = 199.520 - 0.016 = \underline{199.504\text{m}}$

〔理解度の確認〕

鋼巻尺が伸び縮みすると、測定値はどのような値になりますか。

光波測距儀の特徴と誤差 Q6

光波測距儀は，光に強弱を加えた変調周波数（光波）を用いて距離を測定するもので，光波を発信・受信する光波測距儀（主局）と，光波を反射する反射プリズム（従局）から成ります。

解説

1．光波測距儀の原理

1．**光波測距儀**による測定距離 L は，光波の波長を λ，往復の波の数を n，波のずれ量（**位相差**）を ϕ とすれば，
$$L = \frac{1}{2}(n\lambda + \phi) \quad \cdots\cdots 式（3\cdot 6）$$

2．波の数 n は，測定困難のため波長の異なる2つ以上の光波（15MHz，150kHz）を発射し，互いの位相差から距離を測定する。

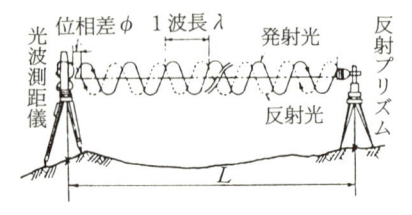

図3・14 光波測距儀（位相差）

2．光波測距儀の気象補正

1．光波測距儀の測定値は，気象条件（気温，気圧，湿度）による影響で光の屈折率が変化し，測定距離に比例する誤差が生じるため，**気象補正**を行う。
$$L = L_s + (\Delta s - \Delta n)L_s \quad \cdots\cdots 式（3\cdot 7）$$

但し，L：屈折率補正後の距離
L_s：測定距離（みかけの距離）
Δs：光波測距儀の採用している標準屈折率
Δn：気象観測から得られた屈折率

2．式（3・7）の屈折率 Δn は，次式で与えられる。
$$\Delta n = \frac{A}{1 + \alpha t} \cdot P \quad \cdots\cdots 式（3\cdot 8）$$

但し，A，α：定数，t：気温，P：気圧

① 気圧 P が高くなると屈折率 Δn は大きくなり，式（3・7）より気象補正量は小さくなる。$\Delta s < \Delta n$ のとき，測定値 L_s は長く観測している。

② 気温 t が上がると屈折率 Δn は小さくなり，式（3・7）より気象補正量は大きくなる。$\Delta s > \Delta n$ のとき，測定値 L_s は短く観測している。

質問　光波測距儀で距離は，どのように求めるのですか？

3．各気象要素が測定距離に与える影響（補正量）は，次式によって求める。

$$\left.\begin{array}{l} \Delta L_s = (1.0\Delta t - 0.3\Delta P + 0.04\Delta e) \times L_s \times 10^{-6} \\ L = L_s + \Delta L_s \end{array}\right\} \quad \cdots\cdots 式（3・9）$$

但し，ΔL_s：測定距離の補正量
　　　L_s：測定距離（みかけの距離）
　　　Δt：気温の測定誤差（℃）
　　　ΔP：気圧の測定誤差（hPa）
　　　Δe：湿度の測定誤差（水蒸気圧，hPa）

① 気圧が ΔP だけ高くなると，$\Delta L_s = -0.3\Delta P \cdot L \cdot 10^{-6} < 0$，補正量 $\Delta L_s < 0$ となり，測定距離 L_s は長く観測される。

② 気温が Δt だけ高くなると，$\Delta L_s = 1.0\Delta t \cdot L \cdot 10^{-6} > 0$，補正量 $\Delta L_s > 0$ となり，測定距離 L_s は短く観測される。

3．変調周波数による誤差

1．周波数にズレが生じた場合の**変調周波数**が測定距離に及ぼす影響（誤差量）は，次の近似式によって求める。この誤差は，測定距離に比例する。

$$\left.\begin{array}{l} \Delta L_s = -L_s \dfrac{f_0 - f}{f_0} \\ L = L_s - \Delta L_s \end{array}\right\} \quad \cdots\cdots 式（3・10）$$

但し，L_s，ΔL_s：測定距離，変調周波数による測定距離の誤差
　　　　　L：変調周波数補正後の距離
　　　　　f：測定時の周波数
　　　　　f_0：測距儀の基準周波数

① 測定値の周波数 f が基準周波数 f_0 より高いとき，$f_0 - f < 0$，誤差 $\Delta L_s > 0$ となり，測定距離 L_s より長く観測されている。

② 誤差と補正とは，絶対値が等しく，符号が反対である。

4．測定距離に比例しない誤差

1．器械定数の誤差：器械の製造過程から生じる誤差。±5mm 程度。
2．プリズムの誤差：プリズム独自の誤差。プリズム定数（反射鏡定数）。
3．位相差測定の誤差：位相差を測定するときに生じる誤差。±5mm 程度。
4．致心誤差：致心作業に伴う誤差。

〔理解度の確認〕

P103，演習問題の 問4 にチャレンジして下さい。

第3章　多角（基準点）測量

トータルステーション（TS） Q7

光波測距儀は単体で用いられることは少なく，電子式セオドライトと一体となったトータルステーション（TS）として用いられ，TS，セオドライト，測距儀を用いる観測を **TS等観測** といいます。

解 説

1．トータルステーション（TS）

1．トータルステーション（TS）は，セオドライトと光波測距儀を一体化したもので，1つの視準点で水平角・鉛直角及び距離を同時に測定でき，測量作業の主流となっている。
2．トータルステーションは，斜距離，水平角，鉛直角の測定値を自動的にデジタル化して，電子手帳（データコレクタ）に記録し，パソコン等に接続することにより各種計算処理，帳表作成，作図等の一連の自動化処理を行うトータルステーションシステムを構築する。

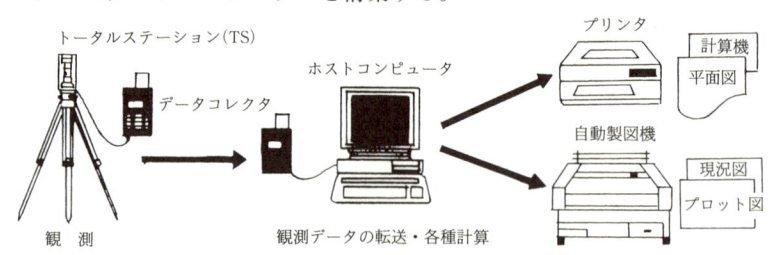

図3・15　トータルステーションシステム

2．TS等の気象補正の計算例

例題1　光波測距儀を用いて，2点間の距離を測定し，気象補正を行った結果5 000.000mを得た。作業終了後，使用した温度計を検定したところ，2℃低く読んでいたことが分かった。正しい距離はいくらか。

解説　**気象補正**

温度誤差（−2℃）のときの測定値が5 000.000mであるから，2℃高いときの補正量 ΔL_s は式（3・9）より

$$\Delta L_s = 1.0 \cdot \Delta t \cdot L \cdot 10^{-6} = 1.0 \times 2 \times 5\,000.000 \times 10^{-6} = 0.010\,\text{m}$$

∴　正しい距離 $L = 5\,000.000 + 0.010 = \underline{5\,000.010\,\text{m}}$

質問 TS等観測で距離は，どのように求めますか？

例題2 2点間の距離をトータルステーションを用いて測定し，1 250.100m を得た。この時の気象要素から大気の屈折率を求めたところ1.000 310であった。気象補正後の距離はいくらか。標準屈折率を1.000 325とする。

解説 屈折率による誤差

標準屈折率 $\Delta s = 1.000\,325$，大気の屈折率 $\Delta n = 1.000\,310$，測定距離 L_s を式（3・7）に代入すると，

$$
\begin{aligned}
\text{気象補正後の距離 } L &= L_s + (\Delta s - \Delta n)L_s \\
&= 1\,250.100 + (1.000\,325 - 1.000\,310) \times 1\,250.100 \\
&= 1\,250.100 + 0.019 = \underline{1\,250.119\text{m}}
\end{aligned}
$$

3．変調周波数による誤差の計算例

例題3 変調周波数の基準値が30 000kHzのトータルステーションを用いて2点間の距離を測定し，4 000.000m を得た。変調周波数を点検したところ，30 000.3kHz であった。正しい距離はいくらか。

解説 変調周波数の影響

式（3・10）より，変調周波数による誤差 ΔL_s は，

$$\Delta L_s = -L_s \frac{f_0 - f}{f_0} = -4\,000.000 \times \frac{30\,000 - 30\,000.3}{30\,000} = 0.040\text{m}$$

正しい距離 $L = L_s - \Delta L_s = 4\,000.000 - 0.040 = \underline{3\,999.960\text{m}}$

4．器械定数を求める計算例

例題4 A，B，C上で器械高及び反射鏡を同一にして，TSにより距離測定を行い表の結果を得た。TSの器械定数はいくらか。反射鏡定数は-0.030m とする。

測定区間	距離(m)
AB	700.25
BC	300.15
AC	1 000.35

A　　　　　B　　C

解説 器械定数

器械定数を d，反射鏡定数を k とすれば，各区間 $L_1 = \text{AB}$，$L_2 = \text{BC}$，$L = \text{AC}$ に，同量含まれているから次の関係が成り立つ。$\overline{\text{AC}} = \overline{\text{AB}} + \overline{\text{BC}}$ より，

$$L + (d+k) = L_1 + (d+k) + L_2 + (d+k), \quad \therefore \quad d+k = L - (L_1 + L_2)$$

器械定数 $d = L - (L_1 + L_2) - k$ ……式（3・11）

$$= 1\,000.35 - (700.25 + 300.15) - (-0.03) = \underline{-0.02\text{m}}$$

第3章　多角（基準点）測量

方向観測法（測角） Q8

A 観測とは，平均図等に基づき，トータルステーション（TS），セオドライト，測距儀等を用いて，関係点間の水平角，鉛直角，距離等を求めることです。ここでは測角の方向観測法について説明します。

解説

1. 方向観測法

1. **方向観測法**は，A点から放射するB，C，D点間の測角を望遠鏡正位で順に観測し，次に望遠鏡反位でD，C，B点と逆順で観測するもので，望遠鏡正反の観測値の平均値によって求める精度の高い測角法である。
2. 観測方法は，P71表3・2に基づいて行う。
   ① セオドライトを観測点Aに据え，望遠鏡正（r）で基準方向Bを視準し記帳（正の初読）する。
   ② 点Cを視準し記帳する（上部運動）。
   ③ 点Dも同様に視準し記帳する。
   ④ 望遠鏡反（ℓ）で点Dを視準し（下部運動），記帳（反の初読）する。

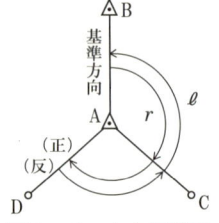

図3・16　方向観測法

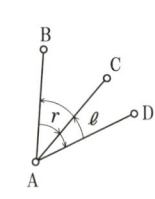

表3・4　方向法野帳記入例（2対回）

測点	輪郭	望遠鏡	視準点	観測角	測定値	倍角	較差	倍角差	観測差
A	0°	r	B	0° 0′ 30″	0° 0′ 0″				
			C	37° 50′ 20″	37° 49′ 50″(注)	100	0	10	10
			D	77° 46′ 30″	77° 45′ 60″	110	10	0	20
		ℓ	D	257° 46′ 30″	77° 45′ 50″				
			C	217° 50′ 30″	37° 49′ 50″				
			B	180° 0′ 40″	0° 0′ 0″				
	90°	ℓ	B	270° 46′ 40″	0° 0′ 0″				
			C	308° 36′ 40″	37° 49′ 60″	110	−10		
			D	348° 32′ 40″	77° 45′ 60″	110	−10		
		r	D	168° 32′ 30″	77° 45′ 50″				
			C	128° 36′ 30″	37° 49′ 50″				
			B	90° 46′ 40″	0° 0′ 0″				

（注）　正反の分の単位をそろえ，60″とする。

> **質問** 水平角の観測値の良否は，どのように判定するのですか？

　⑤　点C及び点Bを視準し記帳する。以上で1対回の観測が終わり，次に目盛盤の位置を90°に合せ2対回目に入る（2対回観測）。なお，3対回観測では，0°，60°，120°に合せる。

2．望遠鏡の正・反で角を1回ずつ測定することを**1対回観測**という。なお，望遠鏡の正又は反のみの観測を**0.5対回観測**という。
　①　水平角観測は，1視準1読定，望遠鏡正・反の観測を1対回とする。
　②　鉛直角観測は，1視準1読定，望遠鏡正・反の観測を1対回とする。
　③　対回内の観測方向数は，5方向以下とする。

2．倍角差・観測差と観測値の良否の判定

1．観測値の良否は，表3・5に示す**倍角差**，**観測差**により判定する。この許容範囲を超えた場合は，再測する。

表3・5　倍角差・観測差の許容範囲（準則第38条）

級　別	1級基準点測量	2級基準点測量		3級基準点測量	4級基準点測量
		1級セオドライト	2級セオドライト		
対回数	2	2	3	2	2
観測差	8″	10″	20″	20″	40″
倍角差	15″	20″	30″	30″	60″
目　盛	0°，90°	0°，90°	0°，60°，120°	0°，90°	0°，90°

　①　**倍角**：同一視準点の1対回に対する正・反の秒数の和（$r+\ell$）。なお，分の値が異なるときは，分の値をそろえる（小さい値）。
　②　**較差**：同一視準点の1対回に対する正・反の秒数の差（$r-\ell$）。
　③　**倍角差**：各対回の同一視準点に対する倍角のうち，最大と最小の差。各対回の倍角相互の差（開き）から観測の良否をみる。倍角差には，目標の視準誤差，目盛盤の読み取り誤差及び目盛誤差が含まれる。
　④　**観測差**：各対回の同一視準点に対する較差のうち，最大と最小の差。各対回の較差相互の差（開き）から観測の良否をみる。観測差には，目標の視準誤差，目盛盤の読み取り誤差が含まれる。

2．表3・4の平均角（最確値）は，次のとおり。
　　∠BAC＝37°49′＋(50″＋50″＋60″＋50″)/4＝37°49′53″
　　∠BAD＝77°45′＋(60″＋50″＋60″＋50″)/4＝77°45′55″
　　∠CAD＝77°45′55″－37°49′53″＝39°56′2″

〔理解度の確認〕
　○方向観測法の作業手順を説明して下さい。
　○倍角・倍角差，較差・観測差の求め方を説明して下さい。

第3章　多角（基準点）測量

方向観測法のデータの整理 Q9

A 水平角の観測は、トータルステーション、セオドライト等により方向観測法で行います。水平角観測は、1視準1読定、望遠鏡正及び反の観測を1対回とし、対回内の観測方向数は5方向以下とします。

解説

1．方向法野帳の整理

例題1 ある基準点において、3方向の水平角観測を行い、表の結果を得た。倍角差、観測差の許容範囲をそれぞれ15″、8″とするとき、観測結果を判定しなさい。再測すべき視準点があるならばどれか。

目盛	望遠鏡	視準点名称	番号	観測角	結果	倍角	較差	倍角差	観測差
0°	正	峰山	1	0° 1′ 18″	0° 0′ 0″				
		(1)	2	47° 59′ 37″					
		(2)	3	129° 53′ 52″					
	反		3	309° 53′ 48″					
			2	227° 59′ 26″					
			1	180° 1′ 12″	0° 0′ 0″				
90°	反		1	270° 1′ 25″	0° 0′ 0″				
			2	317° 59′ 46″					
			3	39° 53′ 55″					
	正		3	219° 53′ 59″					
			2	137° 59′ 49″					
			1	90° 1′ 33″	0° 0′ 0″				

解説 観測結果の判定

① 望遠鏡正位、目盛0°、視準点「峰山」の観測角0°0′18″を0°0′0″として、視準点(1)，(2)の観測結果を順次求め、結果の欄に記入する。

② 反位の視準点1，「峰山」の観測角180°1′12″を0°0′0″として、逆順に視準点(2)，(1)の観測結果を結果欄に記入する。

③ 同様に2対回目の観測結果を観測結果欄に記入する。

④ 各対回の同一視準点の倍角（$r+ℓ$）、較差（$r-ℓ$）及び各対回の同一視準点の倍角差（倍角の最大と最小の差）、観測差（較差の最大と最小の差）を求める。これを、表3・6の倍角差及び観測差の許容範囲と比較する。

質問　水平角測定データは，どのように整理しますか？

⑤　以上の結果，視準方向(1)の観測差10″が許容範囲8″を超えている。視準点(1)について再測する。

表3・6　観測結果（倍角差と観測差）

目盛	望遠鏡	視準点名称	番号	観測角	結果	倍角	較差	倍角差	観測差
0°	正	峰山	1	0° 1′ 18″	0° 0′ 0″				
		(1)	2	47° 59′ 37″	47°58′19″	33	5	4	10
		(2)	3	129° 53′ 52″	129°52′34″	70	−2	14	2
	反		3	309° 53′ 48″	129°52′36″				
			2	227° 59′ 26″	47°58′14″				
			1	180° 1′ 12″	0° 0′ 0″				
90°	反		1	270° 1′ 25″	0° 0′ 0″				
			2	317° 59′ 46″	47°58′21″	37	−5		
			3	39° 53′ 55″	129°52′30″	56	−4		
	正		3	219° 53′ 59″	129°52′26″				
			2	137° 59′ 49″	47°58′16″				
			1	90° 1′ 33″	0° 0′ 0″				

2．水平角の最確値・標準偏差

例題2　3対回の方向法観測を行い，表の結果を得た。この水平角の最確値と標準偏差はいくらか。

目盛	望遠鏡正反	観測値（結果）
0°	正 (r)	48° 36′ 18″
	反 (ℓ)	48° 36′ 12″
60°	反 (ℓ)	48° 36′ 14″
	正 (r)	48° 36′ 20″
120°	正 (r)	48° 36′ 17″
	反 (ℓ)	48° 36′ 11″

解説　水平角の最確値・標準偏差

望遠鏡正反の観測値を1観測とする（器械誤差を消した上で計算）。
0°目盛：48°36′15″，60°目盛：48°36′17″，90°目盛：48°36′14″となる。

式（1・2）より，最確値 $M = 48°36′ + \dfrac{15″+17″+14″}{3} = \underline{48°36′15.3″}$

式（1・9）より，最確値の標準偏差 m_0 は，

$$m_0 = \sqrt{\dfrac{[vv]}{n(n-1)}} = \sqrt{\dfrac{4.67}{3 \times 2}} = \underline{0.9″}$$

観測値	残差 v	vv
48°36′15″	+0.3″	0.09
48°36′17″	−1.7″	2.89
48°36′14″	+1.3″	1.69

$[vv] = 4.67$

〔理解度の確認〕

P103，演習問題の 問5 ， 問6 ， 問7 にチャレンジして下さい。

鉛直角の観測 Q10

鉛直線からの角度を**天頂角** Z，水平線からの角度を**鉛直角** α といいます（$Z+\alpha=90°$）。セオドライトの鉛直目盛盤は天頂が 0° です。鉛直角の測定では，空気密度の変化による影響（**気差**）を考慮します。

解説

1. 鉛直角の測定

1. 観測方法は，P71 表 3・2 に基づいて行う。鉛直角観測は，1 視準 1 読定，望遠鏡正及び反を 1 対回とする。
2. 観測方法は，次による。
   ① 測点 O に器械を据え付ける。
   ② 望遠鏡正で点 A を視準し，鉛直目盛を読み取る（r）。
   ③ 望遠鏡を反にし，器械を 180° 回転させ，再び点 A を視準し，鉛直目盛を読み取る（ℓ）。同様に，B 点・C 点を測定する。
3. 鉛直角（高低角）α 及び高度定数 k は，図 3・18 より次のとおり。**高度定数**とは，正位と反位の和は理論上 360° であり，その差（零点誤差）をいう。

$$2Z = r + 360° - \ell = (r-\ell) + 360°$$
$$\text{鉛直角} \quad \alpha = 90° - Z$$

……式（3・12）

   但し，$\alpha > 0$ のとき，仰角
   　　　$\alpha < 0$ のとき，俯角

   高度定数 $k = (r+\ell) - 360°$ ……式（3・13）

4. 各目標の高度定数を比較することにより観測の良否が判定できる。2 方向以上の観測をしたとき，高度定数の最大と最小の差が較差となる。

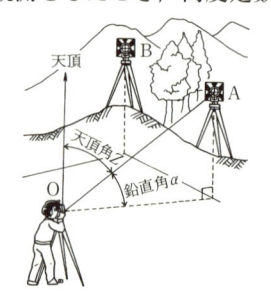

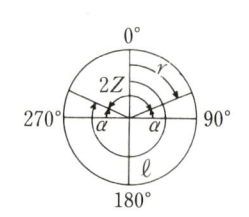

図 3・17　鉛直角の測定　　図 3・18　鉛直角 α の求め方

質問　鉛直角の測定は，どのようにするのですか？

5．距離と鉛直角から高低差を求める三角水準測量（間接水準測量）においては，**球差**及び**気差**が生じる。

要点理解 ➡ P90

表3・7　鉛直角観測野帳

測点	視準点	鉛直角		高度定数	結果		備考
0	A	r	99° 06′ 25″		$2Z=r-\ell$	198° 13′ 20″	較差
		ℓ	260° 53′ 05″		$Z=$	99° 06′ 40″	55″
		$r+\ell$	359° 59′ 30″	−30″	$\alpha=90°-Z$	−9° 06′ 40″	
	B	r	87° 45′ 15″		$2Z=r-\ell$	175° 30′ 25″	
		ℓ	272° 14′ 50″		$Z=$	87° 45′ 13″	
			360° 00′ 05″	5″	$\alpha=90°-Z$	2° 14′ 47″	
	C	r	95° 22′ 10″		$2Z=r-\ell$	190° 45′ 10″	
		ℓ	264° 37′ 00″		$Z=$	95° 22′ 35″	
			359° 59′ 10″	−50″	$\alpha=90°-Z$	−5° 22′ 35″	

2．高度定数の許容範囲

1．**高度定数の較差**（2方向以上の最大と最小の差）は，鉛直角測定の精度を判定する数値であり，表3・8に示す許容範囲を超えた場合は，再測する。

表3・8　高度定数の較差の許容範囲（準則第38条）

規格 項目	1級基準点 測　　量	2級基準点測量		3級基準点 測　　量	4級基準点 測　　量
		1級セオドライト	2級セオドライト		
鉛直角対回数	1	1	1	1	1
高度定数の較差	10″	15″	30″	30″	60″

例題1　表の点A，Bの高低角及び高度定数の較差を求めなさい。

望遠鏡	視　準　点		鉛直角観測値	高度定数	結　　果		備考
	名　称	測　標					
r	A	甲	63° 19′ 27″		$2Z=r-\ell$		較差
ℓ			296° 40′ 35″		$Z=$		
					$\alpha=90°-Z$		
ℓ	B	甲	319° 24′ 46″		$2Z=r-\ell$		
r			40° 35′ 12″		$Z=$		
					$\alpha=90°-Z$		

解説　鉛直角観測の結果

高低角：点A 26° 40′ 34″，点B 49° 24′ 47″，高度定数の較差：4″

〔理解度の確認〕

天頂角が $2Z=(r+\ell)-360°$ で表されることを説明して下さい。

高低計算（間接水準測量） Q11

レベルを用いないで2点間の高低差を求める測量を**間接水準測量**といいます。トータルステーション（TS）等を用いて2点間の鉛直角 α と斜距離 L を測定し，計算により高低差を求めます。

解　説

1．高低計算

1. 既知点A（H_A）から新点Bの標高（H_B）を求めるには，既知点Aと新点Bでそれぞれ鉛直角と距離（斜距離）を測定すると，次の関係が成り立つ．

   ① 直視（既知点Aから新点Bを視準）の場合：
   $$H_B = H_A + L\sin\alpha_A + i_A - f_B + K \quad\cdots\cdots 式（3・14）$$

   ② 反視（新点Bから既知点Aを視準）の場合：
   $$H_B = H_A - L\sin\alpha_B - i_B + f_A - K \quad\cdots\cdots 式（3・15）$$

   ③ 既知点・新点の両方から観測した場合：
   $$H_B = H_A + L\sin\frac{1}{2}(\alpha_A - \alpha_B) + \frac{1}{2}(i_A + f_A) - \frac{1}{2}(i_B + f_B) \quad\cdots\cdots 式（3・16）$$

   但し，$\alpha_A,\ i_A,\ f_A$：既知点Aにおける高度角，器械高，測標高
   　　　$\alpha_B,\ i_B,\ f_B$：新点Bにおける高度角，器械高，測標高
   　　　K：両差 $K = (1-k)L^2/2R$，式（3・18）参照
   　　　L：測定距離（斜距離）

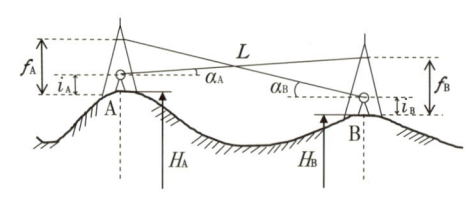

図3・19　間接水準測量

2. **両差** K は，地球の曲率によって生じる誤差（**球差**）と，光の屈折によって生じる誤差（**気差**）を合せた誤差をいう（P151参照）．

$$球差 = \frac{L}{2R},\quad 気差 = -\frac{kL^2}{2R} \quad\cdots\cdots 式（3・17）$$

> **質問** 高低差（比高）は，どのように求めるのですか？

$$両差\ K=\frac{L^2}{2R}-\frac{kL^2}{2R}=\frac{(1-k)}{2R}L^2 \qquad \cdots\cdots 式\ (3\cdot 18)$$

但し，L：水平距離

R：地球の球率半径（$=6\,370$km），k：屈折率（0.133）

2．高低計算例

例題 1 既知点 A から点 B の標高を求めるため，図の点 A 及び点 B において鉛直角観測を行い，AB 間の斜距離を測定して表の結果を得た。点 B の標高はいくらか。但し，既知点 A の標高は 50.00m とする。

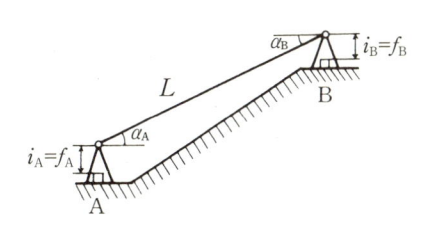

観測結果	
α_A	29° 59′ 45″
α_B	−30° 0′ 15″
L	1 000.00m
$i_A=f_A$	1.25m
$i_B=f_B$	1.31m

解説 間接水準測量（両方からの観測）

$$\frac{\alpha_A-\alpha_B}{2}=\frac{29°\ 59'\ 45''-(-30°\ 0'\ 15'')}{2}=30°\ 0'\ 0''$$

$i_A=f_A=1.25$m, $i_B=f_B=1.31$m, $H_A=50$m を代入すると，

∴ $H_B=50.00\text{m}+1\,000.00\text{m}\times\sin30°+1.25\text{m}-1.31\text{m}=\underline{549.94\text{m}}$

例題 2 既知点（$H_A=345.00$m）から新点 B に対し高低角観測を行い，$\alpha=3°\ 10'\ 0''$ を得た。新点 B の標高はいくらか。

但し，地球の曲率半径 6 400km，AB 間の水平距離 3km，屈折率 k は 0.13，器械高・目標高は同じ高さとする。

解説 間接水準測量（直視）

式（3・14），水平距離 L が与えられているから $\sin\alpha$ が $\tan\alpha$ となる。

$$両差\ K=\frac{(1-k)}{2R}L^2=\frac{1-0.13}{2\times 6\,400\times 10^3}\times(3\times 10^3)^2=0.61\text{m},\ i_A=f_B を代入,$$

$$H_B=H_A+L\tan\alpha_A+\frac{(1-k)}{2R}L^2+i_A-f_B=345.00+3\times 10^3\tan 3°\ 10'\ 0''+0.61$$

$$=\underline{511.60\text{m}}$$

〔理解度の確認〕

P104，演習問題の 問8 にチャレンジして下さい。

第3章 多角（基準点）測量

偏心補正1（偏心要素） Q12

観測は，標石中心Cの鉛直線上にセオドライト中心Bを一致させ，望遠鏡で目標の測標中心Pを視準するのが原則です。障害物等の関係で，これらの条件が満たされない場合，**偏心観測**をします。

解　説

1. 観測点の補正

1. **偏心計算**では，標石中心Cを基準として，観測点B及び目標の視準点Pの**偏心距離 e，偏心角 φ** を測定して，計算により標石中心の値に補正する。観測点での偏心（B≠C）及び視準点での偏心（P≠C）について説明する。

2. 図3・21において，基準点Aの標石中心C上にセオドライトBが据え付けられない場合，観測点をAからA′に移動する。観測点A′において，A点の標石中心Cから偏心があるので（B≠Cと表示する），次のように補正する。なお，視準点はP＝C＝Bとする。

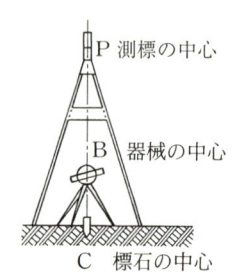

図3・20　視準の原則

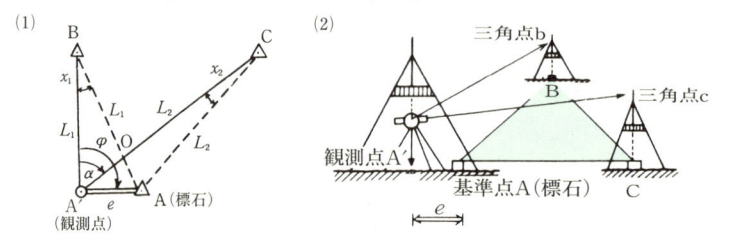

図3・21　観測点の偏心（B ≠ C）

△A′ABにおいて，正弦定理から，

$$\frac{e}{\sin x_1}=\frac{L_1}{\sin \varphi} \text{より，} \sin x_1=\frac{e}{L_1}\sin \varphi \quad \left(\begin{array}{l}x_1\text{が微小のとき } \sin x_1 \fallingdotseq x_1 \\ \rho=2''\times 10^5\text{，ラジアン単位}\end{array}\right)$$

$$\therefore \quad x_1=\frac{e}{L_1}\sin \varphi \cdot \rho \qquad \cdots\cdots \text{式 (3・19)}$$

△A′ACにおいて，$\dfrac{e}{\sin x_2}=\dfrac{L_2}{\sin(\varphi-\alpha)}$ より，$\sin x_2=\dfrac{e}{L_2}\sin(\varphi-\alpha)$

> **質問** 測標が標石とずれている場合，どのように補正しますか？

$$\therefore\ x_2 = \frac{e}{L_2}\sin(\varphi - \alpha)\cdot\rho \quad\cdots\cdots 式\ (3\cdot 20)$$

△A′OB 及び △AOC において，
$x_1+\alpha+\angle\text{A}'\text{OB}=x_2+\angle\text{BAC}+\angle\text{AOC}=180°$，$\angle\text{A}'\text{OB}=\angle\text{AOC}$（対頂角）より，
$x_1+\alpha=x_2+\angle\text{BAC}$

$$\therefore\ \angle\text{BAC}=\alpha+x_1-x_2 \quad\cdots\cdots 式\ (3\cdot 21)$$

以上より，偏心要素 e, φ 及び距離 L_1, L_2 が分かれば，標石中心Cの値に補正することができる。（$L_1=\text{AB}\fallingdotseq\text{A}'\text{B}$，$L_2=\text{AC}\fallingdotseq\text{A}'\text{C}$ とする）

2．視準点（反射点）の偏心

1．図3・22において，基準点Cにセオドライトを据えたとき，目標の新点Bが視準できない場合（P≠C），視準点をB′に移動する。B点の偏心点B′を視準し，偏心距離 e，偏心角 φ 及び辺長CB′の距離 L' を測定すれば，補正角 x は，次のとおり。なお，観測点は，P＝C＝Bとする。

$$x=\frac{e}{L}\sin\varphi\cdot\rho \quad\cdots\cdots 式\ (3\cdot 22)$$

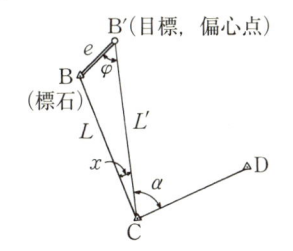

（注）$\dfrac{e}{L}$ 又は $\dfrac{e}{L'} < \dfrac{1}{450}$ のとき，BC＝B′Cとする。

図3・22　視準点の偏心（P≠C）

2．図3・22において，TS等でB′Cの距離 L' を求めた場合，正しいBCの距離 L は，ピタゴラスの定理（P322）より次のとおり。

$$L^2=(L'-e\cos\varphi)^2+(e\sin\varphi)^2=L'^2-2Le\cos\varphi+e^2\cos^2\varphi+e^2\sin^2\varphi$$
$$=L'^2-2Le\cos\varphi+e^2(\cos^2\varphi+\sin^2\varphi)$$
$$=L'^2+e^2-2Le\cos\varphi\quad(\because\cos^2\varphi+\sin^2\varphi=1)$$
$$\therefore\ L=\sqrt{L'^2+e^2-2Le\cos\varphi}\quad(\text{P37，余弦定理})\quad\cdots\cdots 式\ (3\cdot 23)$$

〔理解度の確認〕

観測点，視準点に偏心がある場合，観測方法及び偏心補正計算方法について説明して下さい。

Q13 偏心補正2（計算例）

A 現場の状況に応じて観測点あるいは視準点の偏心観測を実施します。この場合，偏心角 φ，偏心距離 e を測定し，正弦定理を用いて補正角 x 及び距離 L_0 を求めます。計算例を用いて説明します。

解 説

1. 観測点での偏心観測

例題1 図に示す観測を行い，表の結果を得た。∠BAC の値はいくらか。但し，BP＝BA，CP＝CA とし，$\rho = 2'' \times 10^5$ とする。

φ	90° 0′
e	0.15m
α	60° 0′ 0″
L_1	1 500.00m
L_2	3 000.00m

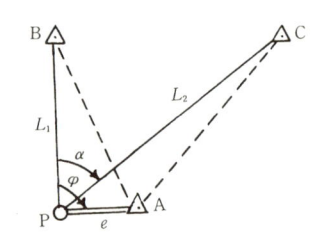

解説 観測点の偏心計算（補正角）

∠PBA＝x_1，∠PCA＝x_2 とすると，

$$x_1 = \frac{e}{L_1}\sin\varphi \cdot \rho = \frac{0.15}{1\,500}\sin 90° \cdot 2'' \times 10^5 = 20''$$

$$x_2 = \frac{e}{L_2}\sin(\varphi - \alpha) \cdot \rho = \frac{0.15}{3\,000}\sin(90° - 30°) = 5''$$

∴ ∠BAC＝$\alpha + x_1 - x_2 =$ 60°＋20″－5″＝<u>60° 0′ 15″</u>

例題2 既知点 A と新点 B の距離を測定しようとしたが，既知点 A から新点 B への視通ができないため，新点 B の偏心点 C を設け，表の観測結果を得た。点 A，B 間の距離はいくらか。

観測結果	
L'	900m
e	100m
T	314° 00′ 00″
φ	254° 00′ 00″

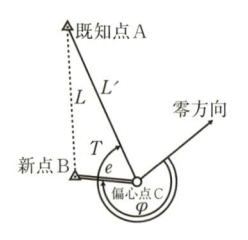

> **質問** 偏心計算は，どのようにするのですか？

> **解説** 観測点の偏心計算（距離）

余弦定理より，$L^2 = L'^2 + e^2 - 2L'e\cos(T-\varphi)$ となる。

$L^2 = 900^2 + 100^2 - 2 \times 900 \times 100 \times \cos(314° - 254°) = 730\,000$

$L = 100\sqrt{73} = \underline{854.4\text{m}}$

（なお，P327，関数表より，$\sqrt{73} = 8.544\,00$）

2．視準点（反射点）の偏心観測

> **例題3** 既知点Bにおいて，既知点Aを基準に水平角を測定し新点Cの方向角を求めようとしたが，BからAへの視通ができないため，A点に偏心点Pを設け，表の結果を得た。点Aと新点Cの間の水平角はいくらか。

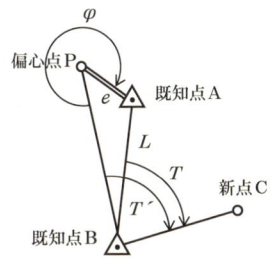

既知点 A	既知点 B
$\varphi = 330°\,00'\,00''$	$T' = 83°\,20'\,30''$
$e = 9.00$ m	
	$L = 1\,000.00$m

第3章 多角（基準点）測量

> **解説** 視準点の偏心観測（補正角）

$\angle\text{PBA} = x$，$\angle\text{APB} = 360° - \varphi = 30°$ より，$\angle\text{ABC} = T$ は次のとおり。

$T = T' - x$

$x = \dfrac{e}{L}\sin(360° - \varphi) \cdot \rho = \dfrac{9}{1\,000} \times \sin 30° \times 2'' \times 10^5 = 900'' = 15'$

∴ $T = 83°\,20'\,30'' - 15' = \underline{83°\,5'\,30''}$

3．点検計算の流れ

1. TS等の観測（現地計算）は，水平位置の閉合差及び標高の閉合差を計算し，観測値の良否を判定する（P97，則第42条）。
   ① **標高の概算**（近似標高の計算）：成果表の標高との閉合差を求める。
   ② **投影基準面への距離補正**：斜距離を基準面上の球面距離に変換する。
   ③ **偏心補正計算**：基準面上の距離を用いて偏心補正計算をする。
   ④ **距離の計算**：基準面の距離を平面直角座標上の距離に補正する。
   ⑤ **座標の計算**：平面距離を用いて座標計算をする。

〔理解度の確認〕

P105，演習問題の 問9 ，問10 にチャレンジして下さい。

結合トラバース1（単路線方式） Q14

トラバースとは，測量に必要な新点を定め，順次，測線を結んで折れ線となったものをいいます。**結合トラバース**は，既知点間を結び，新点の位置を求めるトラバースです。計算方法を説明します。

解 説

1. 方位角，方向角，真北方向角

1. **方位角**は，地球表面上のA点を通る子午線（真北）から右回りにB点の方向まで測った角 α をいう。**方向角**は，平面直角座標において，A点を通りX軸に平行なX′から右回りにB点の方向を測った角をいう。
2. 方位角と方向角は，座標原点では一致するが，原点を離れるにつれその差が大きくなる。X′軸を基準として表した角を**真北方向角**（$\pm \gamma$）という。
3. 真北方向角は，座標が原点より東側にある場合は符号は（－）とし，西側にある場合は（＋）とすれば，**方位角＝方向角－真北方向角** となる。

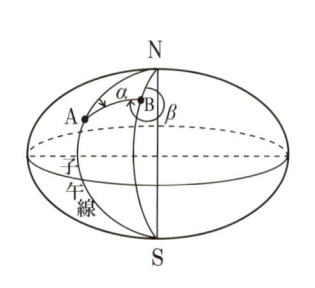

図3・23 方位角 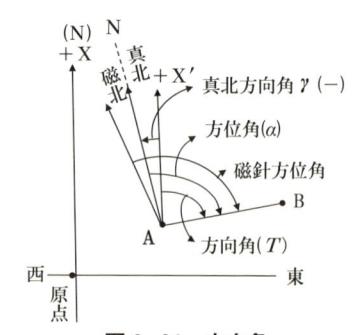　　図3・24 方向角

2. 結合トラバース（単路線方式）

1. **結合トラバース**では，両端の既知点A, Bの座標値 (X_A, Y_A), (X_B, Y_B) と既知辺AC, BDの方位角 T_A, T_B が基準点成果表により与えられている。
2. 図3・25において，交角 $\beta_1, \beta_2 \cdots\cdots \beta_n$（測角数 n）とすれば，測角の誤差（**閉合差**）$\Delta\beta$ は，次のとおり（式（3・25）参照）。

閉合差 $\Delta\beta = (T_A - T_B + \Sigma\beta) - 180°(n+1)$ ……式（3・24）

但し，$\Sigma\beta = \beta_1 + \beta_2 + \cdots\cdots + \beta_n$

> **質問** 結合トラバースの計算は，どのようにするのですか？

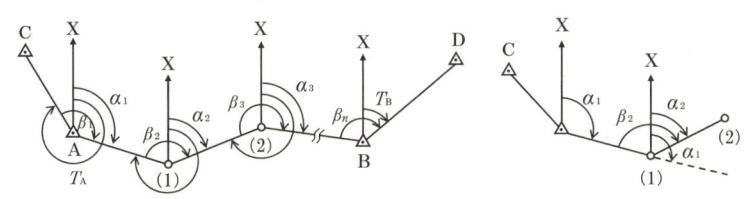

図 3・25　結合トラバース

図 3・26　側線(1)−(2)の方向角

3．各測線の方向角は，測角数 n のとき次のとおり。

$$\left.\begin{array}{l} \text{A}-(1)\text{の方向角 } \alpha_1 = T_A + \beta_1 - 360° \\ (1)-(2)\text{の方向角 } \alpha_2 = \alpha_1 + \beta_2 - 180° \\ (2)-(3)\text{の方向角 } \alpha_3 = \alpha_2 + \beta_3 - 180° \\ \text{以下同様に} \\ \alpha_n = T_B = T_A + \Sigma\beta - 180°(n+1) \end{array}\right\} \cdots\cdots 式（3・25）$$

但し，$\Sigma\beta = \beta_1 + \beta_2 + \cdots + \beta_n$

4．方向角 α より，各測線 S の X 軸の成分を**緯距** L, Y 成分を**経距** D とすれば，$L = S\cos\alpha$, $D = S\sin\alpha$ となり，各測点の座標 (x_i, y_i) は次式で求まる。

$$\left.\begin{array}{l} x_i = x_{i-1} + S_i\cos\alpha_i \quad \cdots\cdots, \quad X_b = X_A + \Sigma(S\cos\alpha) \\ y_i = y_{i-1} + S_i\sin\alpha_i \quad \cdots\cdots, \quad Y_b = Y_A + \Sigma(S\sin\alpha) \end{array}\right\} \cdots\cdots 式（3・26）$$

5．観測により求めた (X_b, Y_b) と成果表の値 (X_B, Y_B) の差 $\varDelta X, \varDelta Y$ が水平位置の誤差となる。表 3・9 の許容範囲を超えた場合は，再測を行う。

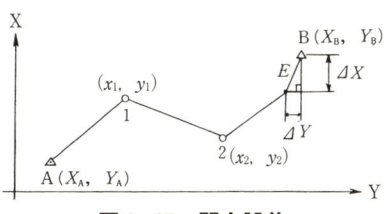

図 3・27　閉合誤差

$$\left.\begin{array}{l} \text{緯距の誤差 } \varDelta X = (X_A + \Sigma X) - X_B \\ \text{経距の誤差 } \varDelta Y = (Y_A + \Sigma Y) - Y_B \\ \text{閉合誤差 } E = \sqrt{(\varDelta X)^2 + (\varDelta Y)^2} \\ \text{閉合比 } R = \dfrac{E}{\Sigma S} \end{array}\right\} \cdots\cdots 式（3・27）$$

表 3・9　誤差の許容範囲（準則第 42 条）

項目	区分	1級基準点測量	2級基準点測量	3級基準点測量	4級基準点測量
結合多角単路線	水平位置の閉合差	10cm+2cm$\sqrt{N}\Sigma S$	10cm+3cm$\sqrt{N}\Sigma S$	15cm+5cm$\sqrt{N}\Sigma S$	15cm+10cm$\sqrt{N}\Sigma S$
	標高の閉合差	20cm+5cm$\Sigma S/\sqrt{N}$	20cm+10cm$\Sigma S/\sqrt{N}$	20cm+15cm$\Sigma S/\sqrt{N}$	20cm+30cm$\Sigma S/\sqrt{N}$
単多角位形	水平位置の閉合差	1cm$\sqrt{N}\Sigma S$	1.5cm$\sqrt{N}\Sigma S$	2.5cm$\sqrt{N}\Sigma S$	5cm$\sqrt{N}\Sigma S$
	標高の閉合差	5cm$\Sigma S/\sqrt{N}$	10cm$\Sigma S/\sqrt{N}$	15cm$\Sigma S/\sqrt{N}$	30cm$\Sigma S/\sqrt{N}$
標高差の正反較差		30cm	20cm	15cm	10cm
備　考		N は辺数，ΣS は路線長(km)とする。			

結合トラバース2（計算例） Q15

多角測量は，既知点3点以上の複数の路線で構成される**結合多角方式**（図3・3）と路線の中でどこにも交点をもたない**単路線方式**で行われます。TSの単路線方式の場合，既知点が2点必要となります。

解　説

1．結合トラバースの閉合差・座標計算

例題1　図において，三角点A～B間の結合トラバースを行い，次の観測値を得た。観測方向角の閉合差はいくらか。

$\beta_1 = 80°20'32''$
$\beta_2 = 260°55'18''$
$\beta_3 = 91°34'20''$
$\beta_4 = 260°45'44''$
$\beta_5 = 110°5'42''$

既知点間の方向角，
$T_A = 330°14'20''$
$T_B = 53°56'28''$

解説　結合トラバースの閉合差

式（3・24）に，$\Sigma\beta = 803°41'36''$，$T_A - T_B = 276°17'52''$　$n=5$ を代入すると

閉合差 $\Delta\beta = (T_A - T_B + \Sigma\beta) - 180°(n+1)$
　　　　　$= (330°14'20'' - 53°56'28'' + 803°41'36'') - 1080° = \underline{-32''}$

例題2　図に示す多角測量を実施し，表の狭角の観測値を得た。新点(3)における既知点Bの方向角はいくらか。

但し，既知点Aにおける既知点Cの方向角 T_A は 210°02'10" とする。

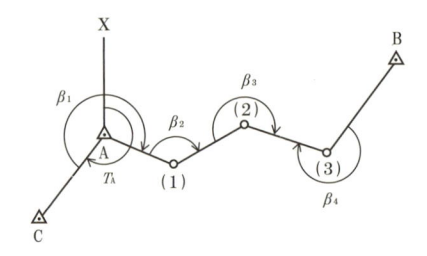

狭角	観測値
β_1	275°59'31"
β_2	116°15'23"
β_3	219°58'57"
β_4	248°33'11"

質問 閉合差及び座標は，どのように求めるのですか？

解説　方向角の計算

観測角は，調整済み（$\Delta\beta=0$）とすれば，式（3・24）より $T_B=T_A+\Sigma\beta-180°(n+1)$ となる。なお，表中の β_4 は逆側を測っているから，(2)から B 方向へ換算すると，$360°-248°33'11''=111°26'49''$ となる。

$T_B=T_A+\Sigma\beta-180°(n+1)=210°02'10''+723°40'40''-180°(4+1)$
$=\underline{33°42'50''}$

例題 3

図において，$\theta=60°05'10''$，$S=1\,000.00$m，A 点からみた B 点の方向角が $329°54'50''$ のとき，新設点 C からみた B 点の方向角はいくらか。

座標 点名	X	Y
A	1 000.00m	1 500.00m
B	1 863.00m	1 000.00m

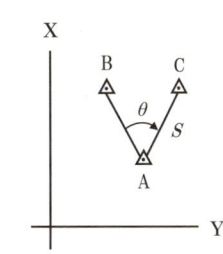

解説　方向角の計算

C 点の方向角 $T_{AC}=T_{AB}+\theta-360°$
$=30°$ より，C 点の座標 (X_C, Y_C) は，
$X_C=X_A+S\cos30°=1\,865$m
$Y_C=Y_A+S\sin30°=2\,000$m
$\triangle$BDC において，$\beta=\angle$DCA とすると
$\tan\beta=2/1\,000=2\times10^{-3}$，$\beta$ は微小なので $\tan\beta\fallingdotseq\beta$ とすると，$\beta=2\times10^{-3}\times\rho''=6'40''$
$\therefore T_{CB}=270°-6'40''=\underline{269°53'20''}$

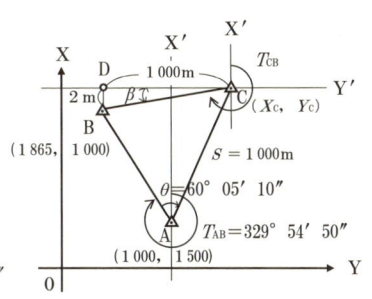

図　方向角の計算

例題 4

平面直角座標系において，点 P は既知点 A から方向角が $240°00'00''$，平面距離が 200.00m の位置にある。既知点 A の座標値を，$X=+500.00$m，$Y=+100.00$m とする場合，点 P の X，Y 座標の値はいくらか。

解説　緯距・経距の計算

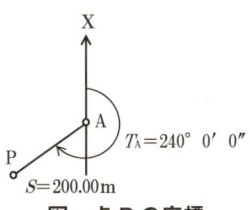

$X_A=500.00$m，$Y_A=100.00$m，$S=200.00$m
$X_P=X_A+S\cos240°=500.00$m$+200.00\cos60°$
$=\underline{400.00\text{m}}$
$Y_P=Y_A+S\sin240°=100.00$m$+200.00\sin60°$
$=\underline{273.21\text{m}}$

図　点 P の座標

〔理解度の確認〕

P106，演習問題の 問11 にチャレンジして下さい。

平面直角座標と基準点成果表 Q16

A 公共測量の測量成果は平面直角座標で表します。**平面直角座標**は，地球楕円体から直接平面に等角投影するガウス・クリューゲル図法で，日本全国を19の系に分割し座標原点を定めています。

解　説

1．平面直角座標系

1. **平面直角座標系**は，ガウス・クリューゲル図法を我国に適応したもので，全国を19の座標系（緯度差約1～2°の範囲，地域別）に分け，それぞれに原点（X＝0.000m，Y＝0.000m）を設け，公共測量に用いられる座標系である。
2. 投影範囲の距離誤差を±1/1万以内となるように，**縮尺係数**を原点で0.9999（1/1万縮小）とし，原点から東西90kmの地点で1.000，約130km

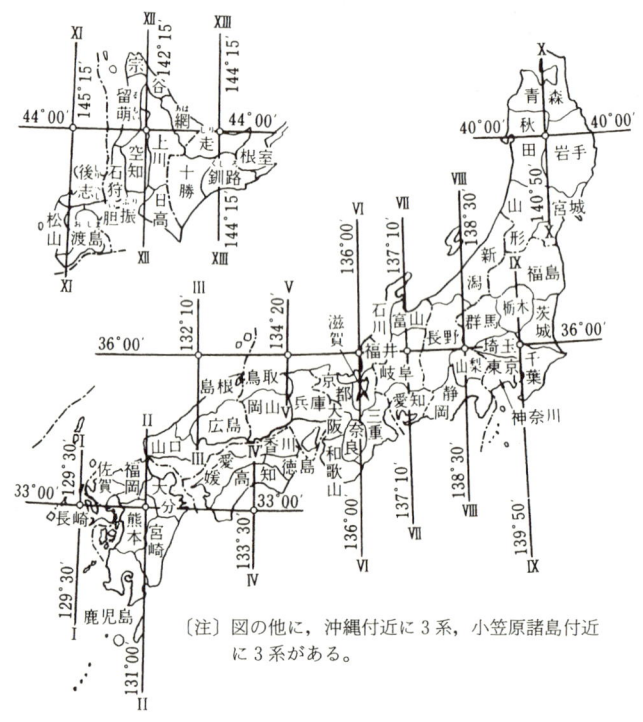

〔注〕図の他に，沖縄付近に3系，小笠原諸島付近に3系がある。

図3・28　平面直角座標

> **質問** 基準点の測量成果は，どのように表示するのですか？

の地点で1.000 1（1/1万拡大）としている。

3．地図の投影面上の平面距離 s とこれに対応する球面距離 S との比を**縮尺係数** m という。

$$縮尺係数\ m = \frac{平面距離\ s}{球面距離\ S}, \quad 平面距離\ s = 縮尺係数\ m \times 球面距離\ S$$

……式（3・28）

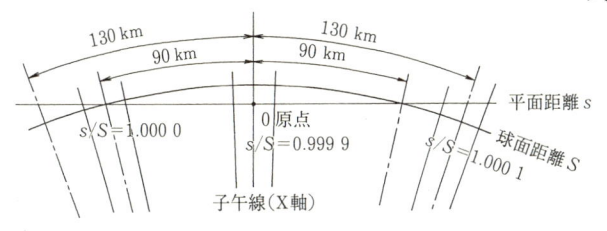

図3・29 縮尺係数

要点理解 ➡ P237

2．基準点成果表

1．**基準点成果表**は，国土地理院が実施した基準点測量（水準測量を含む）の結果を表にまとめたもので，座標・標高・各目標点の方向角及び距離等が記載されている。後続作業に利用される。

表3・10 基準点成果表

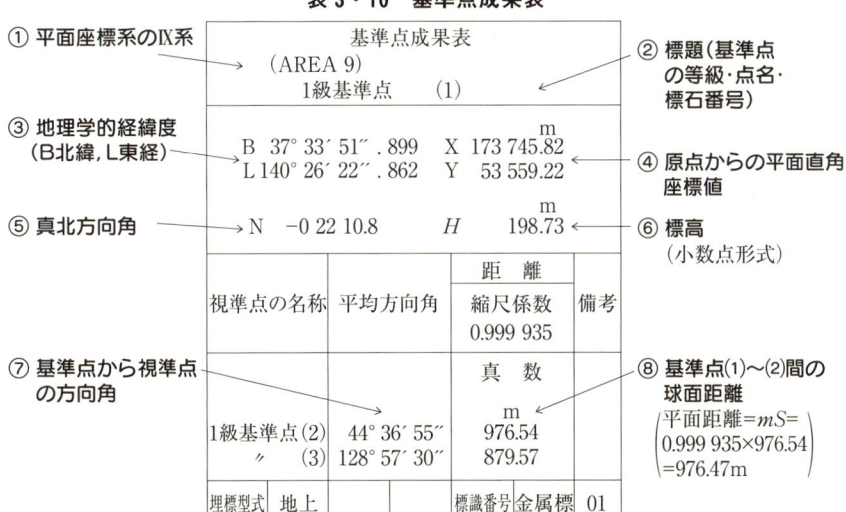

① 平面座標系のⅨ系 → 基準点成果表（AREA 9）1級基準点 (1)
② 標題（基準点の等級・点名・標石番号）
③ 地理学的経緯度（B北緯, L東経）→ B 37°33′51″.899　X 173 745.82 m
　L 140°26′22″.862　Y 53 559.22
④ 原点からの平面直角座標値
⑤ 真北方向角 → N −0 22 10.8　H 198.73 m
⑥ 標高（小数点形式）

視準点の名称	平均方向角	距離 縮尺係数 0.999 935	備考
		真　数	
1級基準点(2)	44°36′55″	976.54 m	
〃　　　(3)	128°57′30″	879.57	
理標型式	地上	標識番号 金属標	01

⑦ 基準点から視準点の方向角
⑧ 基準点(1)～(2)間の球面距離
（平面距離=mS=0.999 935×976.54=976.47m）

〔理解度の確認〕

P106，演習問題の **問12** にチャレンジして下さい。

第3章 多角（基準点）測量

第3章 演習問題

解答は P107〜P108 にあります。
なお，関数の数値が必要な場合は，P327 の関数表を使用すること。

問1 次の文は，公共測量におけるトータルステーションを用いた基準点測量の工程別作業区分について述べたものである。間違っているものはどれか。
1．作業計画の工程において，地形図上で新点の概略位置を決定し，平均計画図を作成する作業を行った。
2．選点の工程において，平均計画図に基づき，現地において既知点の現況を調査するとともに，新点の位置を選定し，選点図及び観測図を作成した。
3．測量標の設置の工程において，新点の位置に永久標識を設置し，測量標設置位置通知書を作成した。
4．観測の工程において，平均図などに基づき関係する点間の水平角，鉛直角，距離などの観測を行った。
5．計算の工程において，点検計算で許容範囲を超過した路線の再測を行った。

問2 次の文は，基準点測量の選点及び測量標の設置における留意点を述べたものである。間違っているものはどれか。
1．新点位置の選定にあたっては，視通，後続作業における利用しやすさなどを考慮する。
2．新点の配置は，既知点を考慮に入れた上で，配点密度が必要十分で，かつ，できるだけ均等になるようにする。
3．新点の設置位置は，できるだけ地盤の堅固な場所を選ぶ。
4．GNSS 測量機を用いた測量を行う場合は，レーダーや通信局などの電波発信源となる施設付近は避ける。
5．トータルステーションを用いた測量を行う場合は，できるだけ一辺の長さを短くして，節点を多くする。

問3　次の文は，セオドライトを用いた水平角観測における誤差について述べたものである。望遠鏡の正（右）・反（左）の観測値を平均しても消去できない誤差の組合せとして適当なものはどれか。
a．空気密度の不均一さによる目標像のゆらぎのために生じる誤差。
b．水平軸が，鉛直線と直交していないために生じる水平軸誤差。
c．水平軸と望遠鏡の視準線が，直交していないために生じる視準軸誤差。
d．鉛直軸が，鉛直線から傾いているために生じる鉛直軸誤差。
e．水平目盛盤の中心が，鉛直軸の中心と一致していないために生じる偏心誤差。
1．a，c　　2．a，d　　3．a，e　　4．b，d　　5．b，e

問4　次の文は，光波測距儀を使用した距離の測定について述べたものである。間違っているものはどれか。
1．気圧が高くなると，測定距離は長くなる。
2．気温が上がると，測定距離は長くなる。
3．器械定数の変化による誤差は，測定距離に比例しない。
4．変調周波数の変化による誤差は，測定距離に比例する。
5．位相差測定による誤差は，測定距離に比例しない。

問5　次の文は，トータルステーション及びデータコレクタを用いた1級及び2級基準点測量の作業内容について述べたものである。
間違っているものはどれか。
1．器械高及び反射鏡高は観測者が入力を行うが，観測値は自動的にデータコレクタに記録される。
2．データコレクタに記録された観測データは，速やかに他の媒体にバックアップした。
3．距離の計算は，標高を使用し，ジオイド面上で値を算出した。
4．観測は，水平角観測，鉛直角観測及び距離測定を同時に行った。
5．水平角観測の必要対回数に合わせ，取得された鉛直角観測値及び距離測定値を全て採用し，その平均値を用いた。

第3章　多角（基準点）測量

問6　次の文は，トータルステーションとデータコレクタを用いた基準点測量について述べたものである。
間違っているものはどれか。
1．観測においては，水平角観測，鉛直角観測，距離測定を同時に行うことができる。
2．距離測定においては，気温，気圧を入力すると自動的に気象補正を行うことができる。
3．データコレクタに記録された観測値は，速やかに他の媒体にバックアップを取ることが望ましい。
4．観測終了後直ちに観測値が許容範囲内にあるかどうか判断できる。
5．データコレクタに記録された観測値のうち，再測により不要となった観測値は，編集により削除することが望ましい。

問7　図に示すように，点Aにおいて，点Bを基準方向として点C方向の水平角 θ を同じ精度で5回観測し，表に示す観測結果を得た。水平角 θ の最確値に対する標準偏差はいくらか。

水平角 θ の観測結果	150°00′07″
	149°59′59″
	149°59′56″
	150°00′05″
	150°00′13″

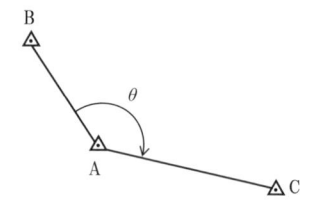

1．2.4″　2．3.0″　3．3.6″　4．6.0″　5．5.6″

問8　次の文は，高低計算において考慮すべき球差及び気差について述べたものである。間違っているのはどれか。
1．求点から既知点へ向かう片方向観測の場合，球差と気差を合せた量の符号はマイナスとなる。
2．気差を計算するときに用いる屈折係数は，通常は一定値としている。
3．両方向の鉛直角観測値を用いることにより，球差及び気差を消去することができる。
4．測点間の高低差が大きくなるほど，球差は大きくなる。
5．測点間の距離が長くなるほど，球差は大きくなる。

問9 既知点Aにおいて既知点Bを基準方向として新点C方向の水平角 T' を観測しようとしたところ，既知点Aから既知点Bへの視通が確保できなかったため，既知点Aに偏心点Pを設けて観測を行い，表の観測結果を得た。既知点B方向と新点C方向の間の水平角 T' はいくらか。

但し，既知点A，B間の基準面上の距離は，2 000.00mであり，
$\sin^{-1}(0.000\,59) \fallingdotseq 0.033\,8°$，$\sin^{-1}(0.001\,11) \fallingdotseq 0.063\,6°$，
$\tan^{-1}(0.001\,11) \fallingdotseq 0.063\,6°$ とする。

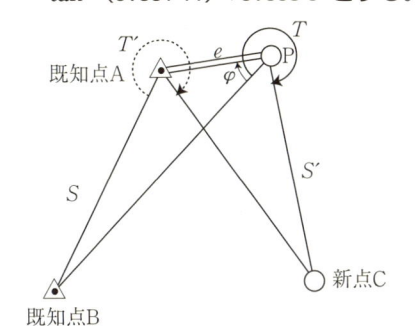

観測結果	
S'	1 800.00 m
e	2.00 m
T	300° 00′ 00″
φ	36° 00′ 00″

1．299° 54′ 09″ 2．299° 58′ 13″ 3．300° 00′ 00″
4．300° 01′ 47″ 5．300° 05′ 51″

問10 トータルステーションを用いて1級基準点測量を実施した。次のa～dは，このときの点検計算の工程を示したものである。標準的な計算の順序として，適当なものはどれか。

但し，観測において少なくとも1点は，偏心点での観測があった。

a．偏心補正計算
b．標高の点検計算
c．座標の点検計算
d．基準面上の距離及びX・Y平面に投影された距離の計算

1．a → c → d → b
2．a → d → c → b
3．b → c → d → a
4．b → d → a → c
5．d → c → a → b

問11　図に示す多角測量を実施し，表のきょう角の観測値を得た。新点(3)における既知点Bの方向角はいくらか。

但し，既知点Aにおける既知点Cの方向角 T_a は 330°14′20″ とする。

1．123°50′14″
2．133°04′45″
3．142°18′46″
4．172°04′26″
5．183°21′34″

きょう角	観測値
β_1	80°20′32″
β_2	260°55′18″
β_3	91°34′20″
β_4	99°14′16″

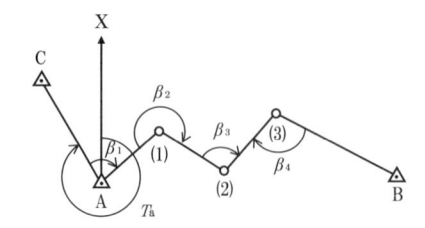

問12　表は，基準点成果情報の抜粋である。この基準点成果情報における平面直角座標（X）の符号　ア　及び平面直角座標（Y）の符号　イ　，さらに縮尺係数　ウ　の組合せとして適当なものはどれか。

但し，平面直角座標系のⅨ系原点数値は，次のとおり。

緯度（北緯）B＝36°0′0″.0000

経度（東経）L＝139°50′0″.0000

	ア	イ	ウ
1．	＋	＋	1.000 003
2．	＋	－	1.000 003
3．	－	＋	1.000 003
4．	－	＋	0.999 903
5．	＋	－	0.999 903

基準点成果	
基準点コード	TR 35339775901
地形図	東京―野田
種別等級	三等三角点
冠字選点番号	張　29
点名	筒戸
測地系	世界測地系
緯度	35°58′06″.2444
経度	139°59′37″.3553
標高	17.25m
ジオイド高	38.95m
平面直角座標系(番号)	Ⅸ系
平面直角座標（X）	ア　3493.919m
平面直角座標（Y）	イ　14464.460m
縮尺係数	ウ

演習問題 解答・解説

問1 ② **選点**とは，作業計画時に作成した地形図上の新点の概略位置を示した**平均計画図**に基づき，現地において既知点の現況を調査するとともに，新点の位置を決定し，その位置を図示した**選点図及び平均図**を作成する作業をいう。なお，**平均図**は，新点の最確値を求める平均計算を行うためのものであり，選点図に基づき作成し，計画機関の承認を得る。

観測図とは，平均図に示す平均計算を行うために必要な観測値の取得を図示したもので，現地に持参して観測する。

基準点測量の作業工程は，①平均計画図の作成→②選点図・平均図の作成→③測量標の設置→④観測（観測図）→⑤観測値の点検及び再測→⑤平均計算の流れとなる。

問2 ⑤ **節点**は，TS等観測で視通がない場合に経由点として設ける仮設点をいう。節点を増やせば，路線長・辺数が増え観測精度が悪くなる。なお，トータルステーションを用いる観測では，水平角観測，鉛直角観測及び距離測定は，1視準で同時に行うことを原則とする。水平角・鉛直角観測は，1視準1読定，望遠鏡正及び反の観測を1対回とする。また，距離測定は，1視準2読定を1セットとする（準則37条，観測の実施）。

問3 ② a. は自然現象（かげろう）による不定誤差である。

問4 ② 式（3・7）より，観測距離は $L_s=L\cdot n/n_s=L(1+\Delta n)/(1+\Delta s)$，式（3・8）より，気圧 P が高くなれば屈折誤差 Δn が大きくなり，L_s は長くなる。気温 t が上がると Δn が小さくなり，L_s は短くなる。

問5 ③ 距離の計算は，2点間距離を準拠楕円体上とするため，標高にジオイド高を加えた楕円体高を用いて補正する。ジオイド面上ではない。

問6 ⑤ 削除してはならない。

問7 ② 最確値 $M=150°+(7''-1''-4''+5''+13'')/5=150°\ 00'\ 04''$

標準偏差 $m_0=\sqrt{\dfrac{[vv]}{n(n-1)}}$

$=\sqrt{\dfrac{(7-4)^2+(-1-4)^2+(-4-4)^2+(5-4)^2+(13-4)^2}{5(5-1)}}=\underline{3''}$

問8 ④ 式（3・17）より，球差は高低差に関係しない。なお，屈折係数 k は0.133とする。

問9 ② △APC において，正弦定理より

$$\frac{e}{\sin \angle \text{ACP}} = \frac{S'}{\sin \angle \text{APC}} \quad (\because \quad \text{AC} \fallingdotseq \text{PC})$$

$$\sin \angle \text{ACP} = \frac{e \sin \angle \text{APC}}{S'} = \frac{2 \times \sin 36°}{1\,800} = 0.001\,1\text{m}$$

∴ $\angle \text{ACP} = \sin^{-1}(0.0011) = 0.036° = 3'\,49''$

同様に，△APB において，$\angle \text{ABP} = 2'\,02''$

∴ 水平角 $T' = 360° - \angle \text{BAC} = 360° - (\angle \text{BPC} + \angle \text{ACP} - \angle \text{ABP})$
$= 60° - (3'\,49'' - 2'\,02'') = \underline{299°\,58'\,13''}$

(∵ 対頂角は等しいことより，$\angle \text{BPC} + \angle \text{ACP} = \angle \text{BAC} + \angle \text{ABP}$)

問10 ④ **点検計算**は，観測終了後に行うものとする。但し，許容範囲を超えた場合は，再測を行う等適切な措置を講ずるものとする（準則第42条）。点検計算の工程は，①標高の点検計算，②基準面上の距離及びX・Y平面に投影された距離の計算，③偏心補正計算，④座標の点検計算となる。

問11 ① 方向角 $\alpha_\text{A} = T_a + \beta_1 - 360° = 330°\,14'\,20'' + 80°\,20'\,32'' - 360° = 50°\,34'\,52''$
$\alpha_1 = \alpha_\text{A} + \beta_2 - 180° = 50°\,34'\,52'' + 260°\,55'\,18'' - 180° = 131°\,30'\,10''$
$\alpha_2 = \alpha_1 + \beta_3 - 180° = 131°\,30'\,10'' + 91°\,34'\,20'' - 180° = 43°\,04'\,30''$
$\alpha_3 = \alpha_2 + \beta_4 - 180° = 43°\,04'\,30'' + 260°\,45'\,44'' - 180° = \underline{123°\,50'\,14''}$

（但し，β_4 を(2)から B 方向の交角に換算する。$360° - 99°\,14'\,16'' = 260°\,45'\,44''$）

問12 ④ 原点と基準点の経緯度より，X 座標は（−），Y 座標は（＋）であり，Y 座標が90km以下なので縮尺係数は1以下となる。

第4章
GNSS 測量（多角測量）

○ 多角（基準点）測量のうち，GNSS 測量機を用いる観測について説明します。なお，GNSS 測量は従来の GPS 測量からの名称変更です。
○ GNSS 測量は，人工衛星からの信号を用いて位置を決定する衛星測位システムの総称です。GPS 衛星の信号しか受信できない測量機を含め，GNSS 測量機といいます。

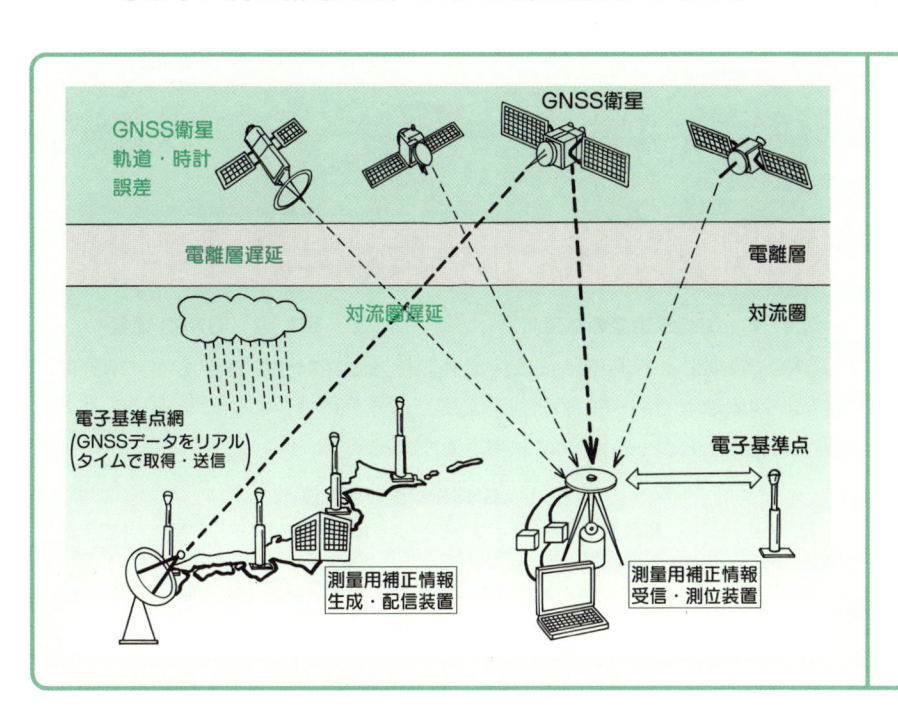

GNSS 測量（汎地球測位システム） Q1

A GNSS 測量は，人工衛星からの電波を受信し，衛星と GNSS 受信機との距離を求め位置を決定する衛星測位システムです。準則の改定で，従来の GPS 測量が GNSS 測量に名称変更されました。

解　説

1. GNSS測量の概要

1. **GNSS 測量**（Global Navigation Satellite Systems）とは，人工衛星からの信号を用いて位置を決定する衛星測位システムの総称で，準則により，GNSS 測量においては，GPS，GLONASS（グロナス），準天頂衛星が適用される。

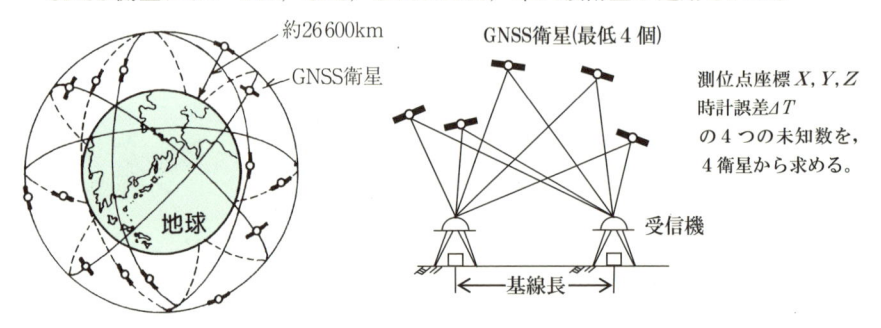

　　　　　　　　　　　　　　　　　　　　　　　　　　GNSS衛星(最低4個)

約26 600km
GNSS衛星
地球
　　　　　　　　　　　　　　　　　　　　測位点座標 X, Y, Z
　　　　　　　　　　　　　　　　　　　　時計誤差 ΔT
　　　　　　　　　　　　　　　　　　　　の4つの未知数を，
　　　　　　　　　　　　　　　　　　　　4衛星から求める。

　　　　　　　　　　　　　　　　　　　　受信機
　　　　　　　　　　　　　　　　　基線長

図4・1　GNSS 衛星の軌道　　　　　**図4・2　GNSS 衛星**

2. GNSS 測量による測位法には，**単独測位法**と**相対測位法**がある。単独測位法は，観測地点でのデータを利用するだけでその地点の位置を求めるもので，車・船舶のナビゲーションに利用されている。

表4・1　GNSS 測量の測位法

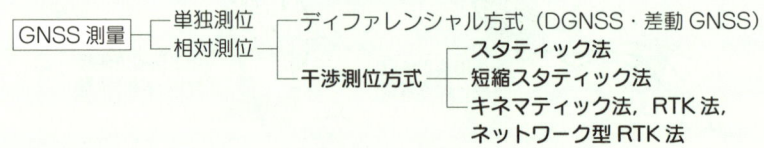

GNSS 測量 ─┬─ 単独測位 ── ディファレンシャル方式（DGNSS・差動 GNSS）
　　　　　　└─ 相対測位 ─┬─────────── スタティック法
　　　　　　　　　　　　└─ 干渉測位方式 ─┬─ 短縮スタティック法
　　　　　　　　　　　　　　　　　　　　├─ キネマティック法，RTK 法，
　　　　　　　　　　　　　　　　　　　　└─ ネットワーク型 RTK 法

3. GNSS 測量は，2地点以上の観測点の相対関係を求める**干渉測位方式**（相対測位）で行う。干渉測位方式には，静的測位（**スタティック法**）と動的測位（**キネマティック法**など）がある。測位方式は，軌道情報により衛星の位置を基準として，地球上の観測点の位置・相対関係を求める方法をいう。

質問 GNSS測量とは，どのような測量ですか？

2．干渉測位方式（相対測位）

1. **干渉測位方式**は，2台以上の受信機を用いて情報信号を乗せた**搬送波**の位置情報により相対関係（**基線ベクトル**）を求めるもので，固定局（既知点）と移動局（未知点）に受信機を置き，同時にGNSS衛星を観測し基線ベクトルを求める。

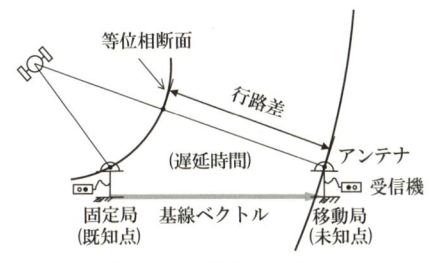

図4・3　干渉測位の方法

2. 干渉測位方式は，**整数値バイアスの確定法**（P117）により分類する。
   ① **スタティック法**（静的測位）は，観測時間中，受信機をそれぞれの観測点に固定して連続的にデータを取得し，各測点間の基線ベクトルを求める方法で，必要な観測時間は1～3時間程度となる。**短縮スタティック法**は，衛星数を増し観測時間を20分程度に短縮したものをいう（P116，表4・2）。
   ② **キネマティック法**（動的測位）は，1台の受信機を基準となる観測点（固定局）に固定しておき，もう1台の受信機を複数の観測点（移動局）に移動しながら，固定点と観測点の相対位置を求めるものをいう。
   ③ **RTK**（リアルタイムキネマティック法）は，基線解析を瞬時に行うため固定局側で衛星からの受信情報を無線機で移動局に送り，移動局の観測データと合せて基線ベクトルを求めるものをいう。
   ④ **ネットワーク型RTK法**は，3点以上の電子基準点からのリアルタイムデータ（データ配信事業者）を利用し，仮想上の基準点を設けて1台の受信機で基線ベクトルを求めるものをいう（P115，図4・11参照）。

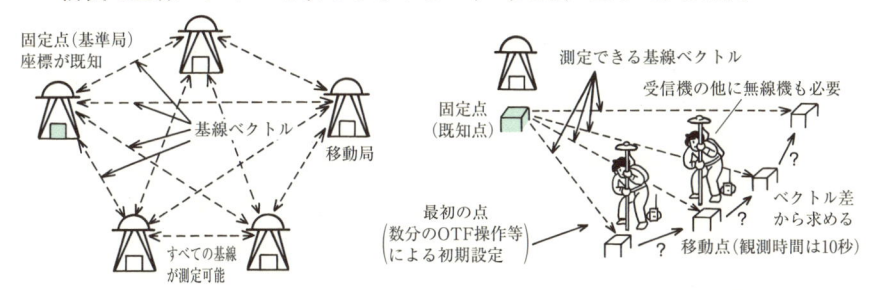

図4・4　スタティック測位

図4・5　RTK法測位

〔理解度の確認〕
P130，演習問題の 問1 にチャレンジして下さい。

GNSS 測量の特徴 Q2

GNSS 技術の進展とともに，測量の基準は世界測地系へと変わり，日本の測地基準は ITRF 三次元直交座標（P22）となりました。これに基づく測量成果を「測量成果 2000」といいます。

解　説

1．GNSS測量の特徴

1. GNSS 測量で得られる**観測データ**は，WGS-84 系の三次元直交座標である。位置情報は，地球の重心からの (x, y)，高さは GRS80 楕円体表面からの高さ（楕円体高 h）となる。なお，**WGS-84 系**は，GNSS 衛星に用いられる座標で，世界測地系の **ITRF94 座標系**とは，原点と 3 軸の定義は同じで，その差はわずかであるため，同一のものとして扱う。　　要点理解 ➡ P23

2. 地表の位置は，地心直交座標の観測値 (x, y, z) を球面座標の (φ, λ, h) に変換して表す。長さ・面積は，GRS80 楕円体表面の値である。

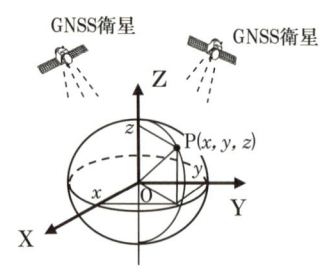

図 4・6　地心直交座標（ITRF94） 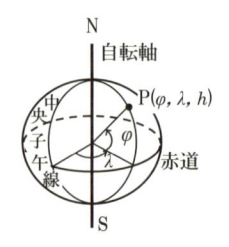　　図 4・7　球面座標

3. **汎地球測位システム**は，GNSS 衛星，管制センター，アンテナと解析機をもつ受信機から構成される。汎地球測位システムから得られる位置情報は，船舶航行，航空機の飛行，ナビゲーション，測量等に利用される。

4. GNSS 測量の観測精度は，0.1ppm（1ppm は 10^{-6}，1/1 000 万）で，観測には上空視界の確保が必要であるが，2 点間の視通（しつう）が不要で天候の障害が少なく，24 時間の観測が可能である。

5. GNSS 連続観測システムとして，電子基準点が設けられている。**電子基準点**は，三角点に準じた基準点で基本測量や公共測量に利用され，国土地理院が運営する GNSS 24 時間連続観測局である。

質問　GNSS測量の特徴は，どのようなものですか？

電子基準点で取得されたデータは，配信事業者からの提供を受け，RTK法及びネットワーク型RTK法の観測において，瞬時に座標位置（基線ベクトル）を求める測量を可能にしている。

6. GNSS測量では，相対測位法である干渉測位方式が用いられる。干渉測位方式には，スタティック法，キネマティック法（RTK法，ネットワーク型RTK法）等があるが，これらの分類は搬送波の波数，**整数値バイアス N の求め方**により決まる（P117参照）。

図4・8　電子基準点

2．GNSS観測とTS等観測の特徴

1. GNSS観測とTS等観測では，測量の手法と使用する座標系が異なる。
   ① **GNSSによる観測**は，位置基準となる衛星からの電波を受信して幾何学的に相対位置を求めるため，同時に4個以上の衛星に対する上空視界が必要である。観測点間の視通は不要であるが，樹木などの障害物の下では測量はできない。天候の影響は受けにくい。
   ② **TS等による観測**は，水準面（ジオイド）を基準として，水平角・鉛直角・距離を観測するため，観測点間の視通が必要で天候の影響を受け易い。
2. GNSS観測とTS等観測の原理的違いは，次のとおり。
   ① GNSS観測，TS等観測とも距離の測定は，電磁波（光）の速度を用いて位相差から距離を求めており，原理的には同じである。
   ② TS等観測は，電磁波（光）を直接往復させて観測する一元的な計測である。一方，GNSS観測は，観測点と衛星で構成する立体図形を利用し，観測点間の相対位置を求める三次元計測である。
   ③ TS等観測では，相手が静止しているので位相情報が分かった信号を往復させて計測することができ，比較的簡単な回路で計測処理が可能である。一方，GNSS測量の場合は，常に移動している衛星からの電波を受信し信号を処理するため，複雑な計測処理となる。搬送波の位相は簡単に求められるが，波の数 N（**整数値バイアス**）は他の情報と併せて計算する。
   ④ 誤差要因では，TS等観測は電磁波の伝播経路が全て大気中であるのに対し，GNSS観測は宇宙空間であり，電離層と大気圏における伝播遅延の影響を受ける。

第4章　GNSS測量（多角測量）

GNSS測量と基準点測量　Q3

GNSS測量では，受信機間の距離や方向などの相対的な位置関係が求まり，基準点測量に活用されます。またTS点の設置や地形・地物の細部測量など広い分野で用いられる測量方法です。

解　説

1．RTK法（リアルタイムキネマティック法）

1. **RTK法**は，固定局及び移動局で同時にGNSS衛星からの信号を受信し，固定局で取得した信号を，無線装置等を用いて移動局に転送し，移動局において即時に基線解析を行い，固定局と移動局の間の基線ベクトルを求める観測方法をいう。基線ベクトルは，直接観測法又は間接観測法による。

① **直接観測法**は，固定局及び移動局で同時にGNSS衛星からの信号を受信し，結合多角網により固定局と移動局の間の基線ベクトルを求める観測方法をいう。観測距離は，500m以内を標準とする。

② **間接観測法**は，固定局及び2か所以上の移動局で放射状に同時にGNSS衛星からの信号を受信し，基線解析により得られた2つの基線ベクトルの差を用いて移動局間の基線ベクトルを求める観測方法をいう。固定局と移動局の間の距離は10km以内とし，間接的に求める移動局間の距離は500m以内を標準とする。

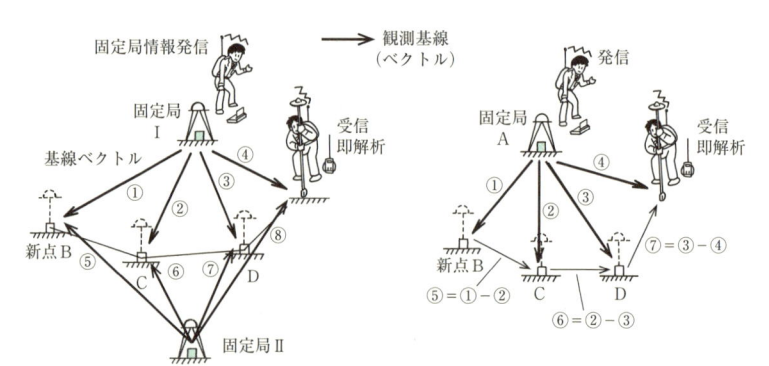

図4・9　直接観測法

図4・10　間接観測法

> **質問** GNSS測量は，どのように活用されますか？

2．ネットワーク型RTK法

1. ネットワーク型RTK法（VRS方式，仮想点方式）では，配信事業者（3点以上の電子基準点に基づき測量データを配信している者）の補正データを利用し，通信装置により移動局で受信する。同時に，移動局でGNSS衛星からの信号を受信し即時に位置を求める。移動局が離れていても（10～15km程度），RTK法と同等の精度で観測できる。

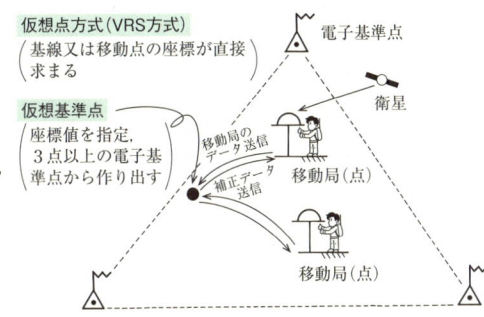

図4・11　ネットワーク型RTK法

2. ネットワーク型RTK法は，基地局と移動局の距離の制限がなく，受信機1台での作業が可能で，効率的に観測作業が実施できる。
3. 基線ベクトルを求める方法には，直接観測法又は間接観測法がある。
   ① **直接観測法**：配信事業者の補正データと移動局の観測データから基線解析により基線ベクトルを求める方法。観測間距離を500m以内とする。
   ② **間接観測法**：2か所の移動局で同時観測を行い，得られたそれぞれの三次元直交座標差から移動局間の基線ベクトルを求める方法。観測間距離を500m以内とする。

3．RTK法（ネットワーク型を含む）の活用

1. キネマティック法，RTK法により，TS等観測のためのTS点の設置を行う。TS点の設置は，基準点にGNSS測量機を整置し，間接観測法又は単点観測法で放射法により行う。なお，**単点観測法**とは，仮想点又は電子基準点を固定点とした放射法による観測をいう。
2. RTK法により，細部測量が行われる。RTK観測では，基準点又はTS点からの地形・地物等の相対的位置関係を求め，数値地形データを取得する。

4．GNSS衛星の配置状況・飛行情報

1. GNSS衛星の**配置状況**は，**DOP**（Dilution of Precision，精度低下率）で表され，最も良い配置を1とし，数字が大きくなるにつれ悪い配置状態を示す。
2. GNSS衛星の**飛来情報**は，その日時に利用可能な全衛星の概略の軌道情報や時刻情報（アルマナックデータという）を利用する。

GNSS 観測　Q4

GNSS 観測は，表 4・2 に示す干渉測位方式で行います。GNSS 測量は，TS 等観測と同様基準点測量に用いられる他，地形測量における TS 点の設置及び地形・地物の測定など細部測量に用いられます。

解　説

1．GNSS観測

1. **GNSS 観測**は，干渉測位方式で行うものとし，表 4・2 及び表 4・3 の観測時間，使用衛星数の規定に基づいて実施する。
2. GNSS 測量機は，同一機種を用いる。また，アンテナは特定の方向に向けて据えつけ，アンテナ高は mm まで測定する。
3. GNSS 衛星の作動状態，飛来情報等を考慮し，片寄った配置の使用は避ける。GNSS 衛星の最低高度角は，15 度を標準とする。
4. 観測図（**セッション計画**）は，同時に複数の GNSS 測量機を用いて行う場合に作成する。**セッション**とは，スタティック測位における 1 回の観測をいう。複数の GNSS 受信機を用いて一定時間，設定されたデータ取得間隔で連続して行う観測であり，基線解析はこのセッションごとに行う。
5. 観測は，点検のため既知点及び新点を結合する多角路線が閉じた多角形とし，異なるセッションの組合せ及び 1 辺以上の重複観測で行う。

表 4・2　観測方法・観測時間（準則第 37 条）

観測方法	観測時間	データ取得間隔	摘　要
スタティック法	120 分以上	30 秒以下	1 級基準点測量（10km 以上※1）
	60 分以上	30 秒以下	1 級基準点測量（10km 未満） 2 ～ 4 級基準点測量
短縮スタティック法	20 分以上	15 秒以下	3 ～ 4 級基準点測量
キネマティック法	10 秒以上※2	5 秒以下	3 ～ 4 級基準点測量
R T K 法	10 秒以上※3	1 秒	3 ～ 4 級基準点測量
ネットワーク型 R T K 法	10 秒以上※3	1 秒	3 ～ 4 級基準点測量
備　考	※1　観測距離が 10km 以上の場合は，1 級 GNSS 測量機により 2 周波による観測を行う。但し，節点を設けて観測距離を 10km 未満にすることで，2 級 GNSS 測量機により観測を行うこともできる。 ※2　10 エポック（データ間隔）以上のデータが取得できる時間とする。 ※3　FIX 解（基線解析で得られた結果，整数値）を得てから 10 エポック以上のデータが取得できる時間とする。			

> **質問** GNSS測量の観測は，どのようにするのですか？

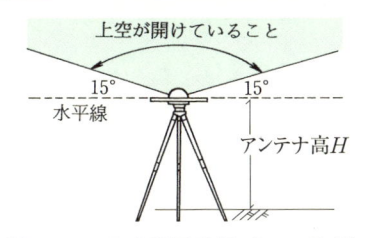

図4・12　上空視界確保（アンテナ）

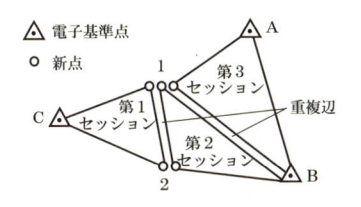

図4・13　セッション計画

2．衛星数と整数値バイアスの確定

1．観測方法による使用衛星数は，スタティック法では，同時に同じGPS衛星を常に4個用いてX, Y, Z及び時刻Tの4要素を定める。短縮スタティック法，キネマティック法は，X, Y, Z, T及び整数値バイアスNの5つを未知数とするため，5個以上のGPS衛星が必要となる。

表4・3　観測方法による使用衛星数（準則第37条）

観測方法 GNSS衛星の組合せ	スタティック法	短縮スタティック法 キネマティック法 RTK法 ネットワーク型RTK法
GPS衛星のみ	4衛星以上	5衛星以上
GPS衛星及びGLONASS衛星	5衛星以上	6衛星以上
摘要	①GLONASS衛星を用いて観測する場合は，GPS衛星及びGLONASS衛星を，それぞれ2衛星以上用いること。 ②スタティック法による10km以上の観測では，GPS衛星のみを用いて観測する場合は5衛星以上とし，GPS衛星及びGLONASS衛星を用いて観測する場合は6衛星以上とする。	

2．干渉測位方式では，搬送波の波長を基準にして測位する。搬送波の位相（波長の数）を**整数値バイアス（1サイクルの波の数）**Nと1波以内の端数の位相ϕの$(N+\phi)$で表す。測定するのは波長の端数ϕであり，整数値バイアスは不確定である。この整数値バイアスを確定する初期化を**整数値バイアスの確定**という。

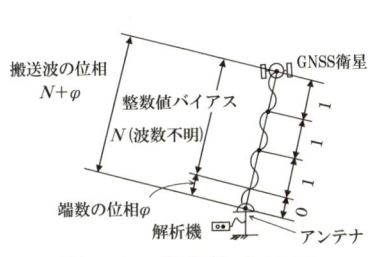

図4・14　整数値バイアス

第4章　GNSS測量（多角測量）

〔理解度の確認〕
P130，演習問題 問2 ， 問3 にチャレンジして下さい。

GNSS 観測の作業工程　Q5

GNSS観測の作業工程の概要は，表4・4に示すとおりです。観測は，セッション計画を立てて実施します。選点間の視通は，TS等観測と異なり不要ですが，上空視界の確保が必要となります。

解　説

1．GNSS測量の作業工程

1．新点の選定は，上空視界の開けた場所，電波障害・マルチパス（多重反射）等の障害のない場所を選ぶ。
2．スタティック法及び短縮スタティック法では，観測図に同時に複数のGNSS測量機を用いて行われる観測範囲（**セッション**）を記入する。

表4・4　GNSS観測の作業工程

番号	作業工程	概　要
①	作業計画	平均計画図の作成・作業計画書の作成
②	選点	現況調査及び新点の位置選定。選点図，平均図の作成
③	測量標設置	永久標識の設置・点の記作成
④	観測	平均図に基づき観測図（セッション計画）の作成
	観測作業の流れ	・GNSSアンテナの設置 ・アンテナ高の測定 ・GNSS受信機へ観測要件の入力 ・観測（受信） ・GNSS観測手簿（受信情報等の出力）
⑤	計算	成果標の作成
	計算の流れ	・基線解析（GNSS観測記簿の出力） ・基線解析結果の評価 ・点検計算及び再測 ・平均計算（三次元網平均計算）
⑥	品質評価	基準点測量成果について製品仕様書が規定するデータ品質を満足しているか評価する
⑦	成果等の整理	

2．GNSS測量に用いられる受信機

1．GNSS測量は，1・2級GNSS測量機（GPS測量機又はGPS及びGLONASS対応の測量機）を用いる。
2．GNSS衛星から発信する電波（搬送波）には，衛星の位置を計算するための**軌道情報**や時刻などの**航法メッセージ**と観測に用いる周波である**C/Aコード**（L1帯の信号）や**Pコード**（L1, L2の信号）が含まれている。

質問：GNSS観測の作業工程は，どのようになっていますか？

3．10km以上の長距離基線のGNSS測量では，電離層遅延（伝播遅延）の影響を補正するため，2周波の伝播距離の差を解析し補正する。

1級GNSS測量機	L1周波数帯（L1帯）とL2周波数帯（L2帯）の電波を同時に受信可能。2周波受信機
2級GNSS測量機	L1帯のみを受信する。1周波受信機

3．基線解析の流れ

1．**基線解析**とは，干渉測位法において受信記録されたデータを基に，基線の長さと方向を決定する作業をいう。GNSS測量による観測結果は，WGS-84系三次元座標系（X，Y，Z）で表される。GNSS観測の終了から基線解析結果の出力までの流れは，図4・16のとおり。

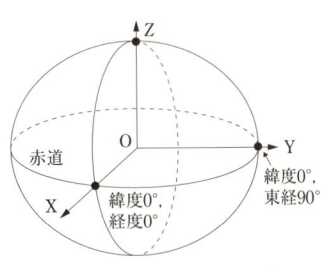

図4・15　WGS-84系

要点理解 ➡ P23

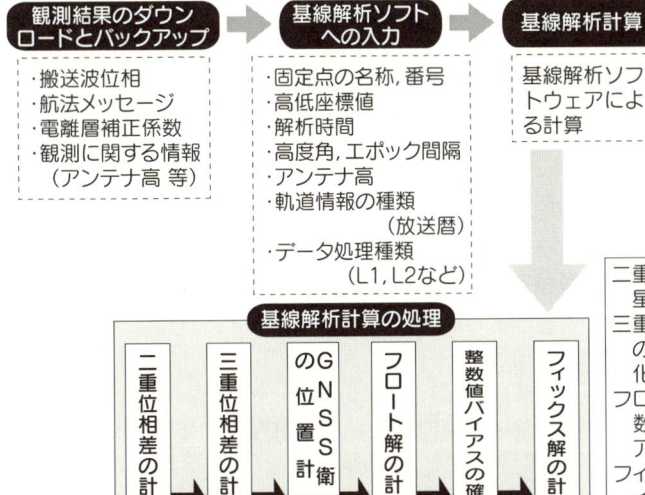

観測結果のダウンロードとバックアップ
・搬送波位相
・航法メッセージ
・電離層補正係数
・観測に関する情報
　（アンテナ高 等）

基線解析ソフトへの入力
・固定点の名称，番号
・高低座標値
・解析時間
・高度角，エポック間隔
・アンテナ高
・軌道情報の種類
　　　　　（放送暦）
・データ処理種類
　　　　（L1，L2など）

基線解析計算
基線解析ソフトウェアによる計算

出力
結果の出力

基線解析計算の処理
二重位相差の計算 → 三重位相差の計算 → GNSS衛星の位置計算 → フロート解の計算 → 整数値バイアスの確定 → フィックス解の計算

基線解析ソフトにより自動的に行われる

二重位相差：受信機と衛星の時間差の処理。
三重位相差：二重位相差の差。衛星の距離の変化量。
フロート解：不確定な整数の波数（整数値バイアス）の解の集団。
フィックス解：整数値バイアスの確定解。基線ベクトルの決定。

図4・16　基線解析の流れ

〔理解度の確認〕
P131，演習問題の 問4 ， 問5 にチャレンジして下さい。

第4章　GNSS測量（多角測量）

搬送波及び楕円体高 Q6

GNSS測量では，電波の到達時間の相対差から基線ベクトルを求めます。電離層の中では，電波の速度が変わり行路差測定に影響します。また気温・気圧・温度等も行路差測定に影響を与えます。

解説

1. GNSS測量の誤差要因

1. 干渉測位方式では，固定局に搬送波が届く等位相面から，行路差に比例して遅延時間が観測できる。この遅延時間から行路差（**基線ベクトル**）を求める。移動局の座標は，固定局の座標＋基線ベクトルである。
2. 搬送波の伝播速度に影響を与える要因は，次のとおり。
   ① **電離層の影響**：GNSS測量の誤差要因として，地上200km以上の電離層において電波の速度変化がある。この電離層の影響による誤差は，距離が長い場合（10km以上），2周波数（L1帯とL2帯）観測で補正する。また短い場合は，両観測点の観測値の差を取ることにより消去する。
   ② **対流圏における電波の伝播遅延**：大気による電波の遅延のため，伝播距離が長く観測される。気温，気圧，湿度などの気象を測定することは困難であるため，標準的な値（大気モデル）によって補正を行う。基線プログラムに組み込まれている**標準大気モデル**を使用する。
   ③ **GNSS衛星の位置情報精度**：GNSS衛星の軌道情報自体の誤差による基線ベクトルの精度誤差がある。

2. GNSS測量の高さ

1. GNSS測量で得られるのは，**楕円体高**（準拠楕円体からの高さ h）であり，測地座標とは高さの定義が異なる。測量成果は，ジオイドからの高さ標高 H で表すから，楕円体高と標高との差，ジオイド高 N が必要となる。
   ジオイド高 N は，水準点（標高が既知）で，GNSS測量を行い**楕円体高** h を求める**ジオイド測量**により，次式で求める。

   ジオイド高 N ＝ 楕円体高 h － 標高 H ……式（4・1）
2. GNSS測量で用いられる準拠楕円体は，WGS-84楕円体である。世界座標系のITRF94座標系とは異なるが，その値に差異なく同等に扱う。

質問 搬送波に与える影響には，どのようなものがありますか？

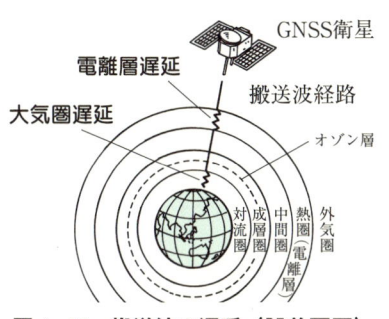

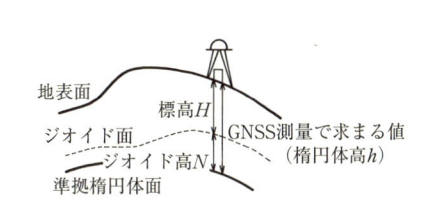

図4・17 搬送波の遅延（誤差要因）

図4・18 楕円体高と標高

例題1 次の文は，GNSS測量機を用いた測量の誤差について述べたものである。 ア ～ エ に入る語句を語句群の中から選びなさい。

a．GNSS測量機を用いた測量における主要な誤差要因には，GNSS衛星位置や時計などの誤差に加え，GNSS衛星から観測点までに電波が伝搬する過程で生ずる誤差がある。

そのうち， ア は周波数に依存するため，2周波の観測により軽減することができるが， イ は周波数に依存せず，2周波の観測により軽減することができないため，基線解析ソフトウェアで採用している標準値を用いて近似的に補正が行われる。 ウ 法では，このような誤差に対し，基準局の観測データから作られる補正量などを取得し，解析処理を行うことで，その軽減が図られている。

b．ただし，GNSS衛星から直接到達する電波以外に電波が構造物などに当たって反射したものが受信される現象である エ による誤差は， ウ 法によっても補正できないので，選点に当たっては，周辺に構造物が無い場所を選ぶなどの注意が必要である。

語句群	サイクルスリップ　ネットワーク型RTK法　短縮スタティック マルチパス　キネマティック　対流圏遅延誤差　電離層遅延誤差

解説 GNSS測量の誤差要因

マルチパス P316参照。

解答 ア 電離層遅延誤差　　イ 対流圏遅延誤差
　　　　ウ ネットワーク型RTK法　　エ マルチパス

〔理解度の確認〕

P132，演習問題の 問6 ， 問7 にチャレンジして下さい。

第4章 GNSS測量（多角測量）

基線ベクトル1 (許容範囲) Q7

GNSS衛星の位置は，衛星から送信される軌道情報（**放送暦**）により求めます。この軌道情報から基線ベクトルを求め，2点間の位置を決定します。放送暦による観測の精度は，1ppm (10^{-6}) 以下です。

解 説

1．GNSS観測の基線解析（計算）

1. GNSS衛星の**軌道情報**（三次元直交座標での位置情報）は，衛星からの送信である**放送暦**（軌道要素）を標準とする。
2. スタティック法及び短縮スタティック法による基線解析は，原則としてPCV補正を行う。**基線解析**は，空中における2点間の直線（距離と方向），**基線ベクトル**を三次元座標系（WGS-84系）に変換する計算をいう。
3. **PCV補正**とは，受信機に入ってくるGNSS衛星からの電波の高度角に応じて電気的な受信中心位置が変化するため，これを補正することをいう。変化量は，高さの誤差となり，アンテナの型式，搬送波の周波数，電波の方向・高度角によって異なるので，同一型式のアンテナの使用，アンテナを全て特定の方向に向け，PCV補正表によって**PCV補正**する。
4. 気象要素の補正は，基線解析ソフトウェアで採用している標準大気による。気温・湿度・気圧などの気象測定はしない。

2．点検計算及び再測

1. GNSS測量の観測値の点検は，次のいずれかの方法により行う。表4・5，表4・6の許容範囲を超えた場合は，再測を行う。
   ① 点検路線は，異なるセッションの多角形の基線ベクトルの環閉合差
   ② 重複する基線ベクトルの較差
   ③ 電子基準点のみの場合，基線ベクトル成分の結合計算

表4・5 環閉合差及び各成分の較差の許容範囲（準則第42条）

区　　分		許容範囲	備　　考
基線ベクトルの環閉合差	水平 ($\Delta N, \Delta E$)	$20\text{mm}\sqrt{N}$	N：辺数
	高さ (ΔU)	$30\text{mm}\sqrt{N}$	ΔN：水平面の南北方向の閉合差又は較差
重複する基線ベクトルの較差	水平 ($\Delta N, \Delta E$)	20mm	ΔE：水平面の東西方向の閉合差又は較差
	高さ (ΔU)	30mm	ΔU：高さ方向の閉合差又は較差

質問　基線ベクトルの許容範囲は，どれ位いですか？

表4・6　電子基準点のみの場合の許容範囲（準則第42条）

区　分		許容範囲	備　考
結合多角又は単路線	水平（$\Delta N, \Delta E$）	$60\text{mm}+20\text{mm}\sqrt{N}$	N：辺数 ΔN：水平面の南北方向の閉合差 ΔE：水平面の東西方向の閉合差 ΔU：高さ方向の閉合差
	高さ（ΔU）	$150\text{mm}+30\text{mm}\sqrt{N}$	

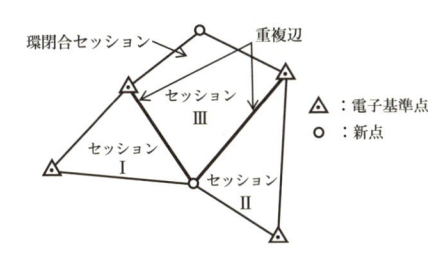

図4・19　観測値の点検

3．基線ベクトル

1. 2点間の直線は，距離と方向をもつベクトルであり，GNSS測量では**基線ベクトル**という。この基線ベクトルを三次元座標系（WGS-84系）の3成分として求める計算を**基線解析**という。

2. X, Y, Z軸の座標空間において，座標 A（x_A, y_A, z_A），B（x_B, y_B, z_B），C（x_C, y_C, z_C）が与えられると

$\overrightarrow{OA}=(x_A, y_A, z_A)$

$\overrightarrow{OB}=(x_B, y_B, z_B)$

$\overrightarrow{OC}=(x_C, y_C, z_C)$

$\overrightarrow{AB}=(x_B-x_A, y_B-y_A, z_B-z_A)$

$\overrightarrow{BC}=(x_C-x_B, y_C-y_B, z_C-z_B)$

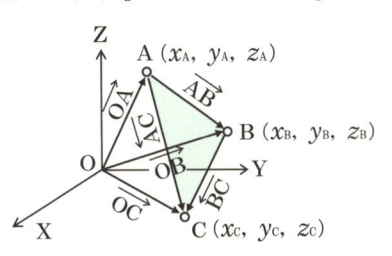

図4・20　空間ベクトル

3. 2点間の距離（ベクトルの大きさ）

$|\overrightarrow{OA}|=\sqrt{x_A^2+y_A^2+z_A^2}$,　$|\overrightarrow{OB}|=\sqrt{x_B^2+y_B^2+z_B^2}$

$|\overrightarrow{OC}|=\sqrt{x_C^2+y_C^2+z_C^2}$

$|\overrightarrow{AB}|=\sqrt{(x_B-x_A)^2+(y_B-y_A)^2+(z_B-z_A)^2}$

$|\overrightarrow{BC}|=\sqrt{(x_C-x_B)^2+(y_C-y_B)^2+(z_C-z_B)^2}$

……式（4・2）

〔理解度の確認〕

P133，演習問題の 問8 , 問9 にチャレンジして下さい。

第4章　GNSS測量（多角測量）

基線ベクトル2（計算） Q8

A GNSS測量で得られるデータは，空間における2点間の距離と方向を持つ基線ベクトル（空間ベクトル）です。このベクトルから3次元座標系の3成分 (X, Y, Z) を求める計算を基線解析といいます。

解　説

1. 基線ベクトル

1. **基線ベクトル**とは，空間における2点間の直線をいう。地心直交座標系上の3点，$\vec{A}$ (X_A, Y_A, Z_A)，$\vec{B}$ (X_B, Y_B, Z_B)，$\vec{C}$ (X_C, Y_C, Z_C) とすると，

$$\vec{OA}=\begin{vmatrix} X_A \\ Y_A \\ Z_A \end{vmatrix},\ \vec{OB}=\begin{vmatrix} X_B \\ Y_B \\ Z_B \end{vmatrix},\ \vec{OC}=\begin{vmatrix} X_C \\ Y_C \\ Z_C \end{vmatrix} \quad \cdots\cdots 式（4・3）$$

2点間 $\vec{AB}$，$\vec{AC}$ の基線ベクトル差 (ΔX, ΔY, ΔZ) は，次式で表される。

$$\vec{AB}=\begin{vmatrix} \Delta X_{AB} \\ \Delta Y_{AB} \\ \Delta Z_{AB} \end{vmatrix}=\begin{vmatrix} X_B \\ Y_B \\ Z_B \end{vmatrix}-\begin{vmatrix} X_A \\ Y_A \\ Z_A \end{vmatrix} \quad \cdots\cdots 式（4・4）$$

$$\vec{AC}=\begin{vmatrix} \Delta X_{AC} \\ \Delta Y_{AC} \\ \Delta Z_{AC} \end{vmatrix}=\begin{vmatrix} X_C \\ Y_C \\ Z_C \end{vmatrix}-\begin{vmatrix} X_A \\ Y_A \\ Z_A \end{vmatrix} \quad \cdots\cdots 式（4・5）$$

基線ベクトル $|\vec{AB}|=\sqrt{\Delta X_{AB}^2+\Delta Y_{AB}^2+\Delta Z_{AB}^2}$
$\qquad\qquad\quad |\vec{AC}|=\sqrt{\Delta X_{AC}^2+\Delta Y_{AC}^2+\Delta Z_{AC}^2}$ $\quad \cdots\cdots 式（4・6）$

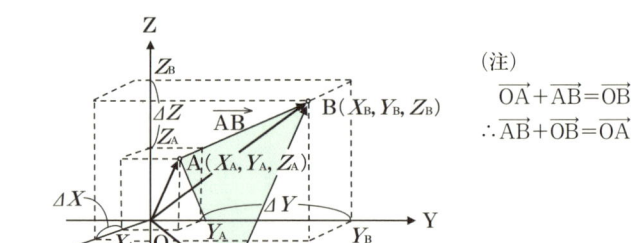

（注）
$\vec{OA}+\vec{AB}=\vec{OB}$
$\therefore \vec{AB}+\vec{OB}=\vec{OA}$

図4・21　基準点測量の原理（ベクトル）

> **質問** 基線ベクトルは，どのように求めるのですか？

2．RTK法，ネットワーク型RTK法における固定局を原点とする**直接観測法**で得られる基線ベクトルは，式（4・3）の形式であり，座標差から移動局間の基線ベクトルを求める**間接観測法**は，式（4・5）の形式である。
3．GNSS測量では，**WGS-84座標系**が用いられ，基線解析はWGS-84系の基線ベクトルである。世界測地系（ITRF94系）にGNSS測量で得られた基線ベクトルを加えれば，新点のITRF94系三次元直交座標となる。
   地心三次元直交座標→経緯度・楕円体高の計算→平面直角座標と標高へ変換

2．基線ベクトルの計算

例題1 GNSS測量機を用いた基準点測量を行い，基線解析により基準点Aから基準点B，基準点Aから基準点Cまでの基線ベクトルを得た。表は，地心直交座標系におけるX軸，Y軸，Z軸方向について，それぞれの基線ベクトル成分（$\Delta X, \Delta Y, \Delta Z$）を示したものである。

基準点Bから基準点Cまでの斜距離はいくらか。

区 間	基線ベクトル成分		
	ΔX	ΔY	ΔZ
A→B	+500.000m	-200.000m	+300.000m
A→C	+100.000m	+300.000m	-300.000m

解説 基線ベクトル

A $(x_A=0, y_A=0, z_A=0)$ を基準とするとき，B, Cの座標差B $(\Delta x_B, \Delta y_B, \Delta z_B)$, C $(\Delta x_C, \Delta y_C, \Delta z_C)$ で表され，$\overrightarrow{BC}$の基線ベクトルは$\overrightarrow{BC}=\overrightarrow{AC}-\overrightarrow{AB}$より，次のとおり，

$$\overrightarrow{BC} = \begin{vmatrix} \Delta X_{BC} \\ \Delta Y_{BC} \\ \Delta Z_{BC} \end{vmatrix} = \begin{vmatrix} x_C - x_A \\ y_C - y_A \\ z_C - z_A \end{vmatrix} - \begin{vmatrix} x_B - x_A \\ y_B - y_A \\ z_B - z_A \end{vmatrix}$$

$$= \begin{vmatrix} 100 \\ 300 \\ -300 \end{vmatrix} - \begin{vmatrix} 500 \\ -200 \\ 300 \end{vmatrix} = \begin{vmatrix} -400 \\ 500 \\ -600 \end{vmatrix}$$

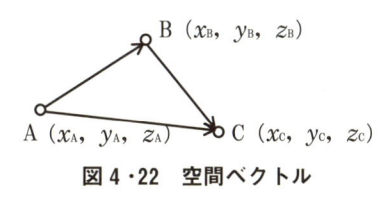

図4・22 空間ベクトル

$$\therefore |\overrightarrow{BC}| = \sqrt{\Delta X_{BC}^2 + \Delta Y_{BC}^2 + \Delta Z_{BC}^2}$$
$$= \sqrt{(-400)^2 + 500^2 + (-600)^2} = 100\sqrt{77} = \underline{877.496\text{m}}$$

〔理解度の確認〕

P134，演習問題の **問10** にチャレンジして下さい。

GNSS 測量の活用　Q9

GNSS 観測は，基準点測量だけでなく広く他の分野の測量に活用されています。高精度の数値データが直接取得できる利点を生かしたもので，アナログからデジタル時代に適合した測量方法です。

解　説

1．各種測量への活用

1．ネットワーク型 RTK 法，キネマティック法は，H23 年準則の改定により表 4・7 に示す測量の作業項目に活用されている。なお，**間接観測法**は固定点と移動点の 2 点に GNSS 測量機を据え移動局間の基線ベクトルを求めるもので，**単点観測法**は仮想点又は電子基準点を固定点としたネットワーク型 RTK 法による単独（放射法）による観測をいう。

表 4・7　GNSS 測量の活用（○：新たに利用可　●：従来から利用可）

測量区分		作業項目	ネットワーク型 RTK 法 間接観測法	ネットワーク型 RTK 法 単点観測法	キネマティック法	RTK 法
基準点測量	基準点測量	3 級基準点測量	●	—	○	●
	水準測量	永久標識の設置	○	●	○	○
地形測量及び写真測量	現地測量	TS 点の設置	○	●	○	●
		地形，地物等の測定	○	●	○	●
	空中写真測量	標定点の設置	●	○	●	●
	修正測量	TS 点の設置	○	●	○	●
		地形，地物等の測定	○	●	○	●
	航空レーザ測量	調整用基準点の設置	●	○	●	●
応用測量	路線測量	条件点の観測	●	●	●	●
		IP の観測	●	●	●	●
		中心点の観測	●	●	●	●
		横断測量	○	●	●	●
		用地幅杭設置測量	●	●	●	●
	河川測量	距離標の設置	○	●	●	●
	用地測量	境界点の観測	●	●	○	●
		用地境界仮杭設置	●	●	○	●

2．地形測量への活用

1．GNSS 測量機は，地形測量の TS 点の設置はもとより細部測量にも活用される。基準点又は TS 点に GNSS 測量機を整置し，地形・地物等を測定し，数値地形図データを取得する。

> **質問** GNSS測量は，どのような測量分野に活用されますか？

2．キネマティック法又はRTK法による**TS点（補助基準点）の設置**は，基準点にGNSS測量機を整置し，放射法により行う。観測は，干渉測位方式により2セット行う。1セット目の観測値を採用値とし，観測終了後に再初期化して，2セット目を点検値とする。観測の使用衛星数及び較差の許容範囲等は，表4・8のとおり。

表4・8　使用衛星数・較差の許容範囲（準則第93条）

使用衛星数	観測回数	データ取得間隔	許容範囲		備　　考
5衛星以上	FIX解を得てから10エポック以上	1秒（但し，キネマティック法は5秒以下）	ΔN ΔE	20mm	ΔN：水平面の南北方向のセット間較差 ΔE：水平面の東西方向のセット間較差
			ΔU	30mm	ΔU：水平面からの高さ方向のセット間較差 　但し，平面直角座標値で比較することができる。
摘　　要	①GLONASS衛星を用いて観測する場合は，使用衛星数は6衛星以上とする。但し，GPS衛星及びGLONASS衛星を，それぞれ2衛星以上を用いること。				

3．キネマティック法又はRTK法による**地形・地物等の測定**（細部測量）は，基準点又はTS点にGNSS測量機を整置し，放射法により行う。観測は，干渉測位方式により1セット行う。GNSS測量機を基準点等に整置しないネットワーク型RTK法による地形・地物等の測定も同様である。なお，測定方法は，間接観測法又は単点観測法（仮想点を固定点とした放射法による観測）とする。既知点は，仮想点であるためRTK観測とは観測方法が異なる。

4．TS点，地形・地物の標高を求める場合は，国土地理院が提供する**ジオイドモデル**（ジオイドの起伏を再現したモデル）によりジオイド高を補正して求める。

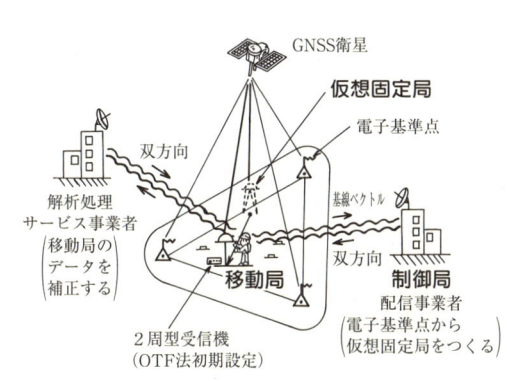

図4・23　ネットワーク型RTK法

要点理解 ➡ P173

〔理解度の確認〕

P134，演習問題の 問11 にチャレンジして下さい。

Q10 地形測量等への活用

キネマティック法，RTK法（ネットワーク型RTK法を含む）等の動的干渉測位法は，任意の地点で短時間に基線ベクトルが取得でき，表4・7に示すように広い分野の測量で利用されています。

解　説

1．地形測量への活用

1. RTK法等を用いる細部測量は，基準点又はTS点と地形・地物等の相対位置関係を求め，数値地形図データを取得する作業である。観測は，放射法により1セット行い，使用衛星数は5個以上とし，データ取得間隔は1秒である。地形は，地性線を測定し，データ処理システムによって等高線の描画を行う。なお，TS点の設置は，放射法により2セット行うものとする。
2. RTK法等を用いる細部測量は，TS等観測とともに従来の平板測量に代わるものとして活用されている。

例題1　次の文は，公共測量におけるRTK法による地形測量について述べたものである。　ア　～　エ　に語句を入れなさい。

RTK法による地形測量とは，GNSS測量機を用いて地形図に表現する地形，地物の位置を現地で測定し，取得した数値データを編集することにより地形図を作成する作業である。

RTK法による地形測量では，小電力無線機などを利用して観測データを送受信することにより，　ア　がリアルタイムで行えるため，現地において地形，地物の相対位置を算出することができる。

RTK法による地形測量における観測は，　イ　により1セット行い，観測に使用するGPS衛星は　ウ　以上使用する。

このRTK法による地形測量は，　エ　の工程に用いることができる。

語句群	基線解析　ネットワーク解析　放射法　交互法
	5衛星　4衛星　数値図化　細部測量

解説　RTK法による地形測量

基準点，TS点にGNSS測量機を設置し，放射法で地形・地物を測定する。

解答　ア－基線解析　イ－放射法　ウ－5衛星　エ－細部測量

質問 GNSS 測量は，地形測量でどのように活用されますか？

例題 2 次の文は，公共測量において実施するトータルステーション又はGNSS 測量機を用いた細部測量について述べたものである。
間違っているものはどれか。

1．トータルステーションによる，地形・地物の測定は，放射法又は同等の精度を確保できる方法により行う。
2．地形・地物などの状況により，基準点にトータルステーションを整置して細部測量を行うことが困難な場合は，TS 点を設置することができる。
3．RTK 観測では，霧や弱い雨にほとんど影響されずに観測を行うことができる。
4．RTK 観測による，地形・地物の水平位置の測定は，基準点と観測点間の視通がなくても行うことができる。
5．ネットワーク型 RTK 法を用いる細部測量では，GNSS 衛星からの電波が途絶えても，初期化の観測をせずに作業を続けることができる。

解説 TS 及び GNSS 観測による細部測量
電波が途絶えた場合（**サイクルスリップ**という）は，位相データにずれが生じるため，再初期化を行う。初期化を行う観測点では，点検のため 1 セット目の観測終了後，再初期化を行い 2 セット目の観測を採用値として観測を継続する。

解答 5

2．路線測量・河川測量・用地測量への活用

1．表 4・7 に示すように路線測量では，線形決定，中心線測量，横断測量等，河川測量では，距離標設置測量，深浅測量等，用地測量の境界測量等のキネマティック法，RTK 法，ネットワーク型 RTK 法による測量が活用されている。
2．使用衛星数及び較差の許容範囲は，P127，表 4・8 によるが，河川測量の深浅測量では，FIX 解を得てから 1 エポック以上となっている。

第 4 章 GNSS 測量（多角測量）

〔理解度の確認〕

P167，第 6 章地形測量及び P271，第 9 章応用測量において，GNSS 測量がどのように活用されているか確認して下さい。

第4章 演習問題

解答はP135にあります。
なお、関数の数値が必要な場合は、P327の関数表を使用すること。

問1 次の文は，GNSS測量について述べたものである。 ア ～ キ に下記の用語を入れて正しい文章にしたい。適切な用語の組合せはどれか。

　GNSSによる位置決定（測位）には，1点だけの観測で測点の位置を求める ア と，2点以上で同時観測を行って測点の位置を求める イ の方法がある。主として前者は航法分野に，後者は測量分野に適している。

　測量分野において用いられる後者の方法には，複数の測点に受信機を固定して同時に観測を行う ウ と，1台の受信機を基準となる測点に固定したまま連続観測しながら，他の受信機を測量する測点に移動させて，順次，観測を行う エ の測量方法がある。いずれの測量方法においても，観測値から得られるものは， オ 楕円体に準拠した測点間の カ であるので，日本測地系に準拠した位置（水平位置と標高）を求めるためには，楕円体の変換と キ の補正が必要である。

〔用語群〕

A．ベッセル　　　　　　　　　G．基線ベクトル（距離と方向）
B．2周波数観測　　　　　　　H．WGS-84
C．単独測位　　　　　　　　　I．ジオイド高
D．静的測位（スタティック測位）　J．相対測位
E．軌道情報　　　　　　　　　K．電離層の影響
F．1周波数観測　　　　　　　L．動的測位（キネマティック測位）

	ア	イ	ウ	エ	オ	カ	キ
1.	F	B	L	D	H	E	I
2.	D	F	C	J	H	E	I
3.	C	J	D	L	H	G	I
4.	C	D	J	B	A	I	K
5.	J	C	B	F	A	I	K

問2 次の文は，公共測量におけるGNSS測量について述べたものである。 ア ～ オ に入る語句の組合せとして適当なものはどれか。

　a．GNSSとは，人工衛星からの信号を用いて位置を決定する ア シス

テムの総称である。
b．1級基準点測量において，GNSS観測は，　イ　で行う。スタティック法による観測距離が10km未満の観測において，GPS衛星のみを使用する場合は，同時に　ウ　の受信データを使用して基線解析を行う。
c．1級基準点測量において，近傍に既知点がない場合は，既知点を　エ　のみとすることができる。
d．1級基準点測量においては，原則として，　オ　により行うものとする。

	ア	イ	ウ	エ	オ
1．	衛星測位	干渉測位方式	4衛星以上	電子基準点	結合多角方式
2．	衛星測位	干渉測位方式	4衛星以上	公共基準点	結合多角方式
3．	GNSS連続観測	単独測位方式	4衛星以上	電子基準点	単路線方式
4．	GNSS連続観測	干渉測位方式	3衛星以上	公共基準点	単路線方式
5．	衛星測位	単独測位方式	3衛星以上	電子基準点	単路線方式

問3　次の文は，GNSSについて述べたものである。間違っているものはどれか。
1．GNSSとは，人工衛星を用いた衛星測位システムの総称であり，GPS，GLONASS，準天頂衛星システムなどがある。
2．公共測量のGNSS測量において基線ベクトルを得るためには，最低3機の測位衛星からの電波を受信する。
3．GNSS測量では，観測点間の視通がなくても観測点間の距離と方向を求めることができる。
4．GNSS測量では，観測中にGNSSアンテナの近くで電波に影響を及ぼす機器の使用を避ける。
5．GNSS測量の基線解析を行うには，測位衛星の軌道情報が必要である。

問4　次の文は，スタティック法によるGNSS測量について述べたものである。間違っているものはどれか。
1．GNSS測量では，通常，気温や気圧の気象観測は行わない。
2．GNSS測量では，短距離基線の観測には1周波GNSS受信機を通常使用する。
3．GNSS測量の基線解析を実施するために，衛星の軌道情報は必要ない。
4．GNSS測量では，複数の観測点においてGNSS衛星（GPS衛星のみ）を同時に4個以上使用することができれば，基線解析を行うことができる。
5．GNSS測量の基線解析で用いられる観測点の高さは，楕円体高である。

問5 次の文は，公共測量におけるGNSS測量機を用いた1級及び2級基準点測量の作業内容について述べたものである。間違っているものはどれか。
1．作業計画の工程において，後続作業における利便性などを考慮して地形図上で新点の概略位置を決定し，平均計画図を作成した。
2．選点の工程において，現地に赴き新点を設置する予定位置の上空視界の状況確認などを行い，測量標の設置許可を得た上で新点の設置位置を確定し，選点図を作成した。さらに選点図に基づき，新点の精度などを考慮して平均図を作成した。
3．平均図に基づき，効率的な観測を行うための観測計画を立案し，観測図を作成した。観測図の作成においては，異なるセッションにおける観測値を用いて環閉合差や重複辺の較差による点検が行えるように考慮した。
4．観測準備中に，GNSS測量機のバッテリー不良が判明したため，自動車を観測点の近傍に駐車させ，自動車から電源を確保して観測を行った。
5．観測後に点検計算を行ったところ，環閉合差について許容範囲を超過したため，再測を行った。

問6 次の文は，GNSS測量における各種誤差を軽減する方法について述べたものである。間違っているものはどれか。
1．GNSSアンテナの向きは，特定の方向に揃えて整置する。
2．長距離基線の場合には，2周波GNSS受信機を使用することによって，対流圏の影響による誤差を軽減できる。
3．GNSS衛星の飛来情報を事前に確認し，衛星配置が片寄った時間帯での観測は避ける。
4．観測中は，GNSSアンテナの近くで電波に影響を及ぼす機器の使用は避ける。
5．対流圏の影響による誤差や多重反射（マルチパス）の影響を軽減するため，GNSS衛星の最低高度角を設定する。

問7 次の文は，GNSS測量について述べたものである。間違っているものはどれか。
1 観測点の近くに強い電波を発する物体があると，電波障害を起こし観測精度が低下することがある。
2 電子基準点を既知点として使用する場合は，事前に電子基準点の稼働状況を確認する。
3 観測時において，すべての観測点のアンテナ高を統一する必要はない。
4 観測点では，気温や気圧の気象測定は実施しなくてもよい。
5 上空視界が十分に確保できている場合は，基線解析を実施する際にGNSS衛星の軌道情報は必要ではない。

問8 次の文は，公共測量におけるGNSS測量機を用いた基準点測量について述べたものである。間違っているものはどれか。
1．短縮スタティック法による基線解析では，PCV補正を行う必要はない。
2．スタティック法において観測距離が10kmを超える場合には，節点を設けるか，2周波を受信することができるGNSS測量機を用いて観測を行う。
3．GNSS衛星が片寄った配置となる観測を避けるため，観測前にGNSS衛星の飛来情報を確認する。
4．電子基準点を既知点として使用する場合は，電子基準点の稼働状況を事前に確認する。
5．レーダーや通信局などの電波発信源が有る施設の近傍での観測は避ける。

問9 次の文は，GNSSを用いた測量について述べたものである。間違っているものはどれか。
1．人工衛星の電波を受信して位置決定をするシステムである。
2．受信点の高さの決定に用いることができる。
3．2点以上で同時観測を行う場合，受信点間の視通がないと位置決定できない。
4．観測には上空の視界を確保する必要がある。
5．受信点の位置の計算には，人工衛星の軌道情報が必要である。

第4章 GNSS測量（多角測量）

問10 GNSS測量機を用いた基準点測量を行い，表の基線ベクトルを得た。次の文は，地心直交座標系における点Aと点Bの座標値について述べたものである。正しいものはどれか。

表

点　名		基線ベクトル成分		
起　点	終　点	ΔX	ΔY	ΔZ
A	B	+500.000m	−500.000m	+500.000m

1．点AのX座標値は，点BのX座標値より小さく，点AのY座標値は，点BのY座標値より小さい。
2．点AのX座標値は，点BのX座標値より大きく，点AのY座標値は，点BのY座標値より大きい。
3．点AのX座標値は，点BのX座標値より小さく，点AのZ座標値は，点BのZ座標値より小さい。
4．点AのX座標値は，点BのX座標値より大きく，点AのZ座標値は，点BのZ座標値より大きい。
5．点AのY座標値は，点BのY座標値より小さく，点AのZ座標値は，点BのZ座標値より大きい。

問11 次の文は，トータルステーション（TS）やGNSS測量機を用いた細部測量について述べたものである。間違っているものはどれか。
1．TSを用いた細部測量において，放射法を用いる場合は，必ず目標物までの距離を測定しなければならない。
2．TSを用いた細部測量において，目標物が直接見通せる場合には，目標物までの距離が長くなっても精度は低下しない。
3．GNSS測量機を用いる場合，天候にほとんど左右されずに作業を行うことができる。
4．GNSS測量機を用いる場合，既知点からの視通がなくても位置を求めることができる。
5．市街地や森林地帯における細部測量にGNSS測量機を用いる場合，上空視界の確保ができず所定の精度が得られないことがある。

演習問題 解答・解説

問1 ③ A．ベッセル（P22 参照）。B．2周波数観測は，1級 GNSS 測量機で用いる L1 帯と L2 帯の2周波で受信する方法。C．単独測位は車や船舶のナビゲーション用。D．静的測位（スタティック法）は1級基準点測量の高精度の観測。E．軌道情報（P122 参照）。F．1周波観測は，2級 GNSS 測量機で L1 帯のみを受信する方法。G．基線ベクトル（P122 参照）。H．WGS-84（P112 参照）。I．ジオイド高（P121 参照）。J．相対測位は干渉測位法で基準点測量に用いられる。K．電離層の影響（P120 参照）。L．動的測位（キネマティック法など）。

問2 ① 表4・3参照。1・2級基準点測量は，原則として結合多角方式により行う。1級基準点測量においては，既知点を電子基準点のみとすることができ，電子基準点の座標精度が高いことから，既知点間の制限はない。

問3 ② 4衛星以上必要。なお，GNSS 測量は，軌道情報により与えられる衛星の位置を基準として，地球上の観測点の位置又は相対関係を求める。

問4 ③ なお，1．1 ppm 以下の精度では，基線解析プログラムに組み込まれている**標準大気モデル**で行う。通常気象観測は行わない。2．基線長が 10km 未満の場合，L1 帯により基線解析を行う。基線長が 10km を超えると電離層遅延誤差が無視できないので L1 帯，L2 帯の2周波観測を行う。4．GNSS 測量では，受信点の位置は3つの衛星の交点から求め，受信点・衛星の時計の同期のため1つ衛星を増やし，4個以上の衛星が必要となる。

問5 ④ 自動車の雑音電波は，**マルチパス**（多重反射）の原因となる。

問6 ② 電離層遅延誤差を除去するため，2周波観測とする。

問7 ⑤ 必要。軌道情報は放送暦による。なお，3．アンテナ高の統一は不要。4．気象要素の補正は標準大気による。

問8 ① スタティック法及び短縮スタティック法では，原則として <u>PCV 補正（受信中心位置の変化）</u>を行う。

問9 ③ GNSS 観測では，上空視界の確保は必要であるが，測点間の<u>視通</u>は必要でない。

問10 ③ A 点を原点にとり，基線ベクトルを地心直交座標系で表すと図のとおり。

B (500, -500, 500)
基線ベクトル (500, -500, 500)
$\Delta Z = +500$
$\Delta Y = -500$
A (0, 0, 0)
$\Delta X = +500$

問11 ② 測定距離の許容範囲は，地図情報レベルで 150m である。

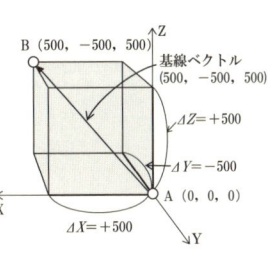

第4章 GNSS測量（多角測量）

表　GNSS 測量（まとめ）

観測方法等	準則による定義
スタティック法	複数の観測点に GNSS 測量機を整置して，同時に GNSS 衛星からの信号を受信し，それに基づく基線解析により，観測点間の基線ベクトルを求める観測方法。
短縮スタティック法	複数の観測点に GNSS 測量機を整置して，同時に GNSS 衛星からの信号を受信し，観測時間を短縮するため，基線解析において衛星の組合せを多数作るなどの処理を行い，観測点間の基線ベクトルを求める観測方法。
キネマティック法	基準となる GNSS 測量機を整置する観測点（固定局）及び移動する観測点（移動局）で，同時に GNSS 衛星からの信号を受信して初期化（整数値バイアスの決定）などに必要な観測を行う。その後，移動局を複数の観測点に次々と移動して観測を行い，それに基づき固定局と移動局の間の基線ベクトルを求める観測方法。なお，初期化及び基線解析は，観測終了後に行う。
RTK 法	固定局及び移動局で同時に GNSS 衛星からの信号を受信し，固定局で取得した信号を，無線装置等を用いて移動局に転送し，移動局側において即時に基線解析を行うことで，固定局と移動局の間の基線ベクトルを求める。その後，移動局を複数の観測点に次々と移動して，固定局と移動局の間の基線ベクトルを即時に求める観測方法。なお，基線ベクトルを求める方法は，直接観測法又は間接観測法による。
① 直接観測法	① 直接観測法は，固定局及び移動局で同時に GNSS 衛星からの信号を受信し，基線解析により固定局と移動局の間の基線ベクトルを求める観測方法。直接観測法による観測距離は，500m 以内を標準とする。
② 間接観測法	② 間接観測法は，固定局及び 2 か所以上の移動局で同時に GNSS 衛星からの信号を受信し，基線解析により得られた 2 つの基線ベクトルの差を用いて移動局間の基線ベクトルを求める観測方法。間接観測法による固定局と移動局の間の距離は 10km 以内とし，間接的に求める移動局間の距離は 500m 以内を標準とする。
ネットワーク型 RTK 法	配信事業者（国土地理院の電子基準点網の観測データ配信を受けている者又は 3 点以上の電子基準点を基に，測量に利用できる形式でデータを配信している者をいう。）で算出された補正データ等又は面補正パラメータを，携帯電話等の通信回線を介して移動局で受信すると同時に，移動局で GNSS 衛星からの信号を受信し，移動局側において即時に解析処理を行って位置を求める。その後，複数の観測点に次々と移動して移動局の位置を即時に求める観測方法。配信事業者からの補正データ等又は面補正パラメータ通信状況により取得できない場合は，観測終了後に解析処理を行うことができる。なお，基線ベクトルを求める方法は，直接観測法又は間接観測法による。
① 直接観測法	① 直接観測法は，配信事業者で算出された移動局近傍の任意地点の補正データ等と移動局の観測データを用いて，基線解析により基線ベクトルを求める観測方法。
② 間接観測法	② 間接観測法は，次の方式により基線ベクトルを求める観測方法である。 （ⅰ）2 台同時観測方式による間接観測法は，2 か所の移動局で同時観測を行い，得られたそれぞれの三次元直交座標の差から移動局間の基線ベクトルを求める。 （ⅱ）1 台準同時観測方式による間接観測法は，移動局で得られた三次元直交座標とその後，速やかに移動局を他の観測点に移動して観測を行い，得られたそれぞれの三次元直交座標の差から移動局間の基線ベクトルを求める。なお，観測は，速やかに行うとともに，必ず往復観測を行い，重複による基線ベクトルの点検を実施する。
③ 3 級～4 級基準点測量	③ 直接観測法又は間接観測法により行う。
単点観測法	ネットワーク型 RTK 法を用いて単独で測点の座標を求める。

第5章
水準測量

- ここでは，基準点測量のうち，水準測量について説明します。基準点は，基準点測量によって設置される基準点と水準測量によって設置される水準点に区分されます。
- 水準測量とは，既知点に基づき，新点である水準点の標高を定める作業をいいます。

日本水準原点（東京都千代田区）

水準測量（定義） Q1

A 水準測量は，地上諸点間の高低差（比高）を求める測量です。標高は，ジオイド面（平均海面）からの高さで表します。水準測量の方法には，直接水準測量と間接水準測量があります。

解　説

1．水準測量

1. **水準測量**とは，既知点に基づき，新点である水準点の標高を求める作業をいう（準則第47条）。
2. 水準測量は，既知点の種類，既知点間の路線長，観測の精度等に応じて，**1級水準測量**，**2級水準測量**，**3級水準測量**，**4級水準測量**及び**簡易水準測量**に区分する。
3. 1級水準測量により設置される水準点を**1級水準点**，2級水準測量により設置される水準点を**2級水準点**といい，同様に3級水準測量による**3級水準点**，4級水準測量による**4級水準点**及び簡易水準測量による**簡易水準点**がある。

表5・1　水準測量の区分（準則第48条）

項目＼区分	1級水準測量	2級水準測量	3級水準測量	4級水準測量	簡易水準測量
既知点の種類	一等水準点 1級水準点	一〜二等水準点 1〜2級水準点	一〜三等水準点 1〜3級水準点	一〜三等水準点 1〜4級水準点	一〜三等水準点 1〜4級水準点
既知点間の路線長	150km 以下	150km 以下	50km 以下	50km 以下	50km 以下

2．高さの基準

1. 高さの基準面は，東京湾平均海面を通る水準面であり，標高0mである。この仮想上の海面の高さを**ジオイド**という。
2. **日本水準原点**は，東京湾平均海面上 +24.390 0m の高さに設置されており，我国の基本測量・公共測

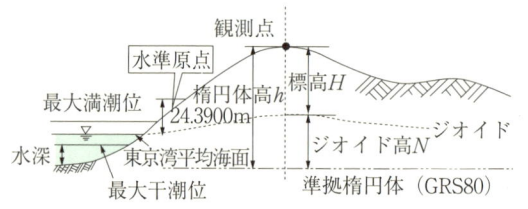

図5・1　高さの基準（ジオイド）

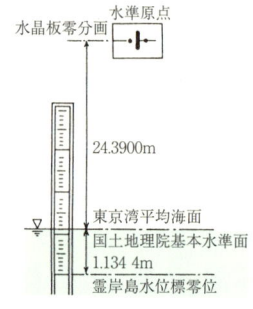

図5・2　水準原点

> **質問** 水準測量とは，どのような測量ですか？

量の標高の基準点である（P26）。

3. 水準原点から出発して，主要な道路に沿って約2kmごとに一等水準点が設けられ，標高を表示している。順次，2・3等水準点が設けられ，これらの基本測量の成果に基づき，公共測量の1級〜4級水準点が設置されている。

図5・3　水準点

3．水準測量の作業区分

1. 水準測量の作業区分及び順序は，次のとおり。
①作業計画，②選点，③測量標の設置，④観測，⑤計算，⑥品質評価，⑦成果表の整理。

2. **作業計画**は，地形図上で新点の概略位置を決定し，**平均計画図**を作成する。**選点**は，平均計画図に基づき，新点の位置を選定し，**選点図**及び**平均図**を作成する。**観測**は，平均図等に基づき，レベル及び標尺を用いて，関係点間の高低差を観測する作業をいい，往復観測とする。標尺は，2本1組とし，往路と復路との観測で標尺を交換し，測点数は偶数とする。

3. 観測に使用する機器は，表5・2のものを標準とする。

表5・2　観測に使用する機器（準則第62条）

機器	摘要	機器	摘要
1級レベル	1〜4級水準測量	1級セオドライト	1〜2級水準測量（渡海）
2級レベル	2〜4級水準測量	1級トータルステーション	1〜2級水準測量（渡海）
3級レベル	3〜4級水準測量 簡易水準測量	測距儀	1〜2級水準測量（渡海）
1級標尺	1〜4級水準測量	箱尺	簡易水準測量
2級標尺	3〜4級水準測量		

4. **視準距離**（レベルと標尺の距離）及び標準目盛の読定単位は，表5・3による。観測は，1視準1読定とし，往復観測とする。

表5・3　視準距離・読定単位（準則第64条）

区分／項目	1級水準測量	2級水準測量	3級水準測量	4級水準測量	簡易水準測量
視準距離	最大50m	最大60m	最大70m	最大70m	最大80m
読定単位	0.1mm	1mm	1mm	1mm	1mm

〔理解度の確認〕

日本水準原点は，どこにありますか。（P52参照）

観測の方法 Q2

A 直接水準測量は，2本1組の標尺と水準儀（レベル）により，水平視準線を確保しながら水準路線の高さを求めるものです。水準測量の基本的な用語と観測にあたっての注意事項について説明します。

解　説

1．直接水準測量

1. **水準路線**とは，2点以上の既知点を結合する路線をいう。**標高**は，基準面からその地点までの鉛直距離をいい，地盤の標高を**地盤高**（GH），2地点間の標高差を**比高**という。

2. 図5・4のA，B2点間の比高は，2本の標尺の中央に水準儀を整置し両標尺の目盛，h_A（後視，標高既知），h_B（前視，標高未知）を読定すれば求まる。
   AB間の比高 $h = (後視) - (前視) = h_A - h_B$　　……式（5・1）

   ① **後視**（Back Sight, BS）：標高が既知の点に立てた標尺の読み。
   ② **前視**（Fore Sight, FS）：標高が未知の点に立てた標尺の読み。
   ③ **もりかえ点**（Turning Point, TP）：同一地点で標尺の前視と後視の読みを取る点で，水準路線を連結する点となる。
   ④ **中間点**（Intermediate Point, IP）：前視だけを取る点。その点の標高を求めるための点。

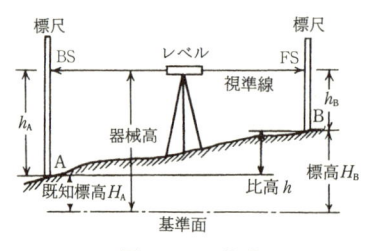

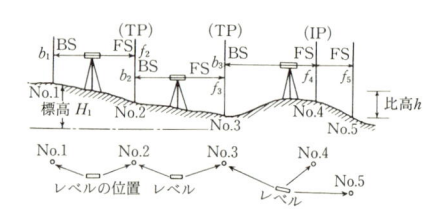

   図5・4　比高　　**図5・5　直接水準測量**

3. 図5・5において，No.1とNo.5の比高hは次のとおり。
$$h = (b_1 - f_2) + (b_2 - f_3) + (b_3 - f_5)$$
$$= (b_1 + b_2 + b_3) - (f_2 + f_3 + f_5)$$
$$= \Sigma(BS) - \Sigma(FS)$$
　　　　　　　　　　　　　　　　　　……式（5・2）

質問　直接水準測量は，どのようにするのですか？

2．観測時の留意事項

1. 作業前及び作業中の約10日目毎に，必ず器械と標尺を点検・調整する。
2. 標尺及び器械は，地盤のよいところに据え，標尺台・三脚はよく踏み込む。
3. 視準距離は，表5・3（P139）の定めによる。
4. 前視，後視の視準距離は等距離にとり，水準儀はできる限り両標尺を結ぶ直線上に設置する。なお，視準距離は歩足で測る。
5. 標尺は2本1組とし，出発点に立てた標尺は必ず到着点に立てるように，器械の整置数は偶数回にする。なお，往と復では標尺を入れ替えて使用する。
6. 観測は，1視準1読定とし後視，前視の順に行う。1級水準測量（電子レベルの場合）では2回視準とし後視，前視，前視，後視の順に行う。（P151，表5・4参照）。
7. 1級水準測量においては，観測の開始時，終了時及び固定点到着時ごとに，気温を1℃単位で測定する。
8. 視準に際しては，気泡を正しく中央に導いてから読定する。標尺の最下部付近（20cm以下）を読定しない（坂道等の場合，標準距離を縮める）。
9. 器械の移送は激動を与えないように，また器械に直接日光を当てないよう日傘等を用いる。
10. 必ず往復観測を行い，往復の較差が表5・8（P158）の許容範囲を超えた場合は，必ず再測する。
11. 新点の観測は，永久標識の設置後24時間以上経過してから行う。

第5章 水準測量

例題1　1級水準測量の観測について，□内に入る数値はいくらか。

1. 観測に使用する機器の点検調整は，観測着手前及び観測期間中おおむね ア 日ごとに行うことを標準とする。
2. 標尺の読定単位は， イ mmである。
3. 標尺の下方 ウ cm以下は読定しない。
4. 観測開始・終了，固定点に到着ごとに，気温を エ ℃単位で測定する。
5. 新点の観測は，永久標識設置後 オ 時間以上経過してから行う。

解説　1級水準測量の観測

観測に伴う基本的な数値は覚えておくこと。

解答　ア−10　イ−0.1　ウ−20　エ−1　オ−24

〔理解度の確認〕

P162，演習問題の 問1 にチャレンジして下さい。

水準儀と視準線の関係 Q3

A 水準儀（レベル）には，チルチングレベル，オートレベル，電子レベルがあります。水準儀は，視準線を水平にすることにより，2点間の標尺を読み，高低差を求めるものです。

解　説

1．主な水準儀（レベル）

1. **チルチングレベル**は，鉛直軸Vとは無関係に視準線Cを微動調整でき，円形水準器の気泡を整準ねじで水平に据え付けたのち，望遠鏡の主水準器の気泡を高低微動ねじによって中央に導けば，視準線が水平にできる。
2. **チルチングレベル**は，気泡合致式になっており，プリズムによって水準器の両端を1つの面に映し出し，その両端部の気泡を一致させれば視準線が水平になる。気泡のずれ量は，実際の2倍となって表れている。

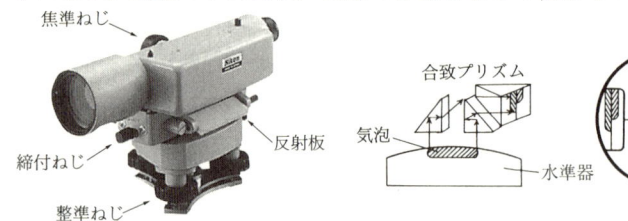

図5・6　チルチングレベル

図5・7　合致式水準器

3. **自動（オート）レベル**は，円形水準器の気泡を整準ねじで中央にもってくれば，**自動補正装置（コンペンセータ）**と揺れ止めの制動装置（ダンパ）によって，自動的に視準線が水平になる構造になっている。
4. 自動補正装置は，プリズムが金属製の釣糸でつり下げられており，望遠鏡が傾いても対物レンズの光心を通る水平な視準線を十字線にとらえる。

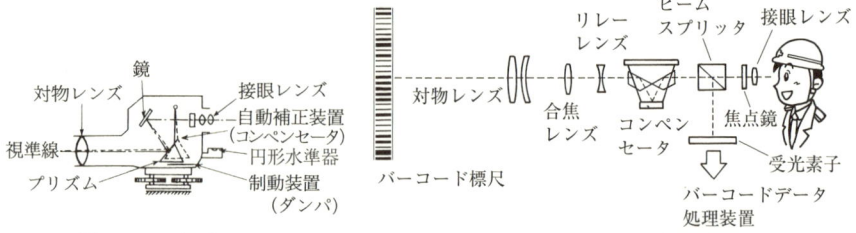

図5・8　自動レベル

図5・9　電子レベルの構成

> **質問** 視準線を水平にするのには，どのようにするのですか？

5．**電子レベル**は，自動レベルとデジタルカメラを組み合せたもので，コンペンセータと高解像能力の電子画像処理機能を有している。電子レベル専用標尺（バーコード標尺）に刻まれたパターンを観測者の眼に代わり検出器（CCD,受光素子）で認識し，電子画像処理して電子レベル内の記憶されているパターンとの比較により高さ及び距離を自動的に算出する（P147 参照）。

2．レベルの杭打ち調整

1．**杭打ち調整法**は，望遠鏡水準器（主水準器）Lと視準軸Cを平行にするための調整法である。検査・調整方法は，次のとおり。
　① 30～50m 離れた2点，A，Bに杭を打ち，ABの中央にレベルを据え付ける。A（標尺Ⅰ），B（標尺Ⅱ）に立てた標尺の読み a_1, b_1 を読む。
　② ABの延長上点Aより3m～5mの点Dにレベルを据え付け，A，Bの標尺の読み a_2, b_2 を測定する。
　③ $a_2-a_1=b_2-b_1$ であれば，水準器軸と視準軸は平行である。

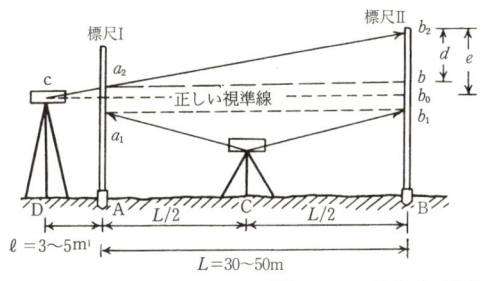

正しい高低差
$\Delta h = b_1 - a_1$
誤差を含む高低差
$\Delta h' = b_2 - a_2$
誤差 $d = \Delta h' - \Delta h$

図5・10　杭打ち調整

2．$a_2-a_1 \neq b_2-b_1$ の時，L∥Cでないから，次のように調整する。
　　補正量 $d = \Delta h - \Delta h' = (a_2-a_1) - (b_2-b_1)$　……式（5・3）
　　$\triangle cb_0b_2 \infty \triangle a_2bb_2$ から，$\overline{cb_0} : \overline{b_0b_2} = \overline{a_2b} : \overline{bb_2}$　∴ $(L+\ell) : e = L : d$

　　調整量 $e = \dfrac{L+\ell}{L} \times d$　　　　　……式（5・4）
　　正しい視準位置 $b_0 = b_2 + e$

3．調整は，気泡を合致させたとき，b_0 を視準できるように十字線を調整ねじで調整する。又は b_0 を視準したとき，気泡が合致するように水準器調整ねじで調整する（この方法を**光学的調整**という）。なお，杭打ち調整は，チルチングレベルと同様にオートレベル，電子レベルでも必要である。

〔理解度の確認〕
P162，演習問題の 問2，問3，問4 にチャレンジして下さい。

水準器の感度　Q4

水準測量では，望遠鏡の視準線を水平にし2点間の標尺の読みから高低差を求める。視準線を水平にするため，水準器が用いられる。水準器の感度は，水準測量の精度に大きく影響します。

解　説

1．水準器の感度

1. レベルの性能は，水準器感度と最小読定値により決まる。レベルの水準器は，レベルの視準線を水平にするためのもので，水準器の感度の良否が精度に直接影響する。水準器には，管状のものと丸形のもの（円形水準器）がある。管状のものは感度がよく，主水準器として用いる。
　水準器軸とは，水準器の目盛の中央の接線（直読式），気泡が合致して見える状態（合致式）の気泡の中央の接線をいう。
2. 水準器の気泡が1目盛（$a=2$ mm）だけ移動するときの水準器の傾き，すなわち，1目盛（$a=2$ mm）をはさむ角度を**水準器の感度 P** という。
3. 気泡がわずかに傾斜しても気泡が大きく移動するもの程感度がよい。したがって，1目盛に対する中心角の小さいもの（水準器の半径 R が大きい）程感度がよい。1目盛をはさむ中心角が $40''$ の感度を $40''/2$ mm と表示する。
4. 図5・11において，水準器の感度 P 及び水準器の半径 R は，次式のとおり。

$$\text{移動量 } S=R\theta=na,\ \ell=L\theta$$

$$\theta=\frac{S}{R}=\frac{\ell}{L}\rho'',\ P=\frac{\theta}{n} \text{ から}$$

$$\left.\begin{array}{l}\text{水準器の感度 } P=\dfrac{\ell}{nL}\rho'' \\[4pt] \text{水準器の半径 } R=\dfrac{naL}{\ell}\end{array}\right\} \cdots\cdots 式（5\cdot5）$$

図5・11　水準器の感度

但し，L：レベルから標尺までの距離
　　　　a：水準器1目盛の長さ
　　　　n：気泡の移動した目盛数
　　　　ℓ：標尺の読みの差（$=a_1-b_1$）
　　　　ρ''：1ラジアン $=206\,265''$（$\fallingdotseq 2''\times10^5$）

要点理解 ➡ P38, P320

質問 水準器の感度は，どのように求めるのですか？

2．水準器の感度の測定

1. レベルを据え付け50〜80m離れた平たん地に標尺を鉛直に立てる。
2. 図5・11に示すように，水準器の気泡を中央に導いた後，標尺の読みa_1を取る。
3. 次に，気泡をn目盛だけ移動させて，標尺の読みb_1を取り，式（5・5）から感度Pを求める。
4. 合致式水準器の場合，図5・12に示すように，水準器のずれは移動量の2倍に表示されている。

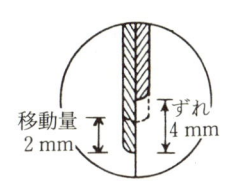

図5・12 気泡の移動量（移動量2mm，ずれ4mm）

例題1 レベルの水準器の感度を測定するため，気泡を中央に導いて50m離れて立てた標尺を測定したところ，1.315mであった。次に気泡を3目盛だけずらして設定したら1.345mであった。
このレベルの水準器の感度はいくらか。
但し，$\rho''=2''\times10^5$とする。

解説 水準器の感度

$\ell=a_1-b_1=1.345-1.315=0.030$m

$\theta=\dfrac{\ell}{L}\rho=\dfrac{0.030}{50}\times2''\times10^5=\dfrac{3\times10^{-2}}{50}\times2''\times10^5=120''$

∴ 感度$P=\dfrac{\theta}{n}=\dfrac{120}{3}=\underline{40''}$ （40″/2 mm）

例題2 感度48″/2mmの水準器の半径はいくらか。
但し，$\rho''=2''\times10^5$とする。

解説 水準器の半径

$S=R\theta$ より，

$S=0.002$m，$\theta=48''=48''/2''\cdot10^5=24\times10^5$（rad）

∴ $R=\dfrac{S}{\theta}=\dfrac{0.002}{24\times10^5}=\dfrac{2\times10^{-3}}{24\times10^5}=\dfrac{1}{12}\times10^2$

  $=8.3$m

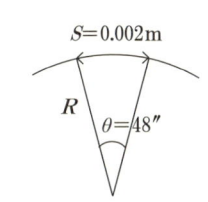

図5・13 水準器の半径（$S=0.002$m，$\theta=48''$）

〔理解度の確認〕
度数法（60分法）と弧度法（ラジアン）の関係を説明して下さい（P38参照）。

第5章 水準測量

水準儀の点検・調整 Q5

レベルの調整は，次の2条件について行います。
① 水準器軸と視準軸（視準線）とを平行にする。
② 水準器軸と鉛直軸とを直交させる。
①は杭打ち調整法，②は円形水準器の調整で行う。

解　説

1．チルチングレベルの調整

1．レベルの鉛直軸Vと視準軸（視準線）C及び水準器軸Lとの間には，次の関係が成り立っていなければならない。
　① 水準器軸Lと鉛直軸Vは直交する（L⊥V）。
　② レベルを上方から見たとき，視準軸Cと水準器軸Lは平行（C∥L）。
　③ レベルを横から見たとき，視準軸Cと水準器軸Lは平行（C∥L）。
　①は**円形水準器の調整**であり，③の視準軸の調整は**杭打ち調整法**で行う。

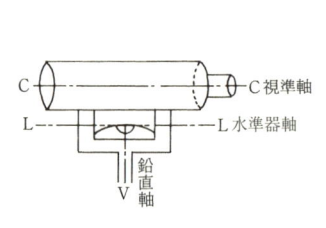

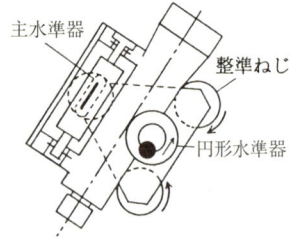

図5・14　レベルの軸線　　図5・15　円形水準器の調整

2．**円形水準器の調整**は，望遠鏡をどの方向に向けても，気泡が移動しないように，水準器軸Lと鉛直軸Vとを直交させる（L⊥V）ものである。

3．**円形水準器軸の検査及び調整**は，次の方法で行う。
　① 円形水準器の気泡が中央にくるように整準ねじで水平にする。
　② 望遠鏡の軸方向を2個の整準ねじと平行におき，俯仰（傾動）ねじを調節して主水準器の気泡を合致させる。
　③ 望遠鏡を180°回転し，主水準器の気泡がずれた時は，そのずれの半分を整準ねじで，残り半分を望遠鏡と平行な調整ねじで調整する。
　④ 望遠鏡を90°回転し，主水準器の気泡の合致がずれたら他の1本の整準ねじで，その全量を調節する。
　⑤ 望遠鏡をどこに回転させても，主水準器の気泡が変位しなくなれば，円

> **質問** 水準儀の点検・調整はどのようにするのですか？

形水準器の気泡が中心にくるよう，円形水準器の調整ねじで調整する。

2．自動（オート）レベルの調整

1. 自動レベル及び電子レベルとも，チルチングレベルと同様に円形水準器の調整及び視準軸の調整（杭打ち調整法）を行うとともに，コンペンセータの機能点検をする。
2. **コンペンセータ機能点検**は，約30m離れた2本の標尺の中央で，レベルを水平にした状態と円形水準器の気泡を同心円のマークに内接させた状態（レベルを少し傾斜）で観測する。両観測値の差が許容範囲内にあれば，コンペンセータの機能は正常である。1・2級水準測量では，作業前と作業中におおむね10日ごとに行う。
3. 自動レベルの構造的な誤差として，次のものがある。
    ① コンペンセータの吊り方の特性で鉛直軸の鉛直性が保持できないために生じる誤差。円形水準器を正しく調整し，整準するときは望遠鏡を常に同じ標尺に向けて（1測点ごとに向きを変えて）観測する。
    ② コンペンセータの揺れが戻りきらないために生じる誤差（**ヒステリシス誤差**）。整準時に，望遠鏡の対物レンズ側を意図的に高くした状態から水平になるように整準する。

3．電子レベルの調整

1. 電子レベルは，自動レベルと同様，円形水準器の調整と視準線の調整（杭打ち調整法）及びコンペンセータの点検を観測前に行う。
2. 電子レベルでは，視準線の傾き量を角度で検出してレベルに記憶させ，その傾き量をソフト上で視準線補正する。正常に機能しているかを杭打ち調整法により確認点検を行う。なお，電子レベルではチルチングレベル，自動レベルのような光学的調整（P143）は行わない。
3. 電子レベルでは，バーコード標尺が用いられ，高さと距離をデジタル表示し，データコレクタ（電子手帳）に記録する。

図5・16　電子レベル・データコレクタ・バーコード標尺

第5章 水準測量

〔理解度の確認〕

杭打ち調整法及び円形水準器の調整法について，説明して下さい。

水準測量の誤差と消去法　Q6

直接水準測量では，多数の測点の観測が行われます。誤差の累積に気をつけ，定誤差が生じないよう，また不定誤差を小さくするよう観測します。誤差の原因とその消去法について，まとめておきます。

解　説

1．水準測量の誤差

1. **視準軸誤差**は，視準線を含む水平面と気泡管軸を含む水平面が平行でないために生じる誤差をいう。視準軸誤差は，視準距離を等しくすることで，後視と前視に同量の誤差（$e_A = e_B$）が生じ，（BS－FS）で消去できる。

2. **鉛直軸誤差**は，鉛直軸が傾いているために生じる誤差をいう。鉛直軸誤差は，レベルの望遠鏡と三脚の向きを特定の標尺に平行にして観測することにより，その影響を小さくすることができるが，完全な消去はできない。

3. **零目盛誤差**は，標尺底面の摩耗等により，零目盛の位置が正しくないために生じる誤差をいう。測定回数を偶数回（出発点に立てた標尺を到着点に立てる）にすることによって消去する。

　　図5・18において，標尺Ⅰ，Ⅱの零目盛誤差をδ_1，δ_2とすれば，

$$\text{高低差 } h = \{(b_1+\delta_1)-(f_2+\delta_2)\} + \{(b_2+\delta_2)-(f_3+\delta_1)\}$$
$$+ \cdots\cdots + \{(b_{n-1}+\delta_2)-(f_n+\delta_1)\}$$
$$= (b_1+b_2+\cdots+b_{n-1}) - (f_2+f_3+\cdots+f_n) = \Sigma(\text{BS}) - \Sigma(\text{FS})$$

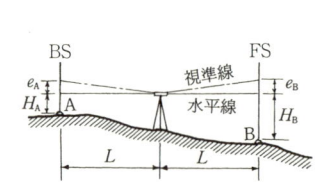

図5・17　視準軸誤差の消去法

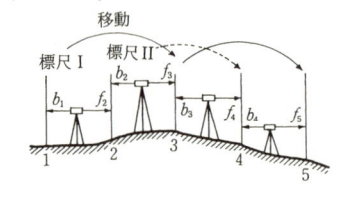

図5・18　零点誤差の消去法

4. **球差**は，地球の曲率によって生じる誤差をいう（P151参照）。視準距離を等しくすることによって消去できる。

$$球差 = \frac{L^2}{2R}$$

　　但し，L：距離，
　　　　　R：地球の半径

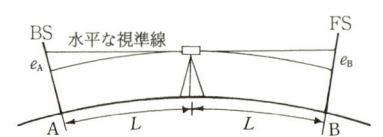

図5・19　球差の消去法

> **質問** 測定値の誤差は，どのように取り除くのですか？

2．水準測量の誤差の原因とその消去法

1. **レベルに関するものは**，次のとおり。

誤差の原因	消去法
視差による誤差 （不定誤差）	接眼レンズで十字線をはっきり映し出し，次に対物レンズで像を十字線上に結ぶ。
視準軸誤差（視準線誤差） （定誤差）	レベルと前視，後視標尺の視準距離を等しくする。
鉛直軸誤差（定誤差） （一定方向に鉛直軸が傾くために生ずる誤差）	レベルを設置するとき，2本の標尺を結ぶ線上にレベルを置き進行方向に対し三脚の向きを，常に特定の標尺に対向させること（1回ごとに脚の向きを逆におく），整準するときに望遠鏡を常に同じ標尺に向けて行うことにより，この影響を少なくすることができる。
制動部のヒステリシス誤差（不定誤差）	整準時に，望遠鏡の対物レンズ側を意図的に高くした状態から水平になるように整準することにより，この影響を少なくすることができる。
三脚の沈下による誤差 （定誤差）	地盤堅固なところに据えて，しっかり脚を踏み込む。1級水準測量における標尺の読定方法（P151）の遵守。

2. **標尺に関するものは**，次のとおり。

誤差の原因	消去法
目盛の不正による誤差 （指標誤差）（定誤差）	尺定数を決め，観測比高に補正する。所定の目盛精度のものを使用する。
標尺の零目盛誤差 （零点誤差）（定誤差）	標尺の底面と零目盛が一致していない誤差であり，これを消去するためには出発点に立てた標尺を到着点に立つようにする。すなわち測点数（器械の整置数）を偶数回とする。
標尺の傾きによる誤差 （定誤差）	標尺を前後にゆっくりと動かし，最小読定値を読み取る。標尺は常に鉛直に立てる。
標尺の沈下，移動による誤差（定誤差）	地盤堅固なところに据え，標尺台をしっかり踏み込む。

3. **自然現象によるものは**，次のとおり。

誤差の原因	消去法
球差による誤差 （定誤差）	球差は地球が湾曲しているために生ずる誤差であり，レベルと前視，後視の視準距離を等しくする。
かげろうによる誤差 （不定誤差）	地上，水面から視準線を離して測定する。
日照，風，湿度，温度の変化等による誤差（不定誤差）	日傘で器械をおおい，また，往と復との観測を午前と午後に行い，その平均をとる。
大気の屈折誤差（レフラクション）（不定誤差）	地面に接した部分の光の屈折による誤差等をなくするために標尺の下部20cm以下の両端は観測しない。

第5章 水準測量

〔理解度の確認〕

P164，演習問題の 問5，問6 にチャレンジして下さい。

標尺補正及び球差・気差・両差 Q7

高さは，水準面（ジオイド）を基準とします。ジオイドは球面，レベルの視準線は直線であることから地球の湾曲のために誤差（**球差**）が生じます。また，光の屈折による誤差（**気差**）もあります。

解　説

1. 標尺補正

1. 1級水準測量は，読定単位0.1mm（P139，表5・3）であり，観測値の較差の許容範囲は，$2.5\text{mm}\sqrt{S}$（P158，表5・8）である。この精度を得るためには，標尺の伸縮の補正（**標尺補正**）が必要となる。

　　　標尺補正量 $\Delta C = \{C_0 + (T - T_0)\alpha\}\Delta h$　　　……式（5・6）

　　　但し，　ΔC：標尺補正量
　　　　　　　C_0：基準温度における標尺定数
　　　　　　　T：観測時の温度
　　　　　　　T_0：基準温度
　　　　　　　α：膨張係数
　　　　　　　Δh：高低差

例題 1　公共測量により，水準点Aから新点Bまでの間で1級水準測量を実施し，表の観測値を得た。標尺補正を行った後の水準点A，新点B間の観測高低差はいくらか。

　但し，観測に使用した標尺の標尺改正数は，20℃において+12 μm/m，膨張係数は1.0×10^{-6}/℃とする。

区間	距離	観測高低差	温度
A→B	1.900km	+13.700 0 m	25℃

解説　標尺の補正

　$C_0 = 12\mu\text{m/m}$（マイクロ，$\mu = 10^{-6}$），$\Delta h = 13.700\ 0$ m，
　$T = 25$ ℃，$T_0 = 20$ ℃，$C_0 = 12\mu\text{m/m}(20\text{℃})$，$\alpha = 1.0 \times 10^{-6}$/℃

　∴ $\Delta C = \{C_0 + (T - T_0)\alpha\}\Delta h$
　　　$= \{12 \times 10^{-6} + (25 - 20) \times 1.0 \times 10^{-6}\} \times 13.700\ 0 = 232.9 \times 10^{-6}$m
　　　$= 0.233\ 9 \times 10^{-3}$m $\fallingdotseq 0.000\ 2$ m

　補正後の高低差 $H = 13.700\ 0$ m $+ 0.000\ 2$ m $= \underline{13.700\ 2\ \text{m}}$

> **質問** 球差・気差は，測定値にどのように影響しますか？

2．標尺の読み取り誤差の防止

1．標尺は，水準測量の区分に応じて表5・4の読定方法とし，読み取り誤差の発生を防ぐ。

表5・4　標尺の読定方法（準則第64条）

区分	順序	1	2	3	4
1級水準測量	気泡管レベル	後視	前視	前視	後視
	自動レベル	小目盛	小目盛	大目盛	大目盛
	電子レベル	後視	前視	前視	後視
2級水準測量	気泡管レベル	後視	後視	前視	前視
	自動レベル	小目盛	大目盛	小目盛	大目盛
	電子レベル	後視	後視	前視	前視
3～4級水準測量 簡易水準測量	気泡管レベル 自動レベル 電子レベル	後視	前視	―	―

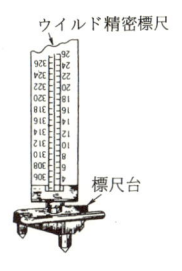

図5・20　精密標尺

3．球差・気差及び両差

1．**球差**：地球の曲率によって生じる誤差をいう。

$$球差\ h_1 = CE = h - BC = \frac{L^2}{2R} \qquad \cdots\cdots式（5・7）$$

2．**気差**：光は密度の大きい方向へ屈折する。光の屈折（k：屈折係数）によって生じる誤差をいう。

$$気差\ h_2 = BB' = -\frac{L^2}{2R'} = -\frac{kL^2}{2R} \qquad \cdots\cdots式（5・8）$$

3．**両差**：球差と気差を合せたものをいう。

$$両差\ K = CE + BB' = \frac{L^2}{2R} - \frac{kL^2}{2R} = \frac{(1-k)}{2R}L^2 \qquad \cdots\cdots式（5・9）$$

但し，R：地球の半径　　L：2点間の水平距離

これらは，すべて定誤差であり，視準距離によって表5・5のような値をとり，視準距離を等しくすることにより消去できる。

表5・5　球差・気差・両差（$k = 0.13$，$R = 6370$km）

距離 L	2 000m	1 000m	500m	200m	100m	50m
球差 h_1	314.0mm	78.5	19.6	3.1	0.8	0.2
気差 h_2	40.8mm	10.2	2.6	0.4	0.1	0.0
両差 K	273.2mm	68.3	17.0	2.7	0.7	0.2

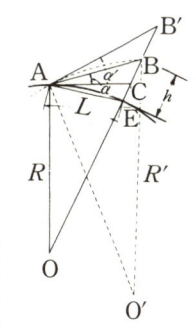

図5・21　両差

〔理解度の確認〕

P164，演習問題の 問7 にチャレンジして下さい。

渡海(河)水準測量 Q8

A 渡海(河)水準測量は，河や谷や海を超えて両岸の高低差（比高）を求める測量です。渡海水準測量では，前視と後視との視準距離が等しくならないため，視準軸誤差，気差・球差の対策をとります。

解　説

1．渡海(河)水準測量

1. **渡海水準測量**では，前視と後視の視準距離が不等距離となるため，視準軸誤差，気差・球差へ誤差が生じるので，次の観測方法をとる。

2. 図5・22において，AC≒BD，AD≒BCとなるようにレベルC，Dの位置を決め，次の観測方法（交互法）を行う。

   ① C点にレベルを据え，自岸A点の標尺a_1（後視）を読む。次に，対岸B点の標尺b_1（前視）を読む（正の観測）。なお，観測回数は，距離が大きくなるほど多くとる。

   ② レベルを対岸Dに移動し，B点の標尺b_2（後視）及び対岸A点の標尺a_2（前視）を読む（反の観測）。

   ③ 2点A，Bの地盤高をH_A，H_B，高低差をh，C点のA点，B点に対する視準誤差e_1，e_2及びD点のA点，B点に対する視準誤差をe_1'，e_2'とすると，
   $$h = H_B - H_A = (a_1+e_1)-(b_1+e_2) = (a_2+e_2')-(b_2+e_1')$$
   AC≒BD，AD≒BCとすれば，$e_1=e_1'$，$e_2=e_2'$となり，高低差hは
   $$h = \frac{1}{2}\{(a_1-b_1)+(a_2-b_2)\} \qquad \cdots\cdots 式（5・10）$$

図5・22　渡河水準測量

3. 気差は，光の屈折による誤差であり，気象状態の安定した時期に観測し，同時観測により午前・午後等の観測時間帯を変えて行うなど，その影響を小さくする。

> **質問** 水準路線の途中に河がある場合，どのように観測しますか？

例題1 水準測量の観測作業で図のように点Aから点Dに至る途中，BC間に幅約200mの川があるため，P及びQにレベルを据えて交互水準測量を行った。

点Aから点Dまでの各測点における前後標尺の読みの差は，それぞれ次のようであった。点Dの標高を求めよ。

但し，点Aの標高は2.545mとする。

レベルPにおいて，A→B＝－0.512m，B→C＝－0.229m
レベルQにおいて，C→B＝＋0.267m，C→D＝＋0.636m

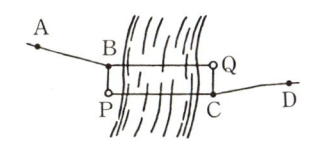

解説 渡河水準測量

P点(正観測) A→Bの高低差＝－0.512m，B→Cの高低差＝－0.229m
Q点(反観測) C→Bの高低差＝＋0.267m，C→Dの高低差＝＋0.636m
BCの高低差 h は正観測で－0.229m，反観測で＋0.267mであるから

$$高低差\ h = \frac{-0.229 + (-0.267)}{2} = -0.248\text{m}$$

故に，$H_D = H_A - 0.512 - 0.248 + 0.636 = 2.545 - 0.124 = \underline{2.421\text{m}}$

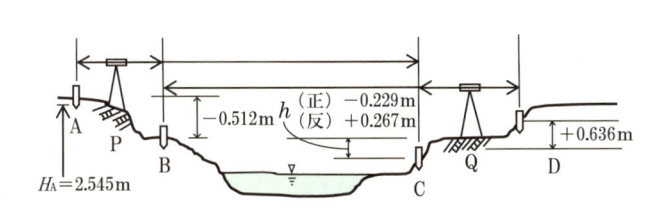

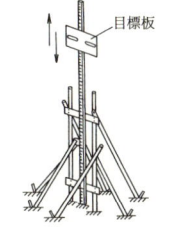

図5・23　交互水準測量　　　　図5・24　目標板

なお，対岸の標尺目盛は距離が遠いため読定できないので，目標板を標尺に取り付け，視準線と一致したところの読みを標尺手に読み取らせる。

〔**理解度の確認**〕

前視と後視が等しくない（不等距離観測）場合に考えられる誤差は何ですか。

Q9 器高式・昇降式野帳の記入

A 標高既知の標尺の読みから視準線の高さが分かり，この高さから未知点の標尺の読み（前視）を引けば未知点の標高が求まります。この器高式は，横断測量のように中間点が多い場合に便利です。

解　説

1．器高式野帳

1. **器高式野帳**の記入方法は，後視の地盤高に後視の読みを加えて**器械高**とし，この値から前視を引いて各測点の地盤高を求める方法である。図5・25の観測を器高式野帳で記入すると，表5・6のようになる。
2. 器高式は，前視の読みをとる中間点（IP）が多い場合に便利であり，レベルを移動する場合には前視・後視の読みをとるもりかえ点（TP）を設ける。

   器械高(IH)＝既知点の標高(GH)＋後視(BS)　　……式（5・11）
   未知点の地盤高(GH)＝器械高(IH)－前視(FS)　　……式（5・12）

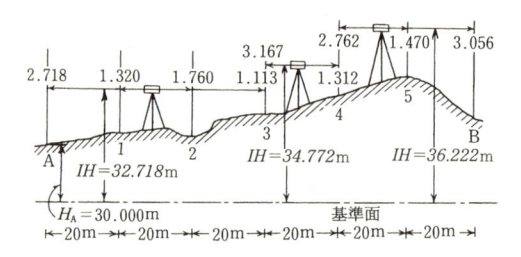

図5・25　器高式

表5・6　器高式野帳記入例

測点	距離〔m〕	BS〔m〕	器械高 IH〔m〕	FS〔m〕 TP	FS〔m〕 IP	GH〔m〕	備　考
A		2.718	32.718			30.000	$H_A = 30.000$m
1	20				1.320	31.398	検算
2	20				1.760	30.958	Σ(BS)$-\Sigma$(FS)
3	20	3.167	34.772	1.113		31.605	＝3.166
4	20	2.762	36.222	1.312		33.460	30.000 ← H_A
5	20				1.470	34.752	＋)　　3.166
B	20			3.056		33.166	33.166 ← H_B
計	120	8.647		5.481			

> **質問** 観測野帳は，どのように記入するのですか？

2．昇降式野帳

1. 図5・26において，No.1とNo.5の高低差 h は，次のようになる。

$$高低差\ h=(b_1-f_2)+(b_2-f_3)+(b_3-f_5)=(b_1+b_2+b_3)-(f_2+f_3+f_5)$$
$$=\Sigma(\text{BS})-\Sigma(\text{FS})$$

$$\therefore H_5=H_1+h=H_1+\{\Sigma(\text{BS})-\Sigma(\text{FS})\} \quad \cdots\cdots 式（5・13）$$

$\Sigma(\text{BS})$：もりかえ点の後視の和（出発点はもりかえ点とする）
$\Sigma(\text{FS})$：もりかえ点の前視の和（到着点はもりかえ点とする）

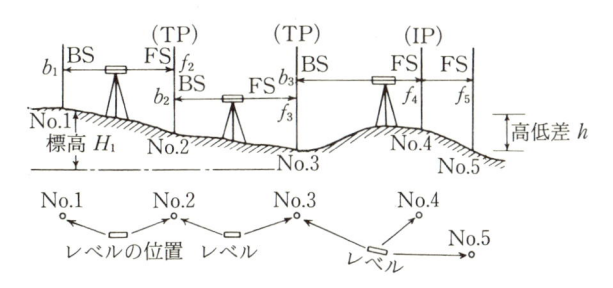

図5・26　直接水準測量

2. **昇降式野帳の記入法**は，高低差 h＝後視（BS）－前視（FS）の関係から，この値が（＋）のときは昇，（－）のときは降の欄にそれぞれ記入し，後視した点の地盤高に昇・降の値を順次代数和して前視の地盤高を求める。

図5・26の観測を昇降式野帳に記入すると表5・7のようになる。昇降式は，路線測量のようにもりかえ点（TP）が多い場合に便利である。

表5・7　昇降式野帳

測点	距離〔m〕	後視〔m〕	前視〔m〕	昇（＋）〔m〕	降（－）〔m〕	地盤高〔m〕
A		2.10				10.00
1	50	2.00	1.50	0.60		10.60
2	40	2.00	1.40	0.60		11.20
P	40	1.40	1.30	0.70		11.90
3	30	1.20	2.00		0.60	11.30
B	50		1.50		0.30	11.00
合計	210	8.70	7.70	1.90	0.90	

〔理解度の確認〕
器高式，昇降式野帳の特徴について，説明して下さい。

第5章　水準測量

水準測量の平均計算（最確値） Q10

新点の標高は，各路線ごとに求めた標高に基づき，路線ごとの軽重率を考慮して決定します。各路線の軽重率は，路線長が長くなればなるほど，測点数が多くなり誤差が累積され，大きくなります。

解説

1．最確値

1. 直接水準測量の誤差は，路線の長さが長いほど誤差の入る機会が多くなり，精度が悪くなる（誤差 $m=k\sqrt{S}$, S：路線長）。したがって，軽重率は，路線距離に反比例する。
2. 標高の最確値は，次の順で計算する。
   ① 各路線から路線ごとに新点の標高を計算する。
   ② 各路線の軽重率を路線長から求める。
   ③ 軽重率を考慮して新点の最確値（標高）を計算する。

例題 1 既知点 A，B，C，D から新点 E の標高を求めるために水準測量を実施し，表1の結果を得た。新点 E の標高の最確値はいくらか。
但し，既知点の標高は，表2のとおり。

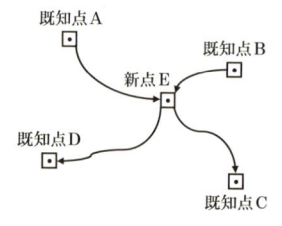

表1

路線	観測距離	観測高低差
A → E	3 km	− 3.061 m
B → E	1 km	− 1.183 m
E → C	2 km	− 0.341 m
E → D	4 km	+ 2.303 m

表2

既知点	標高
A	6.039 m
B	4.145 m
C	2.655 m
D	5.308 m

解説　新点の最確値

観測方向（矢印）に新点 E の標高を求める。観測方向が反対のときは高低差の符号を反対にする。

A からの値 $=6.039-3.061=2.978$ m，　　B からの値 $=4.145-1.183=2.962$ m，
C からの値 $=2.655-(-0.341)=2.996$ m，D からの値 $=5.308-2.303=3.005$ m

軽重率は，路線距離に反比例するから，

$$p_1 : p_2 : p_3 : p_4 = \frac{1}{3} : \frac{1}{1} : \frac{1}{2} : \frac{1}{4} = 4 : 12 : 6 : 3$$

> **質問** 標高（最確値）は，どのように求めるのですか？

$$\therefore \quad 最確値 H_E = \frac{2.978 \times 4 + 2.962 \times 12 + 2.996 \times 6 + 3.005 \times 3}{4 + 12 + 6 + 3} = \underline{2.978\text{m}}$$

2．水準測量の軽重率

1. **軽重率**は，標準偏差の二乗に反比例する（P30）。測定値 $\ell_1, \ell_2, \cdots \ell_n$，各測定値の標準偏差 $m_1, m_2, \cdots m_n$ とれば，軽重率 $p_1, p_2, \cdots p_n$ は次のとおり。

$$p_1 : p_2 : \cdots : p_n = \frac{1}{m_1^2} : \frac{1}{m_2^2} : \cdots : \frac{1}{m_n^2} \qquad \cdots\cdots 式（5\cdot14）$$

2. 水準測量において，各路線の測点数 $n_1, n_2, \cdots n_n$，各測点での標準偏差 m（観測精度が等しいと仮定）とする。標準偏差は測定回数の平方根に比例するから，誤差の伝播の法則（P32，式（1・13））より，各路線の標準偏差は，測点数の平方根に比例し，次のように表される。

$$m\sqrt{n_1},\ m\sqrt{n_2},\ \cdots\cdots m\sqrt{n_n} \qquad \cdots\cdots ①$$

各路線の軽重率を $p_1, p_2, \cdots p_n$ とすれば，式（1・14）より軽重率は標準偏差の二乗に反比例するから，

$$p_1 : p_2 : \cdots\cdots : p_n = \frac{1}{(m\sqrt{n_1})^2} : \frac{1}{(m\sqrt{n_2})^2} : \cdots\cdots : \frac{1}{(m\sqrt{n_n})^2}$$

$$= \frac{1}{m^2 n_1} : \frac{1}{m^2 n_2} : \cdots\cdots : \frac{1}{m^2 n_n}$$

$$= \frac{1}{n_1} : \frac{1}{n_2} : \cdots\cdots : \frac{1}{n_n} \qquad \cdots\cdots ②$$

各測点間の視準距離が等しいとすれば，測点数 n は路線長に比例する。各路線長を $S_1, S_2, \cdots S_n$ とすれば，②式は次のとおり。

$$p_1 : p_2 : \cdots\cdots : p_n = \frac{1}{S_1} : \frac{1}{S_2} : \cdots\cdots : \frac{1}{S_n} \qquad \cdots\cdots 式（5\cdot15）$$

以上より，水準測量の軽重率は，その路線長に反比例する。各路線長から軽重率を求めることができる。

3. 式（5・14）と式（5・15）より，次の関係が成り立つ。

$$p_1 : p_2 : \cdots\cdots : p_n = \frac{1}{m_1^2} : \frac{1}{m_2^2} : \cdots\cdots : \frac{1}{m_n^2} = \frac{1}{S_1} : \frac{1}{S_2} : \cdots\cdots : \frac{1}{S_n}$$

$$\therefore \quad S_1 : S_2 : \cdots : S_n = m_1^2 : m_2^2 : \cdots\cdots : m_n^2 \qquad \cdots\cdots 式（5\cdot16）$$

以上より，水準測量の標準偏差（誤差）m は，$\sqrt{S}$ に比例する。

〔理解度の確認〕

P165，演習問題の **問8** にチャレンジして下さい。

往復観測値の誤差の許容範囲 Q11

A 水準測量の観測は，往復観測で行います。水準点及び固定点によって区分された区間の往復観測値の較差が，許容範囲を超えた場合は，再測しなければなりません。

解　説

1．往復観測値の較差の許容範囲

1．水準測量は，往復観測をすることを原則とし，水準点及び固定点によって区分された区間の往復観測の較差が表5・8に示す許容範囲内であれば，その平均値を最確値とする。既知水準点間を結ぶ路線，あるいはP160に示す出発点に閉合する水準環（水準網）において，その閉合差，環閉合差は，許容範囲内でなければならない。

2．同一条件（同一精度の器械，等視準距離）で観測した場合，水準測量の誤差 m は，路線距離を S〔km〕とすれば $\sqrt{S}$ に比例する。1 km 当たりに生じる誤差を k とすれば，誤差 $m=k\sqrt{S}$ で表す。

表5・8　往復観測の較差の許容範囲（準則第65条）

区分 項目	1級水準測量	2級水準測量	3級水準測量	4級水準測量
往復観測値の較差	2.5mm$\sqrt{S}$	5 mm$\sqrt{S}$	10mm$\sqrt{S}$	20mm$\sqrt{S}$
備　考	\multicolumn{4}{c}{S は観測距離（片道，km単位）とする。}

2．往復観測の較差

1．往復観測の較差（往観測と復観測の差）が，表5・8の許容範囲を超えた場合は再測する。なお，較差の許容範囲 m は，誤差の伝播の法則（P32）により，次式で求められる。

$$m=k\sqrt{S} \qquad \cdots\cdots 式（5・17）$$

但し，k：1 km 当たりの較差の許容値
　　　S：水準路線長（km，片道）

往観測：+1.500m
A　　　　　　　　　B
復観測：−1.450m

AB間の較差の計算
（往観測）＋（復観測）
＝＋1.500m＋(−1.450)m＝0.050m

質問 水準測量の誤差の許容範囲は，どれ位いですか？

3．往復観測値の点検

例題1 水準点A，B間に水準点1，2，3，4を1km間隔に新設して，往復の水準測量を行い，表の結果を得た。

往復観測値の較差が許容範囲を超えている区間はどれか。

但し，較差の許容範囲は $10\text{mm}\sqrt{S}$（Sは距離，km単位）とする。

往観測		復観測	
測点	Aを基準とする観測比高	測点	Bを基準とする観測比高
A	0.000m	B	0.000m
1	＋13.156m	4	＋6.591m
2	＋9.263m	3	＋4.309m
3	＋15.635m	2	－2.071m
4	＋17.928m	1	＋1.831m
B	＋11.328m	A	－11.334m

解説 往復観測の誤差の許容範囲

(1) 較差の許容範囲：$10\text{mm}\sqrt{S}=10\text{mm}\sqrt{1}=10\text{mm}$ （但し，$S=1\,\text{km}$）

(2) 各区間の較差：往の高低差と復の高低差（正負が逆）の和を求める。

表5・9 較差の比較検討

区間	往の高低差〔m〕	復の高低差〔m〕	往＋復〔mm〕	較差の許容値〔mm〕	判定
A－1	13.156－0.000 ＝13.156	－11.334－1.831 ＝－13.165	－9	10	○
1－2	9.263－13.156 ＝－3.893	1.831－(－2.071) ＝3.902	＋9	10	○
2－3	15.635－9.263 ＝6.372	－2.071－4.309 ＝－6.380	－8	10	○
3－4	17.928－15.635 ＝2.293	4.309－6.591 ＝－2.282	＋11	10	×
4－B	11.328－17.928 ＝－6.600	6.591－0.000 ＝6.591	－9	10	○

(3) 区間3－4が許容範囲を超えている。

例題2 水準測量における往復観測値の較差の許容範囲を，観測距離が2kmで14mmとするとき，観測距離8kmでは誤差の許容範囲はいくらか。

解説 誤差の許容範囲

水準測量の誤差は，観測距離の平方根に比例する（$m=k\sqrt{S}$）。

$14:\sqrt{2}=x:\sqrt{8}$ より， $x=\underline{28\text{mm}}$

〔理解度の確認〕

P165，演習問題の 問9 にチャレンジして下さい。

第5章 水準測量

閉合差・環閉合差の点検計算 Q12

水準路線のうち，閉合路線を１周して始めの水準点に戻る路線を**水準環**，２個以上の水準環が組み合わさってできた水準路線の全体を**水準網**といい，環閉合差によって観測値の良否を判定します。

解説

1．環閉合差（点検計算）

1. 図の水準網において，A，交１，Bで囲まれた部分を**環**という。Ⅰ，Ⅱ，Ⅲはそれぞれ環を表す。水準網は，既知水準点を含む閉じた環を構成し，**単位水準環**は内部に水準路線のない最小単位の閉合路線をいう。

    環Ⅰ ＝（１）－（７）＋（５）
    環Ⅱ ＝（７）－（６）＋（４）
    環Ⅲ ＝（２）＋（３）＋（６）

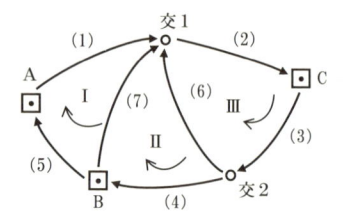

    A，B，C ：既知水準点
    交１，交２：求める水準点
    (1)，(2)…：観測方向

    図5・27　水準網

2. 観測値の良否は，水準網の環閉合差で表す。**環閉合差**は，ある一つの閉合路線を１周して始めの水準点に戻ったときの誤差である。

    図の水準網で矢印の方向に水準測量を行った場合（観測方向と反対に計算するときは負の符号を付ける），環Ⅰ，環Ⅱ，環Ⅲの閉合差は０とならなければならない。この誤差が**環閉合差**である。

3. 水準測量の観測値の**点検計算**は，観測終了後に行う。但し，許容範囲を超えた場合は，再測を行う。点検計算の許容範囲は，表5・10のとおり。なお，**閉合差**は，既知点から既知点までの誤差をいう。

表5・10　環閉合差・閉合差の許容範囲（準則第69条）

項目＼区分	1級水準測量	2級水準測量	3級水準測量	4級水準測量	簡易水準測量
環閉合差	$2\text{mm}\sqrt{S}$	$5\text{mm}\sqrt{S}$	$10\text{mm}\sqrt{S}$	$20\text{mm}\sqrt{S}$	$40\text{mm}\sqrt{S}$
既知点から既知点までの閉合差	$15\text{mm}\sqrt{S}$	$15\text{mm}\sqrt{S}$	$15\text{mm}\sqrt{S}$	$25\text{mm}\sqrt{S}$	$50\text{mm}\sqrt{S}$
備考	Sは観測距離（片道，km単位）とする。				

質問 水準環の観測値の良否は，どのように判定しますか？

2．点検計算例

例題1 図に示す路線の水準測量を行い，表の結果を得た。この水準測量の環閉合差の許容範囲を $2.5\sqrt{S}$ mm（S は観測距離で km 単位）とするとき，再測すべき路線はどれか。

但し，観測高低差は図中の矢印の方向に観測した値である。

路線番号	観測距離	観測高低差
(1)	5.0km	＋0.124 7m
(2)	5.0km	－1.385 6m
(3)	13.0km	－0.984 2m
(4)	9.0km	－2.781 3m
(5)	2.0km	＋4.124 1m
(6)	2.0km	－0.275 9m
(7)	10.0km	－3.181 5m

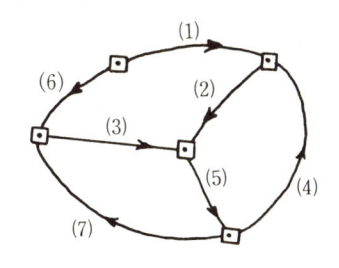

解説 水準環の環閉合の許容範囲

(1) **環閉合差**の点検は，ある水準点を出発点とし，その水準点に帰着する水準路線の閉合差を求め，許容範囲 $2.5\sqrt{S}$ mm 以内にあるかどうかを確認する。計算する方向と観測方向（矢印）が反対ならば，高低差の符号は負（－）とする。

表5・11 環閉合差

番号	水準路線	水準測量の環閉合差	距離	$2.5\sqrt{S}$	判定
1	(1)→(4)→(7)→(6)	0.124 7－(－2.781 3)＋(－3.181 5) －(－0.275 9)＝0.000 4m＝0.4mm	26.0km	12.7mm	○
2	(2)→(5)→(4)	－1.385 6＋4.124 1＋(－2.781 3) ＝－0.042 8m＝－42.8mm	16.0km	10.0mm	×
3	(3)→(5)→(7)	－0.984 2＋4.124 1＋(－3.181 5) ＝－0.041 6m＝－41.6mm	25.0km	12.5mm	×
4	(1)→(2)→(3)→(6)	0.124 7＋(－1.385 6)－(－0.984 2) －(－0.275 9)＝－0.000 8m＝－0.8mm	25.0km	12.5mm	○

(2) 表5・11の結果から，路線(5)が含まれる水準路線が許容範囲を超えている。したがって，<u>路線(5)を再測しなければならない</u>。なお，番号4の計算は点検のために行ったものである。

第5章 水準測量

〔理解度の確認〕
往復観測の較差及び水準網の環閉合差の求め方について説明しなさい。

第5章 演習問題

解答はP166にあります。
なお、関数の数値が必要な場合は、P327の関数表を使用すること。

問1
次の文は、公共測量における水準測量を実施するときの留意すべき事項について述べたものである。間違っているものはどれか。

1．レベル及び標尺は、作業前及び作業期間中に適宜点検を行い、調整されたものを使用する。
2．レベルの整置回数を減らすために、視準距離は、標尺が読み取れる範囲内で、可能な限り長くする。
3．手簿に記入した読定値及び水準測量作業用電卓に入力した観測データは、訂正してはならない。
4．レベルの局所的な膨張で生じる誤差を小さくするために、日傘を使用して、レベルに直射日光を当てないようにする。
5．往復観測を行う水準測量において、水準点間の測点数が多い場合は、適宜、固定点を設け、往路及び復路の観測に共通して使用する。

問2
自動レベルについて述べたものである。間違っているものはどれか。

1．自動レベルは、よく調整されておれば望遠鏡の微量な傾きに対しては常に水平視準線上の目標の像がコンペンセータ（補正子）によって十字線上に結ばれるようになっている。
2．自動レベル付属の円形水準器を調整するには、整準ねじにより気泡を正しく中央に導き、レベルを180°鉛直軸周に回転し、気泡の偏位をみる。もし偏位すれば偏位の逆方向に、その1/2量を水準器付属の調整ねじで調整する。
3．自動レベルは、あまり大きく傾くと自動の効用を失うので常に円形水準器を十分に調整し、気泡を正しく中央に導いた状態で観測しなければならない。
4．自動レベルは、自動的に水平視準線の目標が観測されるので視準軸（線）の調整は必要ない。
5．自動レベルといえども、機械の整置場所や標尺の整置場所は堅固なところを選ばなければならない。

問3 次の文は，電子レベル及びバーコード標尺について述べたものである。間違っているものはどれか。

1．バーコード標尺の目盛を自動で読み取って高低差を求める電子レベルが使用されるようになり，観測者による個人誤差が小さくなるとともに，作業能率が向上するようになった。
2．公共測量における1級水準測量及び2級水準測量では，円形水準器及び視準線の点検調整並びにコンペンセータの点検を観測着手前及び観測期間中おおむね10日ごとに行う必要がある。
3．バーコード標尺付属の円形水準器は，鉛直に立てたときに，円形気泡が中心に来るように点検調整をする必要がある。
4．公共測量における1級水準測量において，標尺の下方20cm以下を読定してはならない理由は，地球表面の曲率のために生ずる2点間の鉛直線の微小な差（球差）の影響を少なくするためである。
5．電子レベル内部の温度上昇を防ぐため，観測に際しては，日傘などで直射日光が当たらないようにすべきである。

問4 レベルの視準線を点検するために，図のようにA及びBの位置で観測を行い，表に示す結果を得た。この結果からレベルの視準線を調整するとき，Bの位置において標尺Ⅰの読定値をいくらに調整すればよいか。

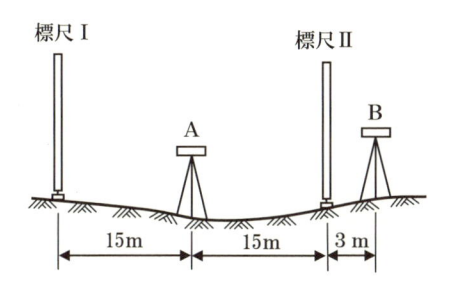

1．1.2570 m
2．1.2596 m
3．1.2604 m
4．1.2926 m
5．1.2960 m

レベルの位置	読定値 標尺Ⅰ	読定値 標尺Ⅱ
A	1.1987 m	1.1506 m
B	1.2765 m	1.2107 m

問5 次の水準測量の誤差についての記述のうち，正しいものはどれか。
1．鉛直軸誤差を消去するには，レベルと標尺間を，その間隔が等距離となるように整置して観測する。
2．球差による誤差は，地球表面が湾曲しているためレベルが前視と後視の両標尺の中央にある状態で観測した場合に生じる誤差である。
3．標尺の零点誤差は，標尺の目盛が底面から正しく目盛られていない場合に生じる誤差である。
4．光の屈折による誤差を小さくするには，レベルと標尺との距離を長く取るとともに，標尺の20cm目盛以下を視準しないなど視準線を地表からできるだけ離して観測する。
5．レベルの沈下誤差を小さくするには，時間をかけて慎重に観測する。

問6 次の文は，公共測量における水準測量について述べたものである。 ア ～ オ に入る語句の組合せとして適当なものはどれか。
a． ア を消去するには，レベルと標尺との間隔を等距離となるように整置して観測する。
b．往復差の許容範囲は，観測距離の イ に比例する。
c．視準距離が長いと，大気による屈折誤差は ウ なる。
d．球差による誤差は，レベルと標尺との間隔を等距離となるように整置して観測した場合，消去 エ 。
e．傾斜地において，標尺の オ 付近の視準を避けて観測すると，大気による屈折誤差を小さくできる。

	ア	イ	ウ	エ	オ
1．	鉛直軸誤差	二乗	小さく	できる	最上部
2．	鉛直軸誤差	平方根	小さく	できる	最下部
3．	視準軸誤差	平方根	大きく	できる	最下部
4．	鉛直軸誤差	二乗	大きく	できない	最下部
5．	視準軸誤差	二乗	小さく	できない	最上部

問7 水準点Aから水準点Bの間で1級水準測量を実施し，表に示す結果を得た。標尺補正を行った後の水準点A，B間の観測高低差はいくらか。
但し，観測に使用した標尺の標尺定数は20℃において$-14\mu m/m$，膨張係数は1.2×10^{-6}/℃とする。

1．＋69.498 6m
2．＋69.499 4m
3．＋69.499 9m
4．＋69.500 8m
5．＋69.501 4m

区間	距離	観測高低差	温度
A→B	2.400km	＋69.500 0m	15℃

問8 既知点A，B，C及びDから新点Eの標高を求めるために水準測量を実施し，表1に示す観測結果を得た。新点Eの標高の最確値はいくらか。
　　　但し，既知点の標高は表2のとおり。

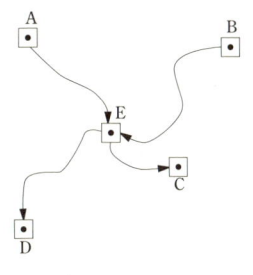

表1

観測結果		
路線	観測距離	観測高低差
A→E	2 km	－2.139m
B→E	3 km	－0.688m
E→C	1 km	＋3.069m
E→D	2 km	－1.711m

表2

既知点成果	
既知点	標高
A	5.153m
B	3.672m
C	6.074m
D	1.290m

1．2.995m
2．2.998m
3．3.001m
4．3.003m
5．3.005m

問9 水準点Aから固定点(1)，(2)及び(3)を経由する水準点Bまでの路線で1級水準測量を行い，表に示す観測結果を得た。再測すべきと考えられる区間番号はどれか。
　　　但し，往復観測値の較差の許容範囲は，2.5mm$\sqrt{S}$とする。

区間番号	観測区間	観測距離	往方向	復方向
①	A～(1)	500m	＋3.224 9m	－3.223 9m
②	(1)～(2)	500m	－5.665 2m	＋5.665 5m
③	(2)～(3)	500m	－2.356 9m	＋2.355 0m
④	(3)～B	500m	＋4.102 3m	－4.103 4m

1．①　　2．②　　3．③
4．④　　5．再測の必要はない

第5章　水準測量

演習問題 解答・解説

問1 ② 視準距離は，測量の区分に応じて定められている（表5・3）。なお，1．記帳された観測データは，観測作業に作為がなく，その信頼性を高めるためにも訂正してはならない。

問2 ④ 視準軸の調整（杭打ち調整）は必要。なお，2．P147参照。

問3 ④ 大気の温度変化による光の屈折の影響を避けるためである。なお，バーコード標尺はP147参照。

問4 ① 補正量 $d=(a_2-a_1)-(b_2-b_1)$
$=(1.2107-1.1506)-(1.2765-1.1987)=-0.0177$

調整量 $e=\dfrac{L+\ell}{L}d=\dfrac{33}{30}\times(-0.0177)=-0.0195$

$b_0=b_2+e=1.2765+(-0.0195)=\underline{1.2570}$ m

問5 ③ なお，1．消去できない。2．球差は，地球の曲率によって生じる誤差をいう。視準距離を等しくすれば球差は消去できる。4．視準距離を短く取り，光の屈折誤差を小さくする。5．時間の経過と共に増加する。速やかに観測する。

問6 ③ 水準測量の誤差は，$\sqrt{S}$（S：観測距離）に比例する（P158参照）。

問7 ① $\Delta C=\{-14\times10^{-6}+(15-20)\times1.2\times10^{-6}\}\times69.5000=-0.0014$ m
$H=69.50000-0.0014=\underline{69.4986}$ m

問8 ④ Aからの値$=3.014$m，Bからの値$=2.984$m，Cからの値$=3.005$m，Dからの値$=3.001$m。軽重率は$1/2:1/3:1/1:1/2=3:2:6:3$

$H_E=3.000+\dfrac{0.014\times3-0.016\times2+0.005\times6+0.001\times3}{3+2+6+3}=\underline{3.003}$ m

問9 ③ 許容範囲 $m=2.5\text{mm}\sqrt{0.5}=2.5\sqrt{50\times10^{-2}}=2.5\times10^{-1}\times\sqrt{50}=0.25\times7.07107=1.77$ mm となる。

（P327，関数表より，$\sqrt{50}=7.07107$）

区間	往方向	復方向	較差(mm)	距離(km)	許容範囲(mm)	判定
①	3.2249	-3.2239	1.0	0.5	1.77	○
②	-5.6652	5.6655	0.3	0.5	1.77	○
③	-2.3569	2.3550	19.0	0.5	1.77	×
④	4.1023	-4.1034	11.0	0.5	1.77	○

第6章
地形測量（GISを含む）

- 「地形測量及び写真測量」は，数値地形図データ等を作成及び修正する作業をいう。ここでは，GISを含む地形測量について説明し，写真測量は第7章で説明します。
- GIS（地理情報システム）とは，空間位置に関連づけられた自然，社会，経済などの地理情報を総合的に処理，管理，分析するシステムをいいます。

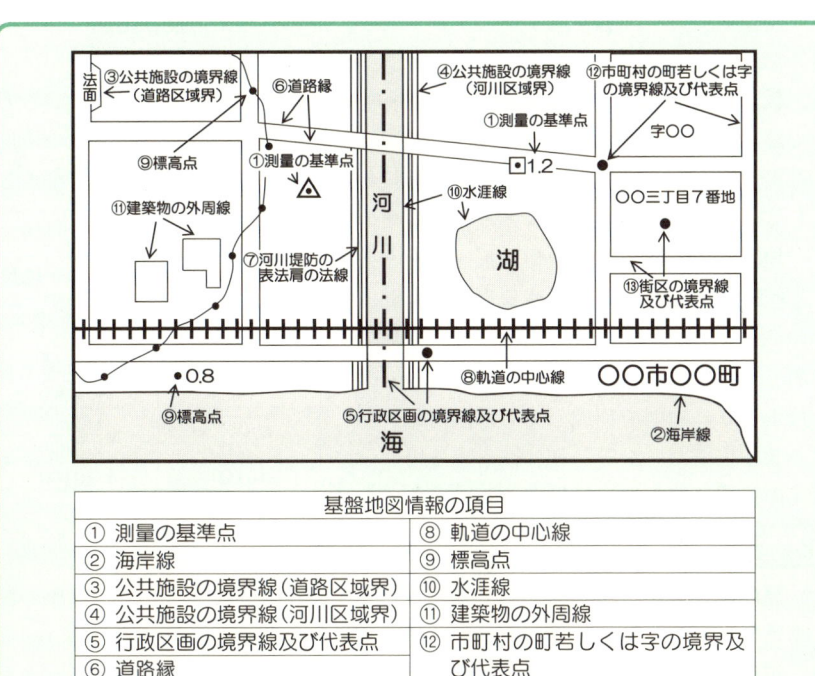

基盤地図情報の項目	
① 測量の基準点	⑧ 軌道の中心線
② 海岸線	⑨ 標高点
③ 公共施設の境界線（道路区域界）	⑩ 水涯線
④ 公共施設の境界線（河川区域界）	⑪ 建築物の外周線
⑤ 行政区画の境界線及び代表点	⑫ 市町村の町若しくは字の境界及び代表点
⑥ 道路縁	
⑦ 河川堤防の表法肩の法線	⑬ 街区の境界線及び代表点

地形測量 Q1

A 地形測量は，地形図等の地図を作成するための測量をいいます。その方法は，TS 等又は GNSS 測量及び写真測量によって実施されています。なお，従来の平板測量は，標準的な方法から除外されました。

解説

1．地形測量

1. **地形測量**及び**写真測量**とは，数値地形図データ等を作成及び修正する作業をいい，地図編集を含む（準則第 78 条）。なお，準則の改定により，従来の「地形図」が「数値地形図データ」に名称変更された。
2. **数値地形図データ**とは，地形・地物等に係る地図情報を，位置・形状を表す座標データ，内容を表す属性データなど，計算処理が可能な形態（デジタル形式）で表現したものをいう。平板測量の図解法とは異なる。
3. 数値地形図データの地図情報は，測地座標（x, y, H）で記録されているので縮尺の概念がない。縮尺に代って**地図情報レベル**が用いられ，従来の地形図縮尺との整合性を考慮して，同じ縮尺の分母数をもって地図情報レベルとしている。地図情報レベルと地形図縮尺の関係は，表 6・1 のとおり。
4. **地図情報レベル**は，数値地形図データの地図表現精度を表し，数値地形図の図郭内のデータの平均的な総合精度を示す指数である。地図情報レベル 2 500 を拡大して縮尺 1/500 の地図を作成しても地図情報レベル 500 を満たさない。逆に縮小する場合は，元の地図情報レベルは保存されている。

表 6・1　地図情報レベル・縮尺

地図情報レベル	地形図相当縮尺
250	1/250
	1/500
1 000	1/1 000
2 500	1/2 500
5 000	1/5 000
10 000	1/10 000

2．現地測量

1. **現地測量**とは，現地において TS 等又は GNSS 測量機を用いて，地形・地物等を測定し，数値地形図データを作成する作業をいう（準則第 83 条）。
2. 現地測量は，4 級基準点，簡易水準点又はこれと同等以上の精度を有する基準点に基づいて実施する。
3. 現地測量により作成する数値地形図データの地図情報レベルは，原則として 1 000 以下とし 250，500 及び 1 000 を標準とする。

質問 地形測量とは，どのような測量ですか？

3．工程別作業区分・内容

1．**現地測量**の工程別作業区分及び順序は，次のとおり（準則第86条）。

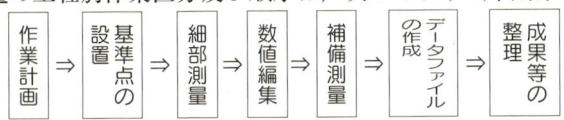

作業計画 ⇒ 基準点の設置 ⇒ 細部測量 ⇒ 数値編集 ⇒ 補備測量 ⇒ データファイルの作成 ⇒ 成果等の整理

① **基準点の設置**とは，現地測量に必要な基準点を設置する作業をいう。
② **細部測量**は，基準点又はTS点にTS等又はGNSS測量機を整置し，地形・地物等を測定し，数値地形図データを取得する作業をいう。
③ **数値編集**とは，細部測量の結果に基づき，図形編集装置を用いて地形・地物等の数値地形図データを編集し，編集済データを作成する作業をいう。
④ **補備測量**は，現地において注記や境界等の表現事項を確認する。

2．TS等による細部測量は，放射法による。次のいずれかの方法を用いる。
① **オンライン方式**：携帯型パーソナルコンピュータ等の図形処理機能を用いて，図形表示しながら計測及び編集を現地で直接行う方式（電子平板方式を含む）。現地で概略の編集まで行う。
② **オフライン方式**：現地でデータ取得だけを行い，その後取り込んだデータコレクタ内のデータを図形編集装置に入力し，図形処理を行う方式。

3．**電子平板方式**は，ノート型のペンコンピュータに，データ取得機能やCADの機能を組み込み，TS又はGNSSと組み合せて，オンライン方式で使用するシステムをいう。

トータルステーション現場観測

図6・1　電子平板

4．地形・地物等の状況により，基準点にTS等又はGNSS測量機を整置して細部測量を行うことが困難な場合は，**TS点**（補助基準点）を設置する。TS点は，基準点にTS等又はGNSS測量機を整置して，2対回以上測定し，放射法により設置する。

〔理解度の確認〕
P188，演習問題の 問1 ，問2 にチャレンジして下さい。

第6章　地形測量（GISを含む）

平板測量 Q2

A 平板測量は，地形・地物の位置や高さを図解的に求める測量であり，作業も簡便で実用的な細部測量の方法です。しかし，精度上の問題から準則では標準的な方法としては除外されています。

解 説

1. 位置の測定

1. **平板測量**は，図6・2に示す器具を用いて，野外で直接図紙上に作図を行う測量で，精度は期待できないが複雑な地形などの細部測量に適している。
2. **平板の標定**は，平板を測点に正しく据えつけるため，次の整準・求心・指向の3つの作業をいう。
    ① **整準**：アリダードを用いて，平板を水平にする。
    ② **求心**：地上の測点と平板上の対応点を同一鉛直線上にする。
    ③ **指向**：地上の測線方向と図上の測線方向を一致させる。

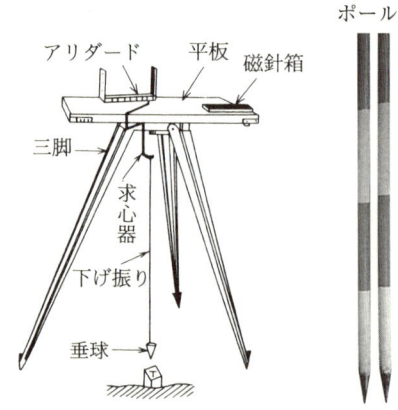

図6・2 平板測量の器具

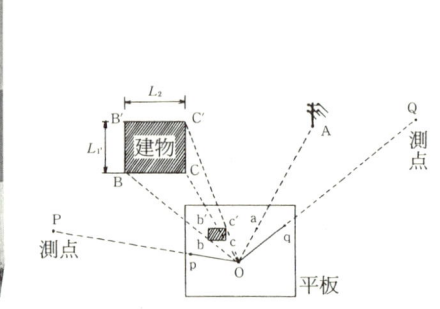

図6・3 放射法

3. **放射法**は，アリダードとテープを用いて，測点から細部の求点の方向線と距離を測定し，一定の縮尺で図上にそれらの点を求める方法をいう。
4. **交会法**は，2点以上の測点から，方向線だけで求点の位置を求めるもので，前方交会法と後方交会法がある。
    ① **前方交会法**：測点A，B，Cの図上の点a，b，cから，求点D，Eの方向

質問 平板測量とは，どのような測量ですか？

線をとり，3本の方向線の交わる点を図上の d, e とする方法をいう。
② **後方交会法**：求点に平板を据え，測点 A, B, C の方向線をとると，1点で交わる点が求点となる。

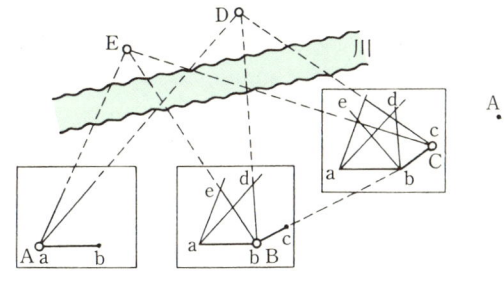

図6・4　前方交会法　　　図6・5　後方交会法

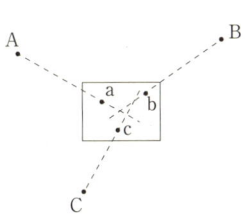

5. **オフセット法**は，求点からオフセット（本線への垂線）の長さと本線距離によって，求点の位置を決定する方法をいう。

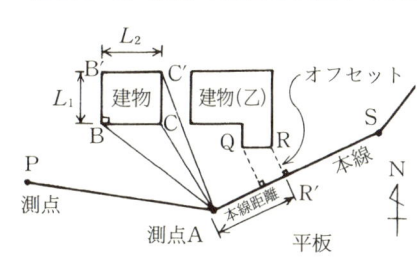

図6・6　オフセット法　　　図6・7　スタジア法

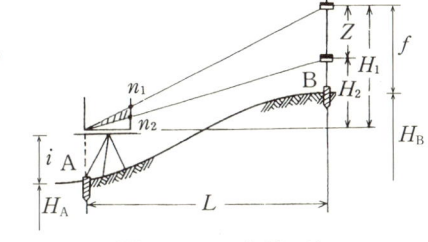

2．高低差の測定（スタジア測量）

1. 2点間の高低差は，求点に立てた2枚の目標板を視準し，その挟むアリダードの分画を読み取ると，距離と高低差が求まる。なお，アリダードの1分画は，前後の視準板間隔の1/100である。図6・7において，

$100 : n_1 = L : H_1$, $100 : n_2 = L : H_2$ より

$$H_1 = \frac{n_1 L}{100}, \quad H_2 = \frac{n_2 L}{100}, \quad Z = H_1 - H_2 = \frac{(n_1 - n_2)L}{100}$$

$$\left. \begin{array}{l} 距離\ L = \dfrac{100Z}{n_1 - n_2} = \dfrac{100Z}{n} \\[2mm] 標高\ H_B = H_A + i + H_1 - f = H_A + i + \dfrac{n}{100}L - f \end{array} \right\} \cdots\cdots 式（6・1）$$

但し，i：器械高，f：目標板高，H_A, H_B：A, B点の標高

第6章　地形測量（GISを含む）

細部測量 Q3

A 数値地形測量では，地形・地物等の測定（**細部測量**）は，基準点又は TS 点に TS 等又は GNSS 測量機を整置し，地形・地物等の水平位置及び標高など，地形図等の作成に必要な数値データを求めます。

解　説

1．TS等を用いる細部測量

1. TS 等（トータルステーション，セオドライト，測距儀等をいう）を用いる地形・地物の測定は，基準点又は TS 点に TS 等を整置し，放射法により行う。標高の測定は，必要に応じて水準測量により行う（準則第 96 条）。
2. 基準点又は TS 点から地形・地物等の測定は，次のとおり。
   ① 地形は，地性線（凸線，凹線，傾斜変換線等の地ぼうの骨格）及び標高値を測定し，図形編集装置により等高線描画を行う。
   ② 標高点の密度は，「地図情報レベル × 4 cm」を辺長とする格子に 1 点を標準とし，標高点数値は cm 単位で表示する。
   ③ 細部測量では，地形・地物等の測定を行うほか，編集及び編集した図形の点検に必要な資料（測定位置確認資料）を作成する。
   ④ 地形・地物の測定は，水平角観測 0.5 対回，距離 1 回測定，測定距離の許容範囲 150m（地図情報レベル 500 以下，2 級 TS）を標準とする。
3. TS 等により取得されたデータは，数値データであるため数値から現地の状況は分からない。測定した座標値等には，その属性を表すために分類コードを付す。

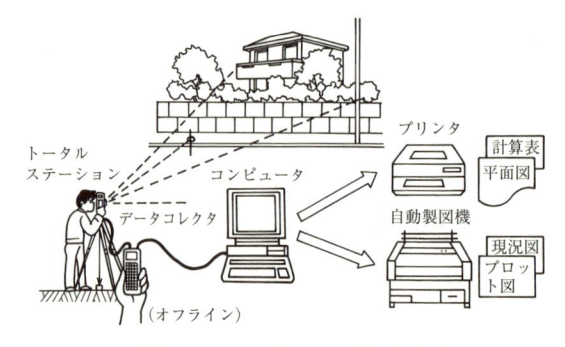

図 6・8　TS 等による細部測量

> **質問** 細部測量は，どのように実施するのですか？

2．GNSS等を用いる細部測量

1. キネマティック法又はRTK法による**TS点の設置**は，干渉測位方式により2セット行い，セット間の較差が許容範囲内にあることを確認する。
2. キネマティック法又はRTK法による**地形・地物等の測定**は，基準点又はTS点にGNSS測量機を整置し，放射法により行う。
3. 地形・地物等の観測は，干渉測位方式により1セット行うものとし，観測の使用衛星数及びセット内の観測回数は，表6・2を標準とする。

表6・2　使用衛星数・観測回数（準則第97条）

使用衛星数	観測回数	データ取得間隔
5衛星以上	FIX解を得てから10エポック以上	1秒（但し，キネマティック法は5秒以下）
摘　要	① GLONASS衛星を用いて観測する場合は，使用衛星数は6衛星以上とする。但し，GPS衛星及びGLONASS衛星を，それぞれ2衛星以上用いること。	

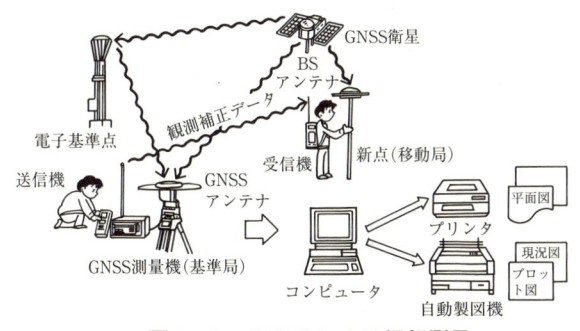

図6・9　GNSSによる細部測量

4. ネットワーク型RTK法による地形・地物等の測定は，間接観測法又は単点観測法により地形・地物等の測定（基線ベクトルを求める）を行う。なお，**間接観測法**は，固定点と移動点にGNSS測量機を据えて同時に観測し基線ベクトルの引き算をすることにより移動点間の基線ベクトルを求める観測をいう。**単点観測法**は，電子基準点を固定点として配信事業者の補正データを利用した放射法による観測をいう。

要点理解 ➡ P126

〔理解度の確認〕

P189，演習問題の 問3 ，問4 にチャレンジして下さい。

等高線の測定 Q4

地形・地物等の位置情報（x, y, H）のうち，高さの表現として，等高線法及び数値地形図モデル法があります。等高線は，TS等を用いて直接測定法，間接測定法により標高を求め，地形図上に表示します。

解　説

1. 等高線

1. **等高線**は，同一標高点を連ねた線で，地形図の地ぼうを表現する。等高線の基準となる曲線を**主曲線**といい，細い実線で表す。主曲線の数を読みやすくするため，主曲線を5本目ごとに太い実線で表した等高線を**計曲線**という。必要に応じて主曲線の1/2，1/4間隔の**補助曲線**を用いる。

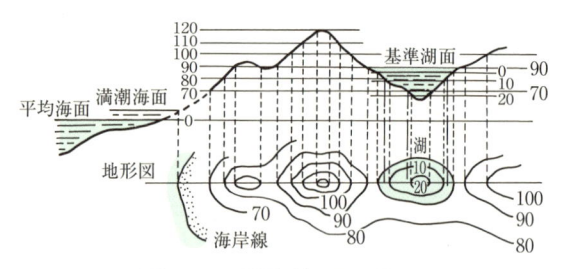

図6・10　地形断面図と等高線

表6・3　等高線・等深線

等高線の種類 縮尺	主曲線 細い実線	補助曲線		計曲線 太い実線	備考
		間曲線 細い破線	補助曲線 細い点線		
1/500	1 m	0.5 m	0.25 m	5 m	作業規定
1/1 000	1 m	0.5 m	0.25 m	5 m	
1/2 500	2 m	1 m	0.5 m	10 m	図式規定
1/5 000	5 m	2.5 m	1.25 m	25 m	
1/25 000	10 m	5 m	2.5 m	50 m	
1/50 000	20 m	10 m	5 m	100 m	

要点理解 ➡ P252

2. **地性線**は，地表面の形状を簡単な曲面の集合と考え，凸線（分水線，稜線），凹線（谷線），傾斜変換線で区切った地ぼうの骨格をいう。地性線は，測量の基準にもなり，これに基づき等高線を描くことができる。

> **質問** 等高線は，どのようにして求めますか？

2．等高線の測定

1. **直接測定法**：標高 H_A の基準点 A から等高線 H_P，H_Q の地点 P，Q は，器械高 i，目標板の高さ f_P，f_Q とすると，

$$H_A + i = H_P + f_P = H_Q + f_Q より，$$
$$\left.\begin{array}{l} f_P = H_A + i - H_P \\ f_Q = H_A + i - H_Q \end{array}\right\} \cdots\cdots 式（6・2）$$

レベルで f_P，f_Q の読みとなる地点 P，Q を求めると等高線の位置が分かる。

2. **間接測定法**：レベル，トータルステーション等で測量区域の多くの測点の標高，あるいは地性線上の主要点の標高を求めると，等高線 h_1，h_2 とその水平距離 ℓ_1，ℓ_2 は，次のとおり。

$$\frac{H_B - H_A}{L} = \frac{H}{L} = \frac{h_1}{\ell_1} = \frac{h_2}{\ell_2}$$

$$\therefore \quad \ell_1 = \frac{h_1}{H}L，\ \ell_2 = \frac{h_2}{H}L$$

$$\cdots\cdots 式（6・3）$$

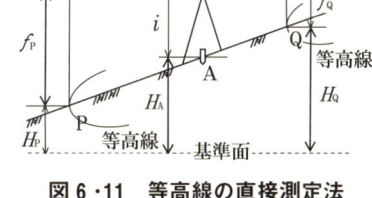

図6・11　等高線の直接測定法

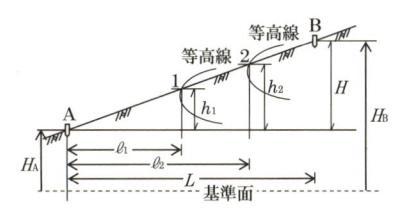

図6・12　等高線の間接測定法

> **例題1**　トータルステーションを用いた縮尺 1/1 000 の地形図作成において，傾斜が一定な斜面上の点 A と点 B の標高を測定したところ，それぞれ72.8m，68.6m であった。また点 A，B 間の水平距離は 78m であった。
> このとき，点 A，B 間を結ぶ直線とこれを横断する標高 70m の等高線との交点は，地形図上で点 A から何 cm の地点か。

> **解説**　等高線の位置

$$H = H_A - H_B = 4.2\text{m}，\ L = 78\text{m}$$
$$等高線\ h = H_A - 70 = 2.8\text{m}$$
$$\ell_1 = \frac{h}{H}L = \frac{2.8}{4.2} \times 78 = 52\text{m}$$

ℓ_1 は縮尺 1/1 000 の地形図上では，A 点から <u>5.2cm</u> の地点となる。

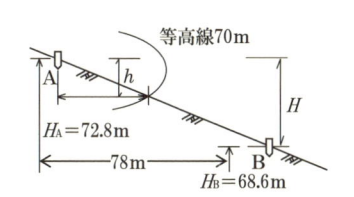

〔理解度の確認〕

P189，演習問題の 問5 にチャレンジして下さい。

第6章　地形測量（GISを含む）

数値地形測量 Q5

A 従来のアナログ図化の平板測量が，標準的な測量から除外され，地形測量はデジタル図化の数値地形測量となりました。数値地形測量の方法には，4種類があり，その特徴を理解しておく必要があります。

解　説

1．数値地形測量の分類

1. **数値地形測量**は，地形・地物の変化点をコンピュータで扱えるデジタルデータ（数値地形図データ）で測定・取得し，数値地形図データファイル，地形図原図を作成する作業をいう。作業方法により次のように分類する。

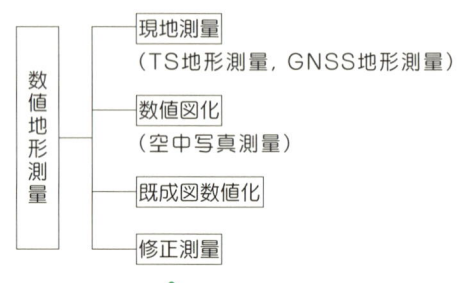

```
                ┌─ 現地測量
                │  （TS地形測量，GNSS地形測量）
  数値地形測量 ─┤─ 数値図化
                │  （空中写真測量）
                ├─ 既成図数値化
                └─ 修正測量
```

要点理解 ➡ P212，P214

2．数値図化（数値地形図データ）

1. **数値図化**とは，空中写真等の図化の作業工程段階で数値地形図データ（デジタルデータ）を取得し，現地補測や補備測量により得られたデータを付加して編集して数値地形図を作成する作業をいう（P194参照）。

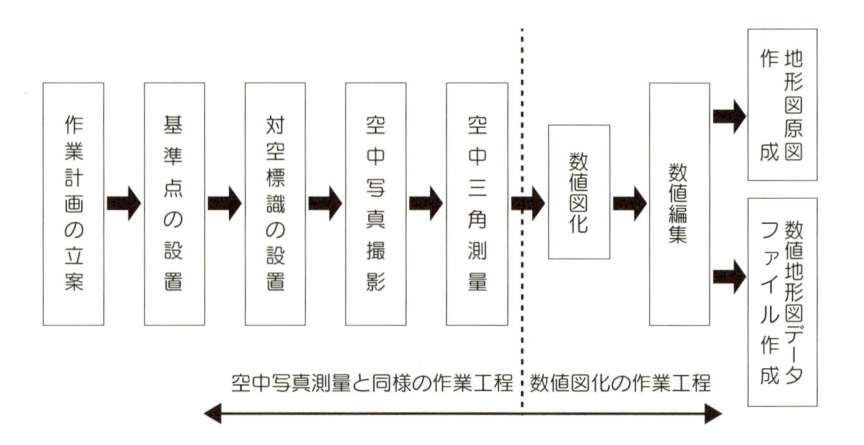

作業計画の立案 → 基準点の設置 → 対空標識の設置 → 空中写真撮影 → 空中三角測量 → 数値図化 → 数値編集 → 地形図原図作成／数値地形図データファイル作成

← 空中写真測量と同様の作業工程 ｜ 数値図化の作業工程 →

176

> **質問** 数値地形測量は，どのような測量方法ですか？

3．既成図数値化

1. **既成図数値化**とは，既に作成された地形図等（既成図）の数値化を行い，数値地形図データを作成する作業をいう。この作業を**マップデジタイズ**（MD）といい，取得された数値データは，その取得方法によりベクタデータ（デジタイザ計測）とラスタデータ（スキャナ計測）に分かれる。
   ① **ベクタデータ**：座標値をもった点列によって表現される図形データ。
   ② **ラスタデータ**：行と列の画素の配列によって構成される画像データ。
2. 工程別作業区分及び順序は，次のとおり。

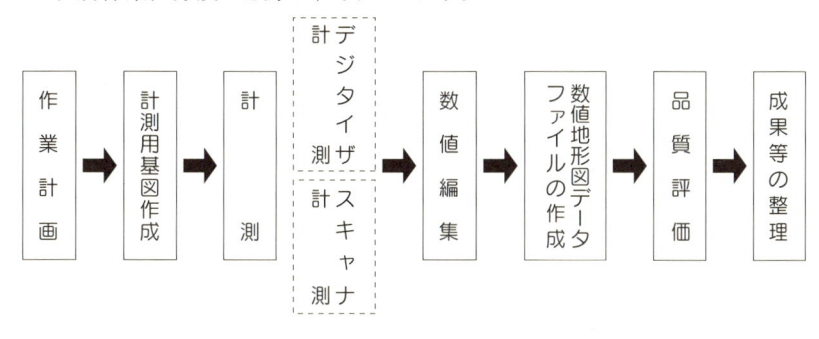

作業計画 → 計測用基図作成 → 計測 → [デジタイザ計測／スキャナ計測] → 数値編集 → 数値地形図データファイルの作成 → 品質評価 → 成果等の整理

4．修正測量

1. **修正測量**とは，既成の数値地形図データファイルを更新する作業をいう。
2. 修正測量は，①空中写真測量，②TS等観測，③キネマティック法，RTK法，ネットワークRTK法，④既成図等を用いる方法により行う。
3. 工程別作業区分及び順序は次による。なお，**予察**とは，旧数値地形図データの点検，修正箇所の抽出等を行い，作業方法を決定することをいう。

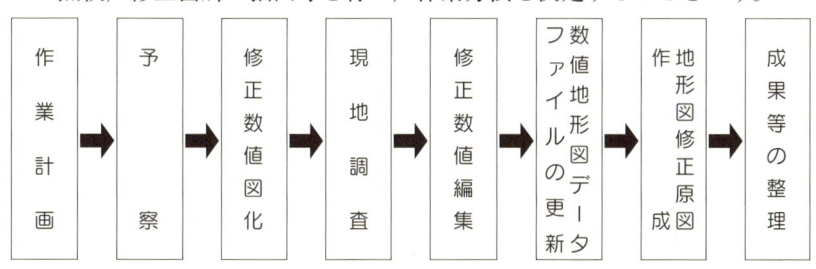

作業計画 → 予察 → 修正数値図化 → 現地調査 → 修正数値編集 → 数値地形図データファイルの更新 → 地形図修正原図作成 → 成果等の整理

第6章　地形測量（GISを含む）

〔理解度の確認〕
P190，演習問題の 問6 にチャレンジして下さい。

Q6 数値地形測量の特徴

A 数値地形測量のデータは，すべてデジタル形式であり，従来の平板測量のような幾何学的模様をもちません。数値地形図データを地形図に表現する場合，図式規程に従って行います。

解 説

1．数値地形測量の特徴

1. 数値地形測量では，地図情報が縮尺によらない測地座標（デジタルデータ）で記録されている。これを図化（アナログ）するとき，真位置データから転位・取捨選択等の作図データの処理が行われる。
    ① **真位置データ**：水平位置の転位，間断（重複する部分を描かない）等の処理を行わず，データの連続性と真位置を重視したデータをいう。
    ② **作図データ**：水平位置の転位，間断等の図式に従った処理が行われるデータをいう。真位置データに比べて，転位した量だけ精度が悪くなっているため，計測・設計等には向かない。
2. 高さの表現方法として，等高線法，数値地形モデル法（DTM）を用いる。
    ① **等高線法**：数値図化機により等高線を描画しながらデータを取得する。
    ② **数値地形モデル**（DTM）：所定の格子点及び山頂・鞍部等の地形の特徴を示す点の標高値データを取得する。　　要点理解 ➡ P220

2．TS等測量の特徴

1. TS等による細部測量は，オンライン方式又はオフライン方式により実施する。オンライン方式の**電子平板方式**は，次の特徴をもつ（P169）。
    ① TS等に携帯用の小型コンピュータを接続し，CADなどにより図形処理をしながら，現地で直接測定により地形図を描く。
    ② 電子平板方式は，平板そのものを使用しないが，コンピュータのモニター画面を利用して編集・描画を行う。理論的には従来の平板測量と同じ。

3．図式規程と数値地形図データ

1. **図式規程**は，地表の形態を表示する場合の表示基準，表示位置，表示する事項，地形・地物などの表示方法などを定めたものである。
2. 地形図は，数値地形図データを幾何学的模様に変換したものである。

質問 数値地形測量の特徴は，どのようなものですか？

例題1 次の文は，数値地形測量により作成される数値地形データについて述べたものである。 ア ～ オ の中に適切な語句を入れなさい。

数値地形のデータは，水平位置の転移や間断等の処理を行わず，データの連続性の確保と測定した座標の保持を重視した ア と，水平位置の転移や間断等の処理が行われている イ に分類される。また，データの形式によりベクタ形式とラスタ形式の2種類に分類することができる。

ベクタ形式のデータは，トータルステーションを用いた地形測量や数値図化により取得する方法のほか，地形図や既成図から ウ を用いて直接取得する方法がある。

一方，ラスタ形式のデータは，既成図から エ を用いて数値データを取得し，取得した数値データを オ により，ベクタ形式のデータにすることも可能である。

解説 数値地形データ

解答 ア − 真位置データ　イ − 作図データ　ウ − デジタイザ
　　　　エ − スキャナ　オ − ラスタ・ベクタ変換

例題2 次の文は，電子平板測量について述べたものである。 ア ～ エ に入る語句の組合せとして適当なものはどれか。

電子平板測量とは，トータルステーションと，CADなどの図形処理ソフトウェアを付加した携帯用 ア を接続し，現地において地形・地物を イ 測定して地形図を描く測量方法である。また，トータルステーションを使うので ウ の測定もできる。

電子平板測量では，実際に平板を エ ，従来の平板測量と同じように，現地で測定から編集までを一貫して行う。

	ア	イ	ウ	エ
1.	小型コンピュータ	直　接	高　さ	使用しないが
2.	小型コンピュータ	間　接	高　さ	使用し
3.	小型コンピュータ	間　接	属　性	使用しないが
4.	GNSS	間　接	属　性	使用し
5.	GNSS	直　接	高　さ	使用しないが

解説 電子平板測量

電子平板は，ノート型ペンコンピュータにデータ取得機能やCADの機能を組み込み，TS又はGNSSと組み合せてオンライン方式で使用する。取得データを容易に確認でき，地物の属性情報も入力できる。

解答 1

第6章 地形測量（GISを含む）

数値地形測量のデータ形式 Q7

A 数値地形測量の地理情報は，位置情報（地図データ）と属性情報（人口分布などの関係空間データ）で構成されており，各データはコンピュータで扱えるようにベクタデータ，ラスタデータで表します。

解説

1. 数値地形測量のデータ形式

1. 数値地形測量によって得られる**数値地形図データ**（位置・形状を表す座標データ，内容を表す属性データ等，計算処理が可能な形態で表したもの）の形式は，次のとおり。

```
                    ┌─ ベクタデータ
数値地形図データ ───┤                    ┌─ メッシュデータ
                    └─ ラスタデータ ─────┤
                                         └─ 画像データ
```

2. **ベクタデータ**は，図形の形状（地図情報）を点・線・面に分け（位相構造化，P182），それぞれを座標と長さ・方向（ベクトル）の組合せで表現する方法で，座標位置で表される点の情報や線の情報及び属性情報を付与したデータである。TS や GNSS を用いた細部測量で得られるデータ及びデジタイザで得られるデータは，ベクタデータである。

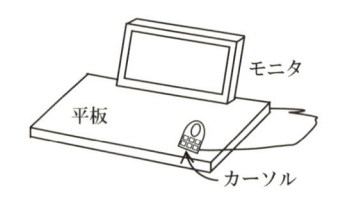

図6・13　デジタイザ 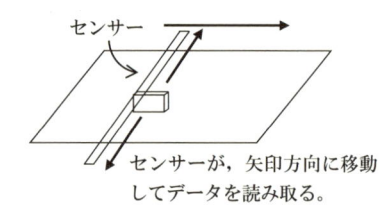　　　図6・14　スキャナ（センサー）

3. **ラスタデータ**は，図形を細かいメッシュ（網の目状）に分け，各区画（画素，ピクセル）に属性1つ付与し，その情報が「ある，ない」を記録した数値データで表現する画像データをいう。メッシュ型のデータとしては，数値標高モデル（DEM）がある。スキャナで読み取るデータは，ラスタデータである。

質問 ラスタデータ，ベクタデータは，何を表しているのですか？

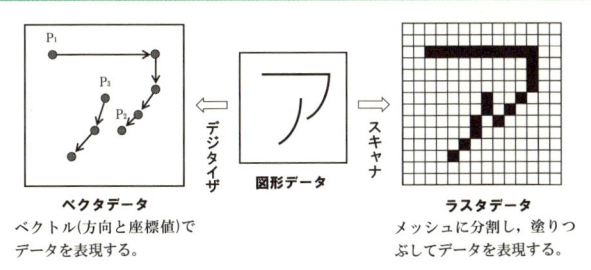

図6・15 ベクタデータとラスタデータ

表6・4 地図表現とデータ形式

データ形式	ベクタデータ	ラスタデータ
地図表現	・正確に表現できる ・地図縮尺を大きくしても，形状は崩れない。	・メッシュ内部の情報は不明である。 ・縮尺を大きくすると，地図表現が粗くなる。
地図の特性：地図に使用されるデータは，座標を持った点(学校等の建物)と，線(道路や鉄道等の線状構造物)と，面(土地や湖沼など線で囲まれた物)にその全てが分類される。		

2．ラスタ・ベクタ変換

1．ラスタデータをベクタデータに変換することを**ラスタ・ベクタ変換**という。ラスタ・ベクタ変換は，ラスタデータの領域を中央に向かって詰めていく**細線化**と，領域の境界をベクトル化し，中央のベクトルを求める**芯線化**がある。

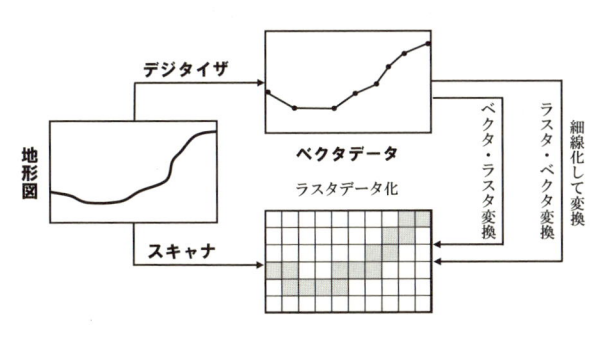

図6・16 ラスタ・ベクタ変換

〔理解度の確認〕

P190，演習問題の 問7 ， 問8 にチャレンジして下さい。

地理情報システム(GIS)の構築 Q8

A 地理情報システム（GIS）は，空間の位置に関連づけられた自然・社会・経済などの地理情報を総合的に処理・管理・分析するシステムをいいます。数値データは，位相構造化を図ります。

解　説

1．ベクタ型データとラスタ型データ

1. 図6・17のベクタ型データでは，属性（広葉樹）Bの面P_1は，面を囲む点p_2，p_3，p_6と2点を結ぶ線ℓ_2，ℓ_7，ℓ_8で構成される。数値地形図がこれに該当する。
2. 図6・18のラスタ型データでは，メッシュ内の各区画（画素，ピクセル）に階調数などの属性を一つだけ付与して表示したものである。

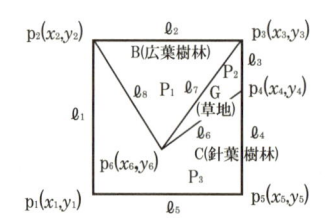

図6・17　ベクタ型データ　　図6・18　ラスタ型データ

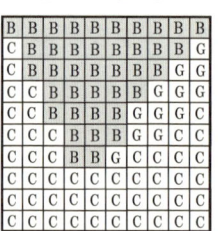

2．ベクタ型データの位相構造化

1. ベクタ型データの点情報，線情報，面情報をノード，チェイン，ポリゴンで表し，各データが「何を表しているのか」を知ることができる。
2. 図6・19において，3本以上の線分の交点（結節点）を**ノード**，ノードとノードを結ぶ線分を**チェイン**，多角形により構成される面を**ポリゴン**という。
3. ポリゴンは，時計回りのチェインの順列で表し，チェインの方向が反時計回りの場合は負の符号を付ける。図形の位置関係を表す情報を**トポロジー情報**という。トポロジーをコンピュータが認識できるように，ノード位相構造，チェイン位相構造，ポリゴン位相構造に位相構造化する。
   ① **ノードの位相構造**：ノードに連結するチェインＩＤ No.（アイディーナンバー）で構成され，ノードがチェインの始点（＋），終点（－）とする。
   ② **チェインの位相構造**：始点・終点のノードID No.及び左側・右側ポリゴンID No.で構成される。

> **質問** トポロジー情報は，何を表すのですか？

③　ポリゴンの位相構造：ポリゴンを構成するチェインID No.を時計回り（＋），反時計回り（－）とする。

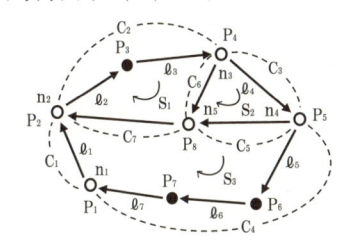

○　ノード
●　ポイント
S_1, S_2, S_3　ポリゴン
$C_1, C_2, …$　チェイン
$n_1, n_2, …$　ノード番号

①　ノード位相構造

ノード ID No.	チェイン ID No.
n_1	$C_1, -C_4$
n_2	$-C_1, C_2, -C_7$
n_3	$-C_2, C_3, C_6$
n_4	$-C_3, C_4, C_5$
n_5	$-C_5, -C_6, C_7$

②　チェイン位相構造

チェイン ID No.	ノード 始点	ノード 終点	ポリゴン 左側	ポリゴン 右側
C_1	n_1	n_2	0	S_3
C_2	n_2	n_3	0	S_1
C_3	n_3	n_4	0	S_2
C_4	n_4	n_1	0	S_3
C_5	n_4	n_5	S_3	S_2
C_6	n_3	n_5	S_2	S_1
C_7	n_5	n_2	S_3	S_1

③　ポリゴン位相構造

ポリゴン ID No.	チェイン ID No.
S_1	C_2, C_6, C_7
S_2	$C_3, C_5, -C_6$
S_3	$C_1, -C_7, -C_5, C_4$

図6・19　トポロジー情報

3．地理情報システム（GIS）

1. GISは，地図データ（空間データ基盤）に様々な属性データを結び付け，利用者の用途・目的に合ったデータを得られるシステムである。

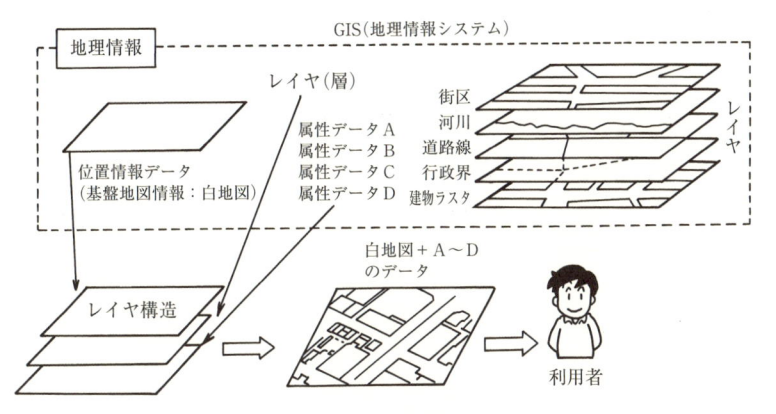

図6・20　GIS（地理情報システム）

基盤地図情報（位置情報） Q9

A 地理情報は，位置情報と属性情報の2つで構成され，各データをコンピュータで扱えるように数値データとしたものです。GISは，位置情報を基に属性データをレイヤ構造で積み重ねたものです。

解　説

1．基盤地図情報

1．三角点や建物記号，目標物の記号などの点情報はノードデータで表され，道路や鉄道，行政界などの線情報はチェインデータで，田畑や湖沼，大規構造物などの面情報はポリゴンで表される。
　① **ノード**：点の座標位置とノードナンバ（交点番号）で表す。
　② **チェイン**：ノードナンバ（始点と終点）とチェインナンバで表され，方向（ベクトル）を持つ。方向は時計方向を＋，反時計方向を－とする。
　③ **ポリゴン**：時計回りにチェインナンバで与えられる。
2．図6・21に示すトポロジー情報により，道路線データと交差点を与えると，P_1からP_8地点へ到達する経路が判明する。

例題1　図は，ある地域の街区について数値化された道路中心線を模式的に示したものである。P_1〜P_9は交差点，L_1〜L_{11}は道路中心線，S_1〜S_3は道路中心線L_1〜L_{11}で構成された街区面を表したものである。

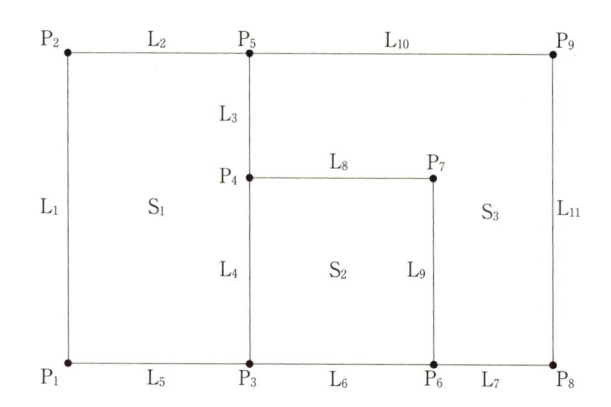

質問 基盤地図情報は，どのように構築しますか？

表1は，道路中心線 L_1〜L_{11} の始点及び終点を P_1〜P_9 で表したものである。表2は，街区面 S_1〜S_3 を構成する道路中心線 L_1〜L_{11} とその方向を表したものである。ここで，街区面を構成する道路中心線の方向は，面の内側から見て時計回りの方向を ＋，その反対の方向を － とする。表2の ア ～ ウ に入る記号は何か。

表1

道路中心線	始点	終点
L_1	P_1	P_2
L_2	P_2	P_5
L_3	P_4	P_5
L_4	P_3	P_4
L_5	P_1	P_3
L_6	P_3	P_6
L_7	P_8	P_6
L_8	P_4	P_7
L_9	P_6	P_7
L_{10}	P_5	P_9
L_{11}	P_8	P_9

表2

街区面	道路中心線	方向
S_1	L_1	＋
	L_2	＋
	L_3	ア
	L_4	－
	L_5	－
S_2	L_4	＋
	L_6	－
	L_8	＋
	L_9	－
S_3	L_3	イ
	ウ	＋
	L_8	－
	L_9	＋
	L_{10}	＋
	L_{11}	－

解説　基盤地図情報

表1はチェーンの始点，終点を表し，表2はポリゴンの位相構造を表している。ポリゴン S_1, S_2, S_3 をチェーンの始点，終点の方向を考えて，表2を完成させると，アは（－），イは（＋），ウは L_7 となる。

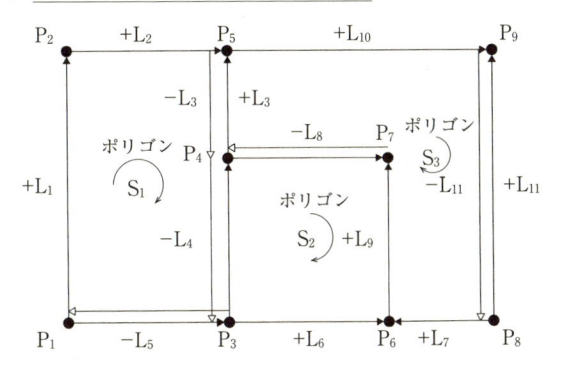

図6・21　道路のトポロジー

〔理解度の確認〕

P191，演習問題 問9 にチャレンジして下さい。

地理空間情報（GIS） Q10

A 基盤地図情報は，地理情報システム（GIS）を利用するときに使うデータの骨格点的な情報です。行政区域や道路などの地図データが，レイヤ構造（P183）として記録されます。

解 説

1．数値地図と基盤地図情報

1. 国土地理院刊行の1/2.5万地形図は，空中写真を25μm（マイクロ）の画素単位でカラースキャナでラスタデータとした上で，等高線・海岸線・行政界などをベクタデータに変換する。このデータに基づいて，**数値地図25 000**（行政界・海岸線等の地図画像），50mメッシュ，250mメッシュにより標高を表示する。

2. GIS（地理情報システム）の利用の基盤となる**数値地図2 500**（基盤地図情報）は，基準点・標高，河川・海岸線，行政界，建物・街区などの位置情報と50mメッシュの標高などの**基盤地図情報項目**をもつ（P167）。

3. 数値地図2 500は，行政区域・海岸線・街区についてはベクタ線情報でポリゴンを構成し，点情報で位置情報を，道路線はベクタ線情報で道路ネットワークを構成し，それぞれ属性データが付けられている。統計情報・台帳情報と関連づけて統計処理に利用される。

☞ 要点理解 ➡ P262

2．地理空間情報とGIS

1. **地理空間情報**（P61，空間属性，時間属性，主題属性）により，視覚的に理解しやすいように種々の地図，図表の表示が可能で，何種類もの情報を関連させて利用することができる。

2. 地理空間情報の機能として，ラスタ形式とベクタ形式の数値地図が扱え，地図の拡大・縮小及びデータ検索ができる。

3. 地理空間情報を利用して，2地点間の距離，最短距離，曲線の長さ，区域の面積などの計測ができる。また，地形の陰影，鳥かん図，地形断面図などの表現ができる。

4. **GISの機能**は，地理空間情報を基に，地理的な様々な情報検索，情報の分析・編集，分析結果の地図・グラフ表示機能を加えたものである。

5. GISの地理検索機能として，ある地点から$x$km以内の情報，ある区域内

質問 GISは，どのように利用されていますか？

に含まれる情報などを検索することができる。また，情報の分類や統合が可能で，統計解析ができる。

6. GISは，土地に係る様々な情報を基盤地図情報と関連させて，土地という平面（2次元），高さ（3次元），そして過去・現在・未来という時間の要素をいれた4次元の世界について，国土の計画・防災・環境保全などの行政，通信・交通などの計画・管理等に使われている。

要点理解 ➡ P60，P262

例題1 次の事例について，コンピュータを用いた解析を行いたい。この際，等高線データや数値標高モデルなどの地形データが必要不可欠であると考えられるものはどれか。

但し，数値標高モデルとは，ある一定間隔の水平位置ごとに標高を記録したデータである。

1. 台風による堤防の決壊によって，浸水の被害を受ける範囲を予測する。
2. 日本全国を対象に，名称に「谷」及び「沢」の付く河川を選び出し，都道府県ごとに「谷」と「沢」のどちらが付いた河川が多いかを比較する。
3. 百名山に選定されている山のうち，富士山の山頂から見ることができる山がいくつあるのかを解析する。
4. 東京駅から半径10km以内の地域を対象に，10階建て以上のマンションの分布を調べ，地価との関連を分析する。
5. 津波の避難場所に指定が予定されている学校のグラウンドについて，想定される高さの津波に対する安全性を検証する。

解説 GIS（地理情報システム）

1. 地形データ（等高線データ，数値標高モデル）から，浸水区域を予想することができる。必要不可欠事項である。
2. 地形データの必要不可欠の事項ではない。
3. 等高線データ・数値標高モデルから，視通が可能かどうか判定できる。必要不可欠事項である。
4. 数値標高モデルから10階建以上のマンションを調べることができるが，地価との関連を分析することは，必要不可欠の事項ではない。
5. 標高と津波の高さの検証は，必要不可欠事項である。

解答 1，3，5

第6章 地形測量（GISを含む）

〔理解度の確認〕

P191，演習問題の 問10 にチャレンジして下さい。

第6章 演習問題

解答はP192にあります。
なお、関数の数値が必要な場合は、P327の関数表を使用すること。

問1 次の文は、公共測量における地形測量のうち、現地測量について述べたものである。 ア ～ ウ に入る語句の組合せとして適当なものはどれか。

a．現地測量とは、現地においてトータルステーションなど又はRTK法若しくはネットワーク型RTK法を用いて、又は併用して地形、地物などを測定し、 ア を作成する作業をいう。
b．現地測量は、 イ ，簡易水準点又はこれと同等以上の精度を有する基準点に基づいて実施する。
c．現地測量により作成する ア の地図情報レベルは、原則として ウ 以下とする。

	ア	イ	ウ
1.	数値画像データ	4級基準点	1 000
2.	数値地形図データ	3級基準点	2 500
3.	数値画像データ	3級基準点	2 500
4.	数値地形図データ	3級基準点	1 000
5.	数値地形図データ	4級基準点	1 000

問2 次の文は、地形測量について述べたものである。 ア ～ エ に入る語句の組合せとして適当なものはどれか。

ア の方法のうち、携帯型パーソナルコンピュータなどの図形処理機能を用いて、現地で図形表示しながら計測及び編集を行う方式を、オンライン方式といい、特に イ と電子平板を用いた方式が一般的である。これらの方法により得られたデータは、通常 ウ 形式であり、編集済データの端点の接続は、 エ により点検することができる。

	ア	イ	ウ	エ
1.	同時調整	電子レベル	画像	電子基準点
2.	同時調整	トータルステーション	ベクタ	プログラム
3.	細部測量	電子レベル	ベクタ	電子基準点
4.	細部測量	トータルステーション	画像	電子基準点
5.	細部測量	トータルステーション	ベクタ	プログラム

問3　次の文は，公共測量において実施する，トータルステーション又はGNSS測量機を用いた細部測量について述べたものである。間違っているものはどれか。
1．トータルステーションによる，地形・地物の測定は，放射法により行う。
2．地形・地物などの状況により，基準点にトータルステーションを整置して細部測量を行うことが困難な場合は，TS点を設置することができる。
3．RTK観測では，霧や弱い雨にほとんど影響されずに観測を行うことができる。
4．RTK観測による，地形・地物の水平位置の測定は，基準点と観測点間の視通がなくても行うことができる。
5．ネットワーク型RTK法を用いる細部測量では，GNSS衛星からの電波が途絶えても，初期化の観測をせずに作業を続けることができる。

問4　次の文は，公共測量におけるRTK法による地形測量について述べたものである。間違っているものはどれか。
1．最初に既知点と観測点間において，点検のため観測を2セット行い，セット間較差が許容範囲内にあることを確認する。
2．地形及び地物の観測は，放射法により2セット行い，観測には4衛星以上使用しなければならない。
3．既知点と観測点間の視通が確保されていなくても観測は可能である。
4．観測は霧や弱い雨にほとんど影響されず，行うことができる。
5．小電力無線機などを利用して観測データを送受信することにより，基線解析がリアルタイムで行える。

問5　トータルステーションを用いた縮尺1/1 000の地形図作成において，傾斜が一定な直線道路上にある点Aの標高を測定したところ66.6mであった。一方，同じ直線道路上の点Bの標高は，59.7mであり，点Aから点Bの水平距離は54.0mであった。
このとき，点Aから点Bを結ぶ直線道路とこれを横断する標高62mの等高線との交点は，この地形図上で点Aから何cmの地点を横断するか。
1．1.8cm
2．2.0cm
3．2.8cm
4．3.2cm
5．3.6cm

問6 次の文は，数値地形測量に関する4種類の作業方法について述べたものである。 ア ～ エ に入る語句の組合せとして適切なものはどれか。
  a．トータルステーションをなどを用いて ア により数値データを取得し，数値編集を行って数値地形図を作成する方法で，TS地形測量と呼ばれる。
  b．空中写真を用い， イ 段階から数値データを取得し，数値編集を行って数値地形図を作成する方法で， ウ と呼ばれる。
  c．既に作成されている地形図を エ ，数値地形図を作成する方法で既成図数値化と呼ばれる。
  d．上記により作成された数値地形図を修正する方法で，修正測量という。

	ア	イ	ウ	エ
1．	図面計測	図化	数値図化	デジタイザなどで数値化し
2．	図面計測	現地調査	ラスタ・ベクタ変換	数値標高モデルと重ね合わせ
3．	現地観測	現地調査	数値図化	数値標高モデルと重ね合わせ
4．	現地観測	図化	ラスタ・ベクタ変換	数値標高モデルと重ね合わせ
5．	現地観測	図化	数値図化	デジタイザなどで数値化し

問7 次の文は，地理情報システムで扱うラスタデータとベクタデータの特徴について述べたものである。間違っているものはどれか。
  1．ラスタデータを変換処理することにより，ベクタデータを作成する。
  2．閉じた図形を表すベクタデータを用いて，図形の面積を算出する。
  3．ラスタデータは，一定の大きさの画素を配列して，地物などの位置や形状を表すデータ形式である。
  4．ネットワーク解析による最短経路検索には，一般にラスタデータよりベクタデータの方が適している。
  5．ラスタデータは，拡大表示するほど，地物などの詳細な形状を見ることができる。

問8 次の文は，ラスタデータとベクタデータについて述べたものである。間違っているものはどれか。
  1．ラスタデータは，ディスプレイ上で任意の倍率に拡大や縮小しても，線の太さを変えずに表示することができる。
  2．ラスタデータは，一定の大きさの画素を配列して，写真や地図の画像を表すデータ形式である。
  3．ラスタデータからベクタデータへ変換する場合，元のラスタデータ以上

の位置精度は得られない。
4．ベクタデータは，地物を点，線，面で表現したものである。
5．道路中心線のベクタデータをネットワーク構造化することにより，道路上の2点間の経路検索が行えるようになる。

問9 図は，ある地域の交差点，道路中心線及び街区面のデータについて模式的に示したものである。P_1～P_7は交差点，L_1～L_9は道路中心線，S_1～S_3は街区面を表す。この図において，P_1とP_7間に道路中心線L_{10}を新たに取得した。
　次の文は，この後必要な作業内容について述べたものである。間違っているものだけの組合せはどれか。

a．道路中心線 L_6，L_{10}，L_8 により街区面を取得する。
b．道路中心線 L_8，L_9，L_4，L_5 により街区面を取得する。
c．道路中心線 L_2，L_3，L_9，L_7 により街区面を取得する。
d．道路中心線 L_1，L_7，L_{10} により街区面を取得する。
e．道路中心線 L_1，L_7，L_8，L_6 により街区面を取得する。

1．a，b，c
2．a，c，d
3．a，d，e
4．b，c，e
5．b，d，e

問10 次の文は，数値地図データを点，線分，面の図形要素で表現するときの基本的な規則について述べたものである。不適当なものはどれか。

1．ある地点の位置を示す点のデータは，その点の識別子とその点の座標値を用いて表す。
2．地物の直線状の部分を表現する線分のデータは，その線分の識別子とその線分の始点・終点となる点の識別子を用いて表す。
3．曲線状の地物を表現する曲線のデータは，その曲線の識別子とその曲線を折れ線で近似して構成する線分の識別子を用いて表す。
4．広がりを持つ地物の範囲を表現する面のデータは，その面の識別子とその面の内側にある代表点の識別子を用いて表す。
5．隣接する2つの領域の境界を表現する線分のデータを構成化するには，その線分の識別子とその線分の左右の領域を示す面の識別子を用いる。

演習問題　解答・解説

問1 ⑤ 現地測量は，TS等及びGNSS測量によって行われる（P172）。

問2 ⑤ 電子平板方式は，TS又はGNSSと組み合せオンライン方式で使用するシステムをいう。得られるデータは，ベクタ形式（P180）である。

問3 ⑤ 観測点を移動中に，障害物で衛星からの電波が途絶えた場合，再初期化を行う。初期化とは，整数値バイアスを確保することをいう（P117）。

問4 ② 地形・地物の観測は，放射法により1セット行う。使用衛星数は5以上とする（P127）。

問5 ⑤ $\dfrac{x}{54} = \dfrac{62-59.7}{66.6-59.7}$ より，

$x = 18.0$ m

$y = 54.0 - 18.0 = 36.0$ m

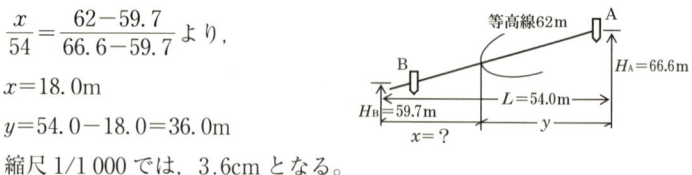

縮尺 1/1 000 では，3.6cm となる。

問6 ⑤ 数値地形図データは，計算処理が可能な形態に表現したものをいう。

問7 ⑤ ラスタデータは画素の集合体である。拡大すると画素が拡大されるだけで，1画素中の詳細は不明である。

問8 ① ラスタデータは，図形を細かいメッシュ（画素）の集合体で表現したもので，拡大しても線の太さが大きくなるだけで地図表現が粗くなる。

問9 ④ L_{10} により，新たにポリゴン S_1-1，S_1-2 ができる。チェインナンバーは S_1-1 が (L_1, L_7, L_{10})，S_1-2 が (L_6, L_{10}, L_8) となる。

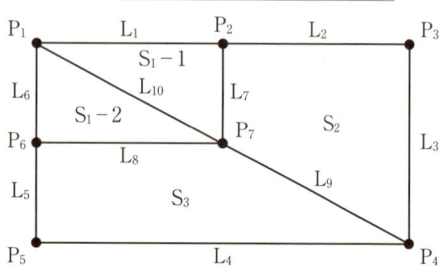

問10 ④ 範囲を示す面のデータは，その面の識別子（ポリゴン）と面を構成する線分の識別子（チェイン）を用いて表す。面内の代表点の識別子ではない。

第7章
写真測量

○ 写真測量は，空中写真を用いて数値地形図データを作成する作業をいいます。
○ 1/2 500 国土基本図，1/2.5万地形図は，写真測量によって作製される実測図です。

数値標高モデル（DEM，立体図）

空中写真測量　Q1

空中写真測量は，航空機から撮影された空中写真を用いて，写真上に写された土地の形状・地物等を計測し，数値地形図データを取得する測量方法です。

解　説

1．空中写真測量

1. **空中写真測量**とは，空中写真（数値化された空中写真を含む）を用いて数値地形図データを作成する作業をいう（準則第106条）。
2. 空中写真測量により作成する数値地形図データの地図情報レベルは，500，1 000，2 500，5 000及び10 000を標準とする（準則第107条）。

2．工程別作業区分及び順序

1. 工程別作業区分及び順序は，次のとおり（準則第108条）。

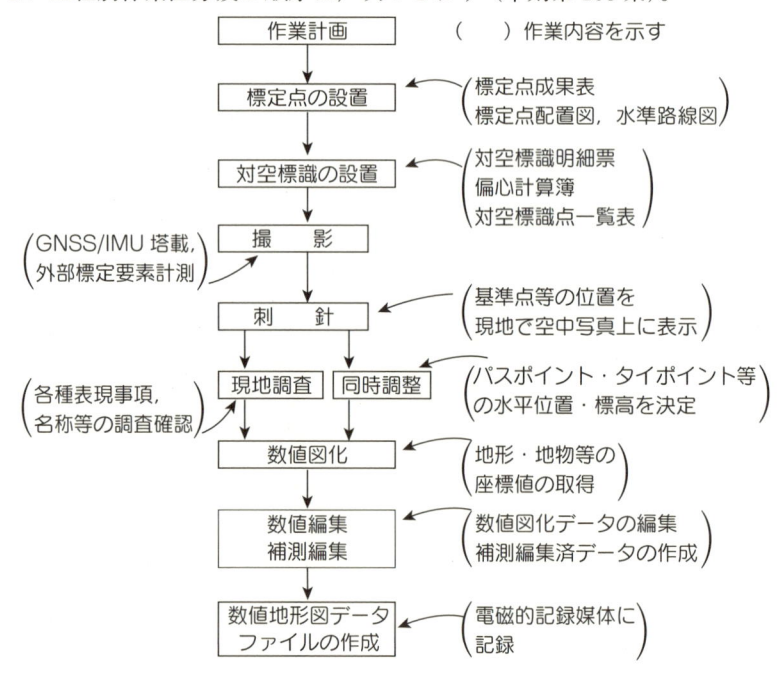

```
作業計画                （　）作業内容を示す
  ↓
標定点の設置  ← （標定点成果表
                 標定点配置図，水準路線図）
  ↓
対空標識の設置 ← （対空標識明細票
                  偏心計算簿
                  対空標識点一覧表）
  ↓
撮　影  ← （GNSS/IMU塔載，外部標定要素計測）
  ↓
刺　針  ← （基準点等の位置を現地で空中写真上に表示）
  ↓
現地調査　同時調整  ← （パスポイント・タイポイント等の水平位置・標高を決定）
（各種表現事項，名称等の調査確認）
  ↓
数値図化 ← （地形・地物等の座標値の取得）
  ↓
数値編集
補測編集 ← （数値図化データの編集
             補測編集済データの作成）
  ↓
数値地形図データ
ファイルの作成 ← （電磁的記録媒体に記録）
```

図7・1　空中写真測量の作業工程

> **質問** 空中写真測量とは，どのような測量ですか？

① **作業計画**：地形図の使用目的，図化区域，精度等に応じ，作業規程の準則に基づいて測量計画を立てる。また，必要人員，所要器材の準備を行う。
② **標定点の設置**：後の同時調整及び図化において，空中写真の標定に必要な基準点及び水準点（**標定点**という）を現地に設置し，平面位置・標高を多角測量・水準測量等の地上測量によって求める作業をいう。
③ **対空標識の設置**：同時調整において，基準点，水準点，標定点等（以上，基準点等という）の写真座標を測定するため，基準点等に一時標識を設置する作業をいう。
④ **撮影**：測量用空中写真を撮影する作業をいい，後続作業に必要な外部標定要素の同時取得等を含む（GNSS/IMU装置搭載）。
⑤ **刺針**：基準点等の位置を現地において空中写真上に表示する作業をいう。刺針は，対空標識が空中写真上に確認できない場合に行う。
⑥ **現地調査**：数値地形図データを作成するために必要な各種表現事項・名称等を現地において調査・確認し，図化及び編集に必要な資料を作成する。
⑦ **同時調整**：デジタルステレオ図化機を用いて，空中三角測量により，図化に必要なパスポイント・タイポイント及び標定点等の写真座標を測定し，平面位置及び標高を決定する作業をいう。
⑧ **数値図化**：空中写真及び同時調整等で得られた成果を使用し，デジタルステレオ図化機によりステレオモデルを構築し，地形・地物等の座標値を取得し，数値図化データを記録する作業をいう。
⑨ **現地補測**：必要に応じて現地に出向いて，確認及び修正測量を行う。
⑩ **地形図原図作成**：数値地形図データファイルを図式規定に基づいて，地形図を作成する作業をいう。

第7章 写真測量

3．空中写真測量の利点・欠点

(1) **利点**：① 写真は撮影時の状態を忠実に写し，能率的かつ同時性がある。
② 骨組測量及び細部測量を同時に行うので，精度を均一に保てる。
③ 測点を空中の任意の点とするので地形上の障害を受けない。
(2) **欠点**：① 撮影は天候に左右される。また，日陰の部分は判読不明となる。
② カメラ・図化機等高価な機械及び航空機が必要で，多額の資本がいる。
③ 小地域の測量には適さない。

〔理解度の確認〕

P224，演習問題の 問1 にチャレンジして下さい。

空中写真測量の原理 Q2

A 空中写真測量は，2枚の連続した空中写真からステレオモデルを再現して，地上の3次元座標を求めます。空中写真は中心投影であるため，比高・カメラの傾きによるひずみが生じます。

解　説

1．空中写真測量の原理

1．空中写真測量は，「写真上の像点とこれに対応する地上の点及び撮影レンズの中心の3点は一直線上にある」という**共線条件**に基づく。
2．空中写真測量は，写真座標から地上座標を求めるため，2枚の写真を用いて2組の共線条件により立体計測を行う。図7・2において，2枚の写真の像点とレンズ中心を通る直線が交会する点が，地上の3次元座標である。

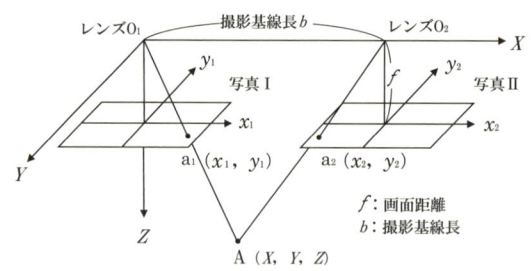

図7・2　写真対による立体計測

2．航空カメラと空中写真の特殊3点

1．**航空カメラ**には，フィルム航空カメラとデジタル航空カメラがある。
　フィルム航空カメラは，広角航空カメラが用いられ，画面の大きさaは23cm×23cm，シャッター速度1/50〜1/1 000秒である。

表7・1　撮影カメラ

	焦点距離	画角	視野	カメラ枠の大きさ
広角カメラ	153mm	94°	74°	23cm×23cm
中間角カメラ	210mm	75°	57°	23cm×23cm
普通角カメラ	300mm	56°	41°	23cm×23cm

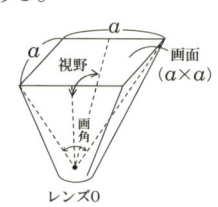

図7・3　画角・視野

2．**デジタル航空カメラ**は，撮影した画像をデジタル信号として記録するもの

質問　空中写真測量の原理は，どのようなものですか？

で，レンズから入った光を電気信号に変換する画像素子（CCD）と画像取得用センサーを搭載している。フィルム航空カメラに匹敵する撮影範囲が確保できないため，複合型フレームセンサーで分割取得された4画像を合成して一枚の写真とする。パンクロ撮影と同時にカラー，近赤外を撮影でき，高画質の写真ができる。

3. 図7・4に，空中写真と地上との関係を示す。**画面距離**は，レンズOからネガフィルムまでの距離をいい，焦点距離fと等しい。**密着写真**は，フィルムから直接印画紙に焼付けたものをいう。

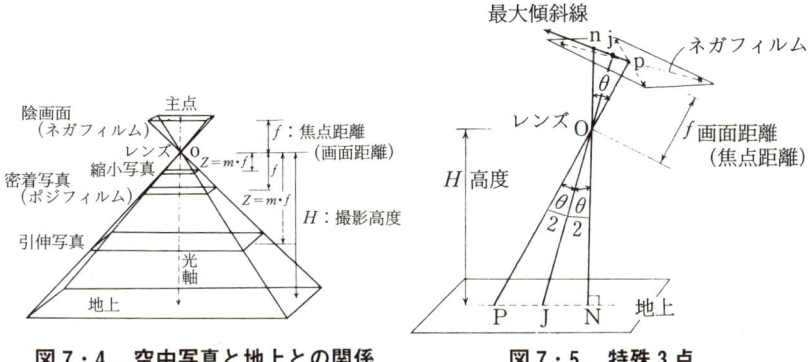

図7・4　空中写真と地上との関係

図7・5　特殊3点

4. カメラの光軸が鉛直軸から3°〜5°傾斜している写真を**垂直写真**，傾きが0°のものを**鉛直写真**という。カメラが傾いた状態で撮影された垂直写真では，主点p，鉛直点n，等角点jの特殊3点を生じる。
  ① **主　点p**：写真の中心点で，レンズから画面へ下ろした垂線の足。
  ② **鉛直点n**：レンズの中心を通る鉛直線と画面との交点。地上に比高がある場合は鉛直点nを中心とした測角は地上のN点で測角した角と等しい。
  ③ **等角点j**：鉛直線と光軸との交角θを2等分する線が画面と交わる点。

3．撮影フィルム

1. 撮影フィルムには，**白黒写真**（パンクロ写真，赤外写真）と**カラー写真**（天然色写真，赤外カラー写真）がある。
2. パンクロ写真は可視領域の波長に感光し，赤外写真は赤外の領域まで感光する。カラー写真は天然の色に発色し，赤外カラー写真は赤外領域を赤に，赤の波長を黄に，緑の波長を青に発色させた写真である。

〔理解度の確認〕

P224，演習問題の 問2 にチャレンジして下さい。

対空標識及び写真縮尺 Q3

空中写真測量では，地上の平面位置と高さの分かった標定点が必要です。標定点は写真上に明確に写る必要があり，対空標識を設置します。写真縮尺は，撮影高度により決まります。

解 説

1. 対空標識の設置

1. **対空標識の設置**は，空中三角測量及び数値図化に必要な基準点等の写真座標を測定するため，基準点等に一時標識を設置する作業をいう（第114条）。
2. **対空標識**は，拡大された空中写真上で確認できるように，空中写真の縮尺又は地上画素寸法等を考慮し，その形状，寸法，色等を選定する。

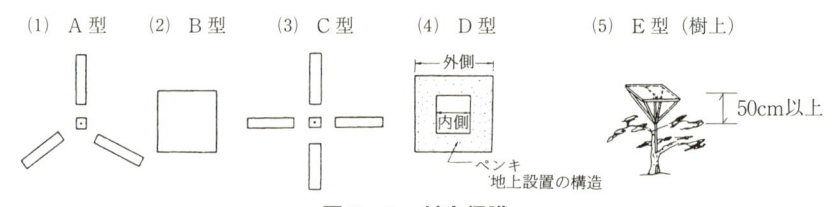

(1) A型　(2) B型　(3) C型　(4) D型　(5) E型（樹上）

図7・6　対空標識

表7・2　対空標識の規格（準則第115条）

形状 地図情報レベル	A型，C型	B型，E型	D型	厚さ
500	20cm×10cm	20cm×20cm	内側30cm・外側70cm	4mm〜5mm
1 000	30cm×10cm	30cm×30cm	内側30cm・外側70cm	
2 500	45cm×15cm	45cm×45cm	内側50cm・外側100cm	
5 000	90cm×30cm	90cm×90cm	内側100cm・外側200cm	
10 000	150cm×50cm	150cm×150cm	内側100cm・外側200cm	

3. 対空標識の基本型はA型及びB型とし，色は白色を標準とする。設置にあたっては，土地の所有者又は管理者の許可を得て堅固に設置する。対空標識の各端において，天頂からおおむね45°以上の上空視界を確保する。
4. 対空標識を基準点などに直接設置できない場合は，対空標識を適当な位置まで移動（偏心）させて設置する。
5. 設置した対空標識は，撮影作業完了後，速やかに現状を回復する。

> **質問** 対空標識は，何のために設置するのですか？

2．鉛直写真の縮尺

1. 図7・7に示すとおり地上AB（距離 L）が写真上にab（距離 ℓ）として投影されている場合，写真縮尺 M_b は次のとおり。

$$\left.\begin{array}{l}写真縮尺 \quad M_b = \dfrac{ab}{AB} = \dfrac{\ell}{L} = \dfrac{f}{H} = \dfrac{1}{m_b} \\[2mm] M_b = \dfrac{素子寸法 \Delta \ell}{地上画素寸法 \Delta L} = \dfrac{1}{m_b} \\[2mm] 対地高度 \quad H = f \cdot m_b \end{array}\right\} \quad \cdots\cdots 式（7・1）$$

但し，H：対地高度
$\quad\quad f$：カメラの焦点距離（画面距離）
$\quad\quad 1/m_b$：基準面における写真縮尺

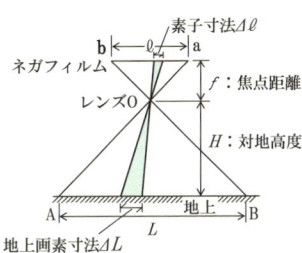

図7・7　写真縮尺 M_b

① フィルム航空カメラを用いる場合，対地高度（撮影高度）は撮影縮尺，画面距離から求める。
② デジタル航空カメラを用いる場合，対地高度（撮影高度）は地上画素寸法，**素子寸法**及び画面距離から求める。

2. 対地高度 H により写真縮尺は変化する。基準面は，その地域を代表する標高をとる。式（7・2）より，比高差がある場合は縮尺は一定とならず，標高の高い地域の縮尺は，標高の低い地域より大きくなる。

$$\left.\begin{array}{l}① \quad A 点の縮尺：M_{b(A)} = \dfrac{f}{H_A} = \dfrac{f}{(H_0 - h_a)} \\[2mm] ② \quad B 点の縮尺：M_{b(B)} = \dfrac{f}{H} = \dfrac{f}{(H_0 - h)} \end{array}\right\} \quad \cdots\cdots 式（7・2）$$

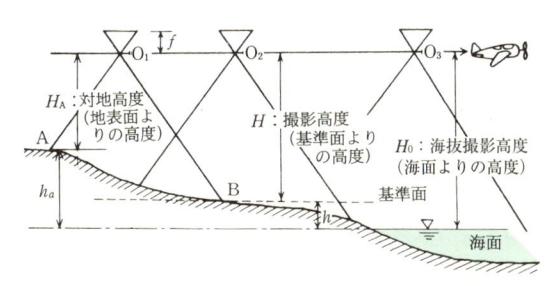

図7・8　対地高度（飛行高度 H_0，撮影高度 H）

〔理解度の確認〕

P225，演習問題の 問3 ， 問4 にチャレンジして下さい。

第7章　写真測量

空中写真の撮影計画 Q4

撮影とは，測量用空中写真を撮影する作業をいい，後続作業に必要な写真処理及び数値写真の作成工程を含みます。空中写真の撮影は，撮影に適した時期で気象状態が良好な時に行います。

解 説

1. 空中写真の撮影縮尺・地上画素寸法

1. フィルム航空カメラで撮影する空中写真の撮影縮尺及び地図情報レベルは，表7・3を標準とする。

表7・3 写真縮尺と地図情報レベル（準則第124条）

地図情報レベル	撮 影 縮 尺
500	1/3 000～1/4 000
1 000	1/6 000～1/8 000
2 500	1/10 000～1/12 500
5 000	1/20 000～1/25 000
10 000	1/30 000

2. デジタル航空カメラで撮影する数値写真の**地上画素寸法**（写真の1画素に対応する撮影基準面上の長さ）及び地図情報レベルは，表7・4を標準とする。

表7・4 地図情報レベルと地上画素寸法（準則第124条）

地図情報レベル	地上画素寸法（式中のB：基線長〔m〕，H：対地高度〔m〕）
500	90mm×2×(B/H)～120mm×2×(B/H)
1 000	180mm×2×(B/H)～240mm×2×(B/H)
2 500	300mm×2×(B/H)～375mm×2×(B/H)
5 000	600mm×2×(B/H)～750mm×2×(B/H)
10 000	900mm×2×(B/H)

例題 1 画面距離12cm，撮像面での素子寸法12μm，画面の大きさ14 000画素×7 500画素のデジタル航空カメラを用いて，海面からの撮影高度3 000mで鉛直空中写真の撮影を行った。撮影基準面の標高を0mとすると，撮影基準面での地上画素寸法はいくらか。

解説 地上画素寸法

写真縮尺 $M=f/H_0=0.12/3\,000=1/25\,000$

地上画素寸法 $L=12\mu m×25\,000=12×10^{-6}m×25\,000=\underline{0.3m}$

> **質問** 空中写真の撮影は，どのように行いますか？

2．撮影計画

1. 航空機から地上を撮影するとき，図7・9に示すように連続する写真によって地表が必ず重複して撮影されなければならない。隣り合う写真との重複度を**オーバーラップ p** といい，60％を原則とする。隣接コースとの重複度を**サイドラップ q** といい，30％を原則とする。

$$\text{オーバーラップ} \quad p=\frac{(S-B)}{S}\times 100 \qquad \cdots\cdots 式（7・3）$$

$$\text{サイドラップ} \quad q=\frac{(S-C)}{S}\times 100 \qquad \cdots\cdots 式（7・4）$$

但し，S：1枚の写真に写る地上の範囲（$S=a\cdot m_b$，a：画面枠）
B：撮影基線長， C：コース間隔

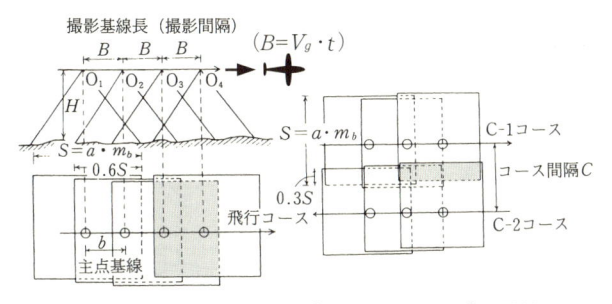

図7・9　オーバーラップ・サイドラップの関係

2. 撮影間隔（撮影基線長）Bとコース間隔Cは，次のとおり。なお，**主点基線長 b** とは，隣り合う2枚の密着写真上の主点を結ぶ線の長さをいう。

$$\text{撮影基線長} \; B=a\cdot m_b\left(1-\frac{p}{100}\right) \qquad \cdots\cdots 式（7・5）$$

$$\text{主点基線長} \; b=\frac{B}{m_b}=a\left(1-\frac{p}{100}\right) \qquad \cdots\cdots 式（7・6）$$

$$\text{コース間隔} \; C=a\cdot m_b\left(1-\frac{q}{100}\right) \qquad \cdots\cdots 式（7・7）$$

$$\text{シャッター間隔} \; t=\frac{B}{V_g}=\frac{a\cdot m_b}{V_g}\left(1-\frac{p}{100}\right) \qquad \cdots\cdots 式（7・8）$$

但し，p：オーバーラップ， q：サイドラップ
m_b：写真縮尺の分母数， V_g：航空機の対地速度

〔理解度の確認〕

P225，演習問題の 問5 ， 問6 にチャレンジして下さい。

空中写真の撮影コース Q5

A 撮影計画は，撮影区域の地形の状況に応じて実体空白部を生じないようコース撮影又は地域撮影とします。飛行コースは，水平飛行とし，計画撮影高度，計画撮影コースを保持します。

解説

1．撮影コースの計画

1．撮影方法には，鉄道・道路等の路線などの場合，そのコースにそって撮影する**コース撮影**と，ある地域全体の地図を作る場合の**地域撮影**がある。
  ① 同一コースの撮影は，直線かつ等高度とする。
  ② 隣接空中写真間の重複度（オーバーラップ）は，60％で最小でも53％とする。コース間（サイドラップ）は，30％で最小でも10％以上とする。

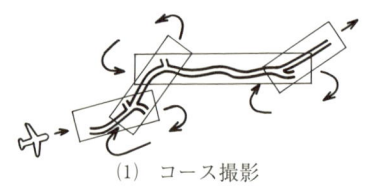

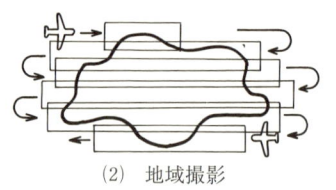

(1) コース撮影　　(2) 地域撮影

図7・10 コース撮影と地域撮影

2．ステレオモデル

1．隣り合う撮影によって重複する部分を**ステレオモデル**という。コース間の重複部分も考慮した図化する範囲を**ステレオ有効モデル**といい，その面積を**ステレオ有効面積**という。

  ステレオ有効面積 $A_0 = B \times C$
  　　　　　　　　　……式（7・9）
  但し，B：撮影基線長
  　　　C：コース間隔

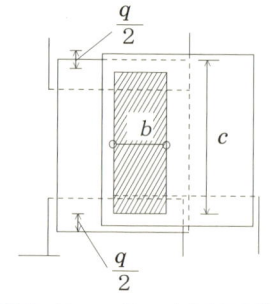

図7・11 ステレオ有効面積

例題1 画面距離 10.5cm のデジタル航空カメラを使用して，撮影高度 2 800m で数値空中写真の撮影を行った。このときの撮影基準面での地上画素寸法はいくらか。

> **質問** 空中写真の撮影コースは，どのように決めますか？

但し，撮影基準面の標高は 0 m，画素寸法は 9 μm とする。

解説 地上画素寸法

画像は，点（dot）の集合であり，点を**受光素子（CCD），画素（ピクセル）**という。素子寸法は 7～12 μm である。1 インチ当たりのドット数 dpi（dot per inch）が大きいほど解像度（キメの細かさ）は高い。例えば，解像度が 800×600 dpi の画面は，横方向に 800 個，縦方向に 600 個の画素が並んでいる（48 万画素デジタルカメラ）。

地上画素寸法とは，空中写真の 1 画素に対応する撮影基準面上の長さをいう。

画面距離 $f=0.105$ m，撮影高度 $H=2\,800$ m の写真縮尺 M_b は

$$M_b = \frac{f}{H} = \frac{0.105\text{m}}{2\,800\text{m}} = \frac{1}{26\,700}$$

画素寸法 $=9\mu\text{m}=9\times10^{-6}$ m

∴ 地上画素寸法 $=9\times10^{-6}$ m $\times 26\,700$
$=24.03\times10^{-2}$ m ≒ <u>24 cm</u>

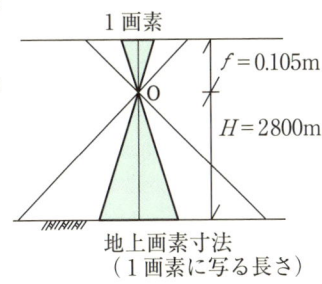

図 7・12 地上画素寸法

例題 2 画面距離 12 cm，撮像面での素子寸法 12 μm，画面の大きさ 14 000 画素 ×7 500 画素のデジタル航空カメラを用いて，海面からの撮影高度 2 400 m で標高 0 m の平たんな地域の鉛直空中写真の撮影を行った。

撮影基準面の標高を 0 m とし，撮影基線方向の隣接空中写真間の重複度が 60 % の場合，撮影基準面における撮影基線方向の重複の長さはいくらか。

但し，画面短辺が撮影基線と平行とする。

解説 撮影基線方向の重複の長さ

写真縮尺 $M = \dfrac{f}{H_0} = \dfrac{0.12}{2\,400} = \dfrac{1}{20\,000}$

地上画素寸法（短辺）$S_L = 7\,500\times 12\mu\text{m}\times 20\,000$
$\qquad\qquad\qquad\qquad\quad = 1\,800$ m

撮影基線長 $B = S_L\times\left(1-\dfrac{60}{100}\right) = 720$ m

重複の長さ $= 1\,800 - 720 = \underline{1\,080\text{m}}$

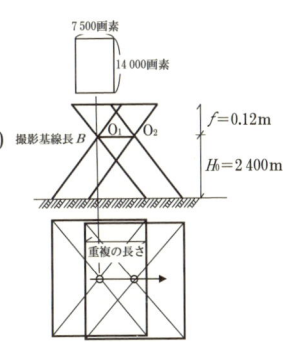

図 7・13 オーバーラップ

〔理解度の確認〕

P226，演習問題の 問7 にチャレンジして下さい。

第 7 章 写真測量

単写真の性質 Q6

A 煙突，高圧線鉄塔などは，写真上で不規則に横倒しに写りますが，これらの線を延長するとすべて鉛直点で交わります。比高により写真上の位置は，鉛直点を中心に放射状にひずみます。

解 説

1．比高によるひずみ・垂直写真のひずみ

1．写真には**比高によるひずみ**がある。基準面より比高 h の山頂 A は正射投影では A′ に投影されるが，写真では A_1 の位置に写る。故に，写真上では A の位置は a 点にあり，正しい位置 a′ との間に aa′＝dr の**ひずみ**が生じる。

図7・14において，△Oaa′ ∽ △OAA″ より

$$\frac{dr}{f} = \frac{AA''}{H-h}, \quad f \cdot AA'' = dr(H-h) \quad \cdots\cdots ①$$

△Oa′n ∽ △A′A″A より

$$\frac{r-dr}{f} = \frac{AA''}{h}, \quad f \cdot AA'' = h(r-dr) \quad \cdots\cdots ②$$

①，②より，$dr(H-h) = h(r-dr)$

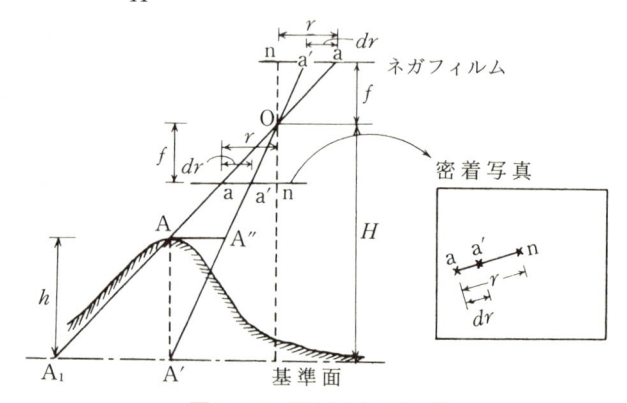

ひずみ $dr = h\dfrac{r}{H}$　　　　　　　　　　　　……式（7・10）

図7・14　比高によるひずみ

2．**ひずみ量 dr** は，鉛直点 n よりの距離 r，比高 h に比例し，撮影高度 H に反比例する。ひずみは，鉛直点 n を中心とした放射線上に生じ，比高 h が正

> **質問** 写真上の位置は，どのようにひずんでいるのですか？

(基準面より高い地点) のときは外側に，比高が負 (基準面より低い地点) のときは内側にひずむ。

3．垂直写真では，**カメラの傾きによるひずみ**が生じる。等角点から遠いところほど写真縮尺は小さく，近いところほど大縮尺で写る。写真像は，等角点を中心とした放射状にずれている。

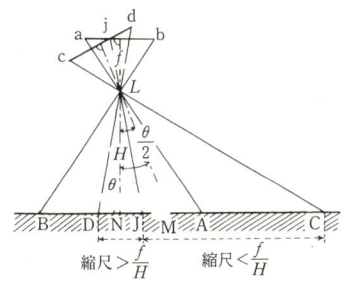

図7・15　垂直写真

例題1　画面距離15cm，画面の大きさ23cm × 23cmの航空カメラを用いて，海抜2 200mの高度から撮影した鉛直空中写真に，高さ50mの高塔が写っている。高塔の先端は，鉛直点から70.0mm離れており，像の長さは20mmである。この高塔が写っている地表面の標高H_Aはいくらか。

解説　比高によるひずみ

$$H = \frac{r}{dr}h = \frac{70.0\text{mm}}{2.0\text{mm}} \times 50\text{m}$$
$$= 1\,750\text{m}$$
$$\therefore \ 標高\ H_A = H_0 - H$$
$$= 2\,200 - 1\,750 = \underline{450\text{m}}$$

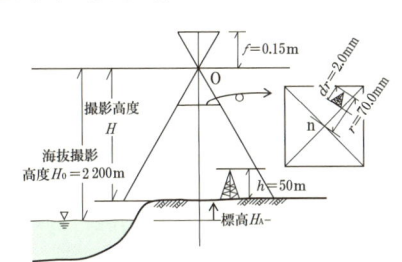

図7・16　比高によるひずみ

2．写真像のずれ量 (シャッター速度)

1．航空カメラの露出時間は，飛行速度，使用フィルム (撮影素子)，フィルター，撮影高度等を考慮して決定する。前進ぶれの量を最小に抑える必要からシャッター速度を決める。

$$前進ぶれの量\quad \Delta S = \frac{V_g \cdot \Delta t}{m_b} \qquad \cdots\cdots 式(7 \cdot 11)$$

但し，V_g：飛行速度
Δt：シャッター速度
m_b：写真縮尺の分母数 ($M_b = 1/m_b$)

2．航空機の対地速度180km/h，航空カメラのシャッター速度1/350秒の縮尺1/10 000の空中写真には，0.014mm = 1.4μmの前ぶれがある。

〔理解度の確認〕

P226，演習問題の 問8 にチャレンジして下さい。

第7章　写真測量

実体鏡による比高の測定 Q7

A 2枚の連続写真の重複部を利用して実体視し，観測・計測することができます。空中写真は，空中の2点から同一地域を撮影しており，写真には撮影点の差だけのずれがあるからです。

解説

1．実体視の原理

1. **実体視**とは，1つの目標を左右の眼で少し離れた角度で眺めることにより遠近を判断する方法である。この実体視の原理により平面の**実体写真**（同一物体を視点を変えて写したもの）を立体的に観測し測定することができる。
2. **実体感**は，同一目標物を両眼で見ることにより，①遠くの物は近くの物より両眼に入る交角が小さい，②左右の目の網膜上の目標物の像が目の位置の違いだけ少し異なる等，によって生じる。
3. 重複して撮影された隣り合う2枚の写真を正しく並べ，反射式実体鏡で見ると，両写真の同一点からの対応交点が像となる。交角の大きいものほど，浮き上がって見え，実体視（**ステレオモデル**）ができる。

図7・17 反射式実体鏡　　図7・18 実体視の原理

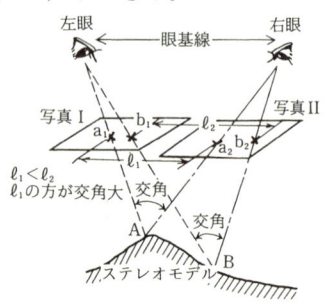

2．撮影高度と視差

1. 図7・19は，O_1，O_2で撮影した一対の鉛直写真の断面図である。基準面よりhの高さにある山頂A点と基準面上のB点は，写真Iではa_1, b_1に，写真IIではa_2, b_2に写っている。
2. $\overline{O_1a_1}$, $\overline{O_1b_1}$に平行に$\overline{O_2a_1'}$, $\overline{O_2b_1'}$を引くと，$P_a=\overline{a_1'a_2}$, $P_b=\overline{b_1'b_2}$がそれぞれ2枚の写真に写る位置のちがいを示す。これをA点，B点の**視差**という。

> **質問** 実体視は，どのようにするのですか？

3. A点，B点の視差 P_a，P_b は，次のとおり。

$\triangle O_1O_2A \infty \triangle a_1'a_2O_2$ から，$\dfrac{f}{H-h} = \dfrac{P_a}{B}$ ∴ $P_a = \dfrac{f \cdot B}{H-h}$ ……①

$\triangle O_1O_2B \infty \triangle b_1'b_2O_2$ から，$\dfrac{f}{H} = \dfrac{P_b}{B}$ ∴ $P_b = \dfrac{f \cdot B}{H}$ ……②

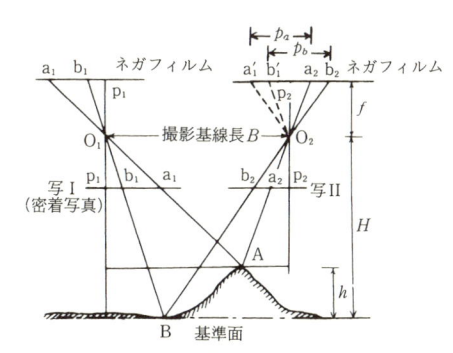

図7・19 視差と標高との関係

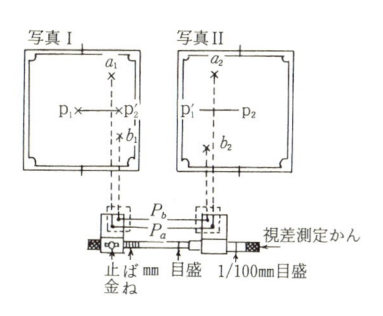

図7・20 視差の測定

3. 視差差による比高の測定

1. 高さの異なる2点の視差の差（**視差差**という）を測定することにより，2点間の高低差，つまり**比高**を求めることができる。

視差差 $dp = P_a - P_b$

$= \dfrac{f \cdot B}{H-h} - \dfrac{f \cdot B}{H} = \dfrac{f \cdot B}{H} \times \dfrac{h}{H-h} = b \times \dfrac{h}{H-h}$

∴ $dp(H-h) = b \cdot h$

∴ 比高 $h = \dfrac{H \cdot dp}{b + dp}$ ……式（7・12）

但し，b：主点基線長

なお，比高 h が撮影高度 H の3％以下の場合は，次の近似式でよい。

比高 $h = \dfrac{H \cdot dp}{b}$ ……式（7・13）

2. 式①，②から，撮影高度 H と視差 P とは反比例する。故に，視差の等しい点を連ねると等高線が得られる。また，高い地点の視差は，低い地点の視差より大きく，比高により視差差は変わる。

〔理解度の確認〕

P227，演習問題の 問9 にチャレンジして下さい。

第7章 写真測量

同時調整 Q8

同時調整は，GNSS／IMU装置により，モデルの標定に必要な外部標定要素（撮影位置と傾き）を求める作業をいい，内部標定により写真座標を，外部標定でモデル座標を求めます。

解　説

1．同時調整

1. 60％の重複を持つ一対の写真をレンズの収差（ひずみ）をなくすため，撮影時の写真機のレンズと同性質のレンズを投影器に取り付け，撮影時と同一状態で投影すると，隣り合う2枚の写真の同一点から出た光線はもとの地点で交わりステレオモデルができる。これを**再現の原理**という。
2. **同時調整**とは，デジタルステレオ図化機を用いて，空中三角測量により，パスポイント，タイポイント，標定点の写真座標を測定・調整（**内部標定**）し，モデル座標への変換（**外部標定**）を行い，パスポイント，タイポイント等の水平位置及び標高を決定する作業をいう。同時調整の調整計算は，バンドル法（解析法）が用いられる。
   ① **空中三角測量**は，写真座標（画像上の座標値）と写真撮影時の状況を再現し，計算により測地座標に変換する作業をいう。
   ② **バンドル法**は，重複した写真の共通する点を結び付け，1つのブロックとして調整する計算手法で，現在主流の調整計算法。

2．内部標定及び外部標定

1. **標定**とは，デジタルステレオ図化機等において，空中写真のステレオモデルを構築し，地上座標系と結合させる以下の作業をいう。
2. **内部標定**は，図化機にフィルムを正しく取り付け，写真の座標値（写真座標）と画面距離等の内部標定要素を定める作業をいう。
3. **外部標定**は，撮影時のカメラのX，Y，Z軸に対する傾き（ω，φ，κ）オメガ　ファイ　カッパーと写真中心の地上座標等の外部標定要素を求める作業で，撮影時のカメラの状態を再現する。外部標定は，次の3段階に分けて行う。
   ① **相互標定**：写真座標からモデル座標への変換，隣り合う写真のステレオモデルを地上とは無関係で空間に表されるように再現する作業。
   ② **接続標定**：隣り合うモデルを接続し，統一したコース座標にする作業。

質問 同時調整では，どのようなことをするのですか？

③ **絶対標定**：コース座標を地上の3次元直交座標に変換し，経緯度，標高に基づき縮尺と方位を正し，水準面を修正し，測値座標系に変換する作業。

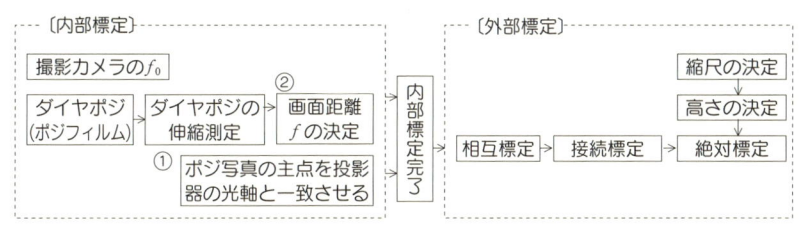

図7・21 標定のフローチャート

例題 1
次の文は，空中写真測量で用いる GNSS/IMU 装置について述べたものである。 ア ～ エ に入る語句を語句群の中から選びなさい。

空中写真測量とは，空中写真を用いて数値地形図データを作成する作業のことをいう。空中写真の撮影に際しては，GNSS/IMU 装置を用いることができる。GNSS は，人工衛星を使用して ア を計測するシステムのうち， イ を対象とすることができるシステムであり，IMU は，慣性計測装置である。

空中写真測量において GNSS/IMU 装置を用いた場合，GNSS 測量機と IMU でカメラの ウ を，IMU でカメラの エ を同時に観測することができる。これにより，空中写真の外部標定要素を得ることができ，後続作業の時間短縮や効率化につながる。

語句群　傾き　位置　現在位置　衛星位置
　　　　日本　全地球

解説　GNSS/IMU 装置

1. **同時調整**は，測地座標を決定する作業である。従来は，空中三角測量により行っていた作業であるが，GNSS/IMU 装置の導入により撮影と同時に空中写真の撮影位置と傾きの外部標定要素の計測が可能となり，時間短縮や効率化につながっている。

2. GNSS/IMU 装置は，空中写真の露出位置を解析するため，航空機搭載の GNSS 測量機及び空中写真の露出時の傾きを検出するための3軸のジャイロ及び加速計で構成される IMU（慣性計測装置）及び解析ソフト等で構成されるシステムである。

解答　　ア 現在位置，　イ 全地球，　ウ 位置，　エ 傾き

相互標定（標定要素） Q9

視差があると対応光線が1点に交わらずステレオモデルが再現できません。視差を横視差 P_x と縦視差 P_y に分け，縦視差を標定要素の操作で消去します（**相互標定**）。

解説

1. 相互標定

1. 図7・22(1)(2)は，写真撮影及びステレオモデルの投影状態を示す。飛行方向をX軸，鉛直方向をZ軸，X・Z軸に直角な方向をY軸とする。
2. 投影方向を表すため，カメラの**旋回角** κ（カッパー）（Z軸の回転），カメラの**前後の傾き** φ（ファイ）（Y軸の回転），カメラの**左右の傾き** ω（オメガ）（X軸の回転）で表す。

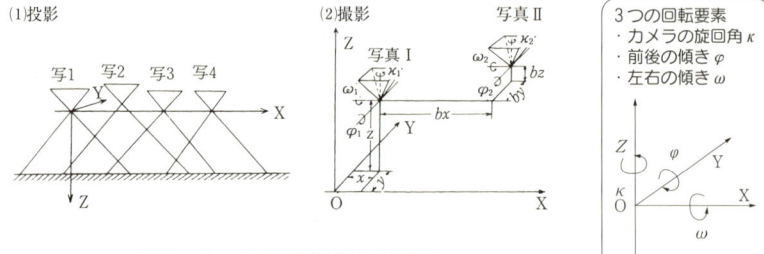

図7・22　実体写真測量の原理

3. 投影状態を表すには，写真Ⅰでは座標 (x, y, z) とカメラの3つの回転要素 $(\kappa_1, \varphi_1, \omega_1)$ の6元，写真Ⅱでは座標差 (bx, by, bz) とカメラの回転要素 $(\kappa_2, \varphi_2, \omega_2)$ の6元，合計12元の**標定要素**が必要となる。
4. **相互標定**は，縦視差を消去することであり，次の計5個を用いて操作する。
   ① シフトグループ (κ_1, κ_2, by) から2個
   ② スケールグループ $(\varphi_1, \varphi_2, bz)$ から2個
   ③ オメガグループ (ω_1, ω_2) から1個
5. 写真Ⅰ，Ⅱの主点1，2を含めて6点の**パスポイント**を選点する。

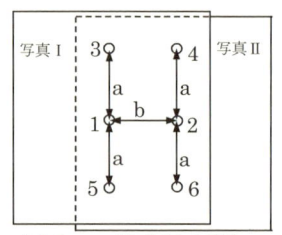

1.2.3.……パスポイント番号
b…主点基線長
点3，5又は点4，6は両主点と垂直で写真上で等距離

図7・23　パスポイントの配置

質問 ステレオモデルを作るためには，どうしますか？

2．標定要素の微量の動き

1. 写真の標定要素 bx, by, κ, bz, φ, ω を少量動かしたとき，写真全体の像の動き（縦視差の変化）は表7・5のとおり．番号はパスポイントを示す．

表7・5　標定要素とパスポイントの移動

要素	パスポイントの移動図	説明
① by_2	シフトグループ　写真Ⅰ　写真Ⅱ	by を少量 Δby 動かすと，像は一様に同一量 Δby だけ Y 方向に動く．$\Delta by = \Delta P_y$ の縦視差．
② κ_2	縦視差　横視差	旋回角 κ を少量 $\Delta\kappa$ 動かすと，点1，3，5に生じる縦視差は，$P_y = b\Delta\kappa$ すべて同量同方向．
③ bz_2	スケールグループ　縦視差　横視差	bz を動かすと像の縮尺が変わる．点3，4と点5，6に生じる縦視差は等しく反対方向．
④ φ_2	縦視差　横視差	φ を少量 $\Delta\varphi$ 動かすと，点3，5では同量，反対方向に縦視差．
⑤ ω_2	縦視差　横視差	ω を少量動かすと，点1，2は同量，点3，4と点5，6も同量で同方向の縦視差．

第7章　写真測量

〔理解度の確認〕

P227，演習問題の 問10 にチャレンジして下さい．

数値図化 Q10

図化機は，作成されたモデルの3次元の計測とそれを平面に図化する装置である。**数値図化**では，デジタル方式でデータを取得し，数値編集・数値地形図データファイルを作成します。

解　説

1．数値図化

1. **数値図化**とは，空中写真，同時調整等で得られた成果を使用し，デジタルステレオ図化機により，ステレオモデルを構築し，地形・地物等の座標値を取得し，数値図化データを磁気媒体に記録する作業をいう。
2. 数値図化により，測定結果の記録方式がアナログからデジタルに変わり，真位置表示が可能となりデータ取得時の精度が向上している。なお，デジタル方式で行うものを**数値地形図データ**という。
3. **デジタル写真測量**は，デジタルステレオ図化機を用いて，数値画像の観測・画像データ処理を行う技術をいう。**数値画像**は，デジタルカメラで直接取得するか又はカラースキャナで空中写真をデジタル化し間接的に得られる。階調数は8～11ビット，1画素の大きさ（解像力）は10～15μmを標準とする。
4. **デジタルステレオ図化機**は，デジタル写真を用いて，図化装置のモニターに立体表示させ図化する装置で，電子計算機，ステレオ視装置（立体視用のメガネ），スクリーンモニター及び3次元マウス又はXYハンドル，Z盤で構成される。デジタルステレオ図化機は，内部標定，相互標定，対地標定の機能又は外部標定要素によりステレオモデルの構築及び表示を行う。**標定**とは，ステレオモデルを地上座標系に結合させる作業をいう。
5. 図化機のうち，**解析図化機又は座標読取装置付アナログ図化機**は，密着ポジフィルム（アナログ写真）を用いて数値図化データを取得するものをいうが，現在，ほとんど使用されていない。

2．細部数値図化

1. 細部の数値図化は，線状対象物，建物，植生，等高線の順番に行い，データの位置・形状等をスクリーンモニター又は描画テーブルに出力し，データの取得漏れのないように留意する。
2. 地形表現のためのデータ取得は，等高線法，格子点の標高値による数値地

質問 数値図化は，どのようにしますか？

形図モデル法（DTM，P220）又はこれらの併用法で行う。
　数値地形モデルの作成は，デジタルステレオ図化機を用いて，自動標高抽出により標高を取得し，数値地形モデルファイルを作成する作業をいう。
3．出力図（地形図原図）作成は，数値地形図データファイルを基に図式規定に従って編集を行い，自動製図機により地形図原図を作成する作業である。

例題1　次の文は，デジタルステレオ図化機の特徴について述べたものである。明らかに間違っているものはどれか。
1．デジタルステレオ図化機を用いると，数値図化データを画面上で確認することができる。
2．デジタルステレオ図化機を用いると，数値図化データの点検を省略することができる。
3．デジタルステレオ図化機を用いると，数値地形モデルを作成することができる。
4．デジタルステレオ図化機を用いると，ステレオ視装置を介してステレオモデルを表示することができる。
5．デジタルステレオ図化機を用いると，外部標定要素を用いた同時調整を行うことができる。

解説　デジタルステレオ図化機
　数値図化データの点検は，数値図化データをスクリーンモニターに表示させて，空中写真，現地調査資料等を用いて行う。必要に応じて地図情報レベルの相当縮尺の出力図を用い，取得の漏れ及び平面位置・標高の誤りの有無，接合の良否，地形表現データの整合等の点検を行う。　　　**解答**　2

3．数値地形図データの長所

1．写真測量による地図情報が，測量時の精度を保持したままデジタル形式で処理されることにより，高精度な成果が得られる。
2．数値地形図は，地理情報システム（GIS），施設管理システムなどの電子計算機による地図情報の管理・利用のための基礎データとして利用される。
3．2次元（平面）・3次元（立体）の数値地形図の構築が可能であり，またデジタルデータは劣化しないので修正を繰り返しても精度が低下しない。

〔理解度の確認〕
P227，演習問題の 問11 にチャレンジして下さい。

第7章　写真測量

Q11 既成図数値化・修正測量

数値地形図データの取得方法には，TS地形測量，空中写真測量における数値図化，既成図を数値データ化するマップデジタル（MD），数値地形図を更新する修正測量があります。

解説

1. 既成図数値化

1. **既成図数値化**とは，既に作成された地形図等（既成図という）の数値化を行い数値地形図データを作成する作業をいう。既成図数値化における成果の形式は，ベクタデータを標準とする（準則第203・204条）。
2. **計測**は，デジタイザ，スキャナ等の計測機器（P180）を用いて，計測用基図の数値化を行い，数値地形図データを取得する作業をいう。
   ① **デジタイザによる計測**では，各計測項目の計測開始時及び終了時に，図郭四隅をそれぞれ2回ずつ計測し，較差が0.3mmを超えた場合は再測する。地物等の計測精度0.3mm以内とし，分類コード等を付す。なお，デジタイザで取得されたデータは，ベクタデータである。
   ② **スキャナによる計測**では，図郭四隅又はその付近で座標が確認できる点の画素座標は，スクリーンモニターに表示して計測し，図郭四隅の誤差の許容範囲は2画素とする。なお，スキャナにより取得されたデータは，ラスタデータである。

2. 修正測量

1. **修正測量**とは，既成の数値地形図データファイル（旧数値地形図データ）を更新する作業をいう（準則第221条）。
2. 修正測量の作業方法は，空中写真測量，TS観測，GNSS測量・既成図等によって修正を行い，周辺地物等との整合性を確認する。なお，旧数値地形図データの点検，修正箇所の抽出等を行い，作業方法を決定する（予察）。
3. 修正データを作成するために必要な各種表現事項，名称等を現地において調査確認し，必要に応じて補備測量を行う（現地調査）。
4. 図形編集装置を用いて，新たに取得した修正データと旧数値地形図データとの整合性を図るため編集等を行う（修正数値編集）。

要点理解 ➡ P177

質問 数値地形図データの取得は，どのようにしますか？

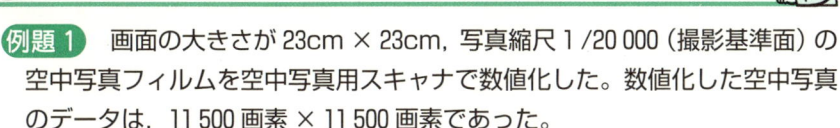

例題1 画面の大きさが 23cm × 23cm，写真縮尺 1/20 000（撮影基準面）の空中写真フィルムを空中写真用スキャナで数値化した。数値化した空中写真のデータは，11 500 画素 × 11 500 画素であった。
　数値化した空中写真データ1画素の撮影基準面における寸法はいくらか。

解説 空中写真の画素

　写真縮尺 $M_b = 1/m_b = 1/20\,000$，画面の大きさ $a = 23\text{cm} \times 23\text{cm}$，横・縦 11 500 × 11 500 画素（$132.25 \times 10^6 = 132.25\text{M}$ 画素）より，密着写真上での1画素の寸法 $\Delta\ell$ は，23cm/11 500 となる。

　これに対応する撮影基準面上の1画素の寸法（地上画素寸法）ΔL は，$\Delta L = \Delta\ell \times m_b = 20\,000 \times 23\text{cm}/11\,500 = \underline{40\text{cm}}$ となる。

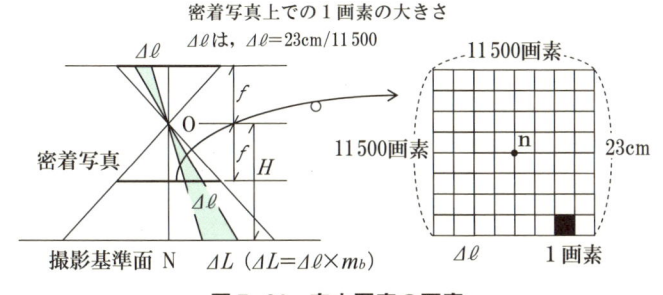

図7・24　空中写真の画素

例題2 次の文は，デジタルステレオ図化機を用いる場合の特徴について述べたものである。間違っているものはどれか。
1. 数値図化データを画面上で確認することができる。
2. 数値図化データの点検を省略することができる。
3. 数値地形モデルを作成することができる。
4. ステレオ視装置を介してステレオモデルを表示することができる。
5. 外部標定要素を用いた同時調整を行うことができる。

解説 デジタルステレオ図化機

　デジタル写真測量は，デジタルステレオ図化機を用いて，数値画像の観測・画像データ処理を行う技術である。

　数値図化データの点検は，取得の漏れ及び過剰，平面位置・標高の誤りの有無，接合の良否，標高点の位置・密度・測定値の良否，地形表現データの整合について行う。<u>点検は必要である</u>。

解答　2

写真地図の作成 Q12

A 写真地図は，レンズを中心とする中心投影の空中写真を，地図と同じ正射投影に変換した写真画像です。空中写真は地図と重ね合せても一致しませんが，写真地図では一致します。

解説

1. 写真地図

1. **写真地図作成**とは，数値写真（中心投影）を正射変換した正射投影画像（正射投影）を作成した後，必要に応じてモザイク画像を作成し写真地図データファイルを作成する作業をいう（準則第251条）。
2. 写真地図の作成は，空中写真からスキャナにより数値化した数値写真又はデジタル航空カメラで撮影した数値写真を，デジタル図化機等で正射変換し，写真地図データファイルを作成する。
3. 写真地図の作成は，正射投影法により行う。写真地図の精度は，表7・6を標準とする。

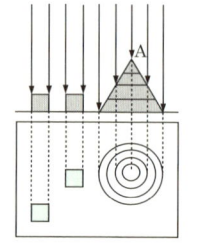

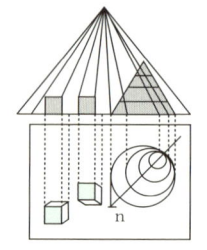

図7・25 正射投影と中心投影

表7・6 写真地図の精度（準則第253条）

地図情報レベル	水平位置（標準偏差）	地上画素寸法	撮影縮尺	数値地形モデル グリッド間隔	標高点(標準偏差)
500	0.5m 以内	0.1m 以内	1/3 000～1/4 000	5m 以内	0.5m 以内
1 000	1.0m 以内	0.2m 以内	1/6 000～1/8 000	10m 以内	0.5m 以内
2 500	2.5m 以内	0.4m 以内	1/10 000～1/12 500	25m 以内	1.0m 以内
5 000	5.0m 以内	0.8m 以内	1/20 000～1/25 000	50m 以内	2.5m 以内
10 000	10.0m 以内	1.0m 以内	1/30 000	50m 以内	5.0m 以内

4. 工程別作業区分及び順序は，次のとおり（準則第254条）．
   ① **数値地形モデルの作成**：自動標高抽出技術等（等高線法，標高点計測法）により標高を取得し，数値地形モデルファイルを作成する。
   ② **正射変換**：数値写真を中心投影から正射投影に変換し，正射投影画像を作成する。

質問 写真地図は，どのようにして作るのですか？

③ **モザイク**：隣接する正射投影画像をデジタル処理により結合させ，モザイク画像を集成する。

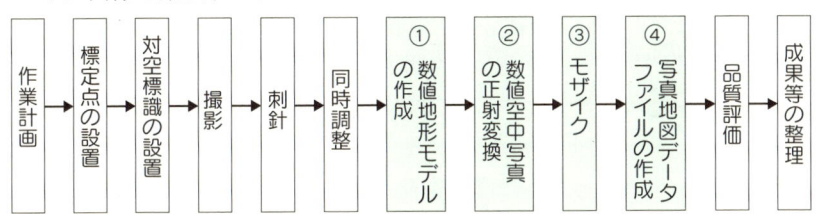

作業計画 → 標定点の設置 → 対空標識の設置 → 撮影 → 刺針 → 同時調整 → ① 数値地形モデルの作成 → ② 数値空中写真の正射変換 → ③ モザイク → ④ 写真地図データファイルの作成 → 品質評価 → 成果等の整理

2．写真地図の特徴

1. デジタル画像は，デジタル航空カメラ又は空中写真をスキャナで数値化して取得する。デジタルステレオ図化機で写真地図を作成する。
2. 写真地図は，地形図と同様に縮尺は一定である。縮尺が分かれば画像計測により2地点間の距離を求めることができる。なお，等高線が描かれていないので傾斜（斜距離）は計測できない。
3. 写真地図では，実体視はできない。なお，実体視は空中写真が中心投影であるためできる。

例題1 次の文は，写真地図の特徴について述べたものである。間違っているものはどれか。

1. 写真地図は画像データのため，そのままでは地理情報システムで使用することができない。
2. 写真地図は，地形図と同様に図上で距離を計測することができる。
3. 写真地図は，地形図と異なり図上で土地の傾斜を計測することができない。
4. 写真地図は，オーバーラップしていても実体視することはできない。
5. 平たんな場所より起伏の激しい場所のほうが，地形の影響によるひずみが生じやすい。

解説 写真地図

写真地図は数値写真を正射変換したもので，地図情報と地理情報が含まれており，GIS（地理情報システム）で利用できる。なお，写真地図には等高線が描かれていないので，傾斜を計測することはできない。　　**解答** 1

〔理解度の確認〕

P228，演習問題の 問12 にチャレンジして下さい。

第7章 写真測量

航空レーザ測量 Q13

A 航空レーザ測量は，レーザ光による3次元計測で，航空機などから地表面にレーザ光を照射し地表面の3次元計測を行い，格子状の標高データである数値標高モデル等を作成します。

解　説

1．航空レーザ測量

1. **航空レーザ測量**とは，航空レーザ測量システム（GNSS/IMU装置，レーザ測距装置及び解析ソフト等）を用いて地形を計測し，格子状の標高データである**数値標高モデル（グリッドデータ）**等の数値地形図データファイルを作成する作業をいう（準則第274条）。

2. 数値標高モデル（DEM）の規格は，地上の格子間隔で表現し，格子間隔と地図情報レベルの関係は，表7・7を標準とする。

表7・7　格子間隔
（準則第275条）

地図情報レベル	格子間隔
1 000	1m以内
2 500	2m以内
5 000	5m以内

3. 工程別作業区分及び順序は，次のとおり（準則第273条）。

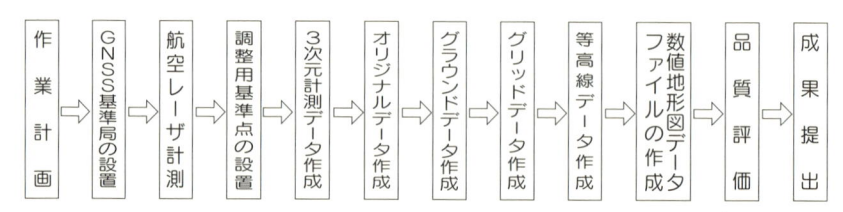

作業計画 → GNSS基準局の設置 → 航空レーザ計測 → 調整用基準点の設置 → 3次元計測データ作成 → オリジナルデータ作成 → グラウンドデータ作成 → グリッドデータ作成 → 等高線データ作成 → 数値地形図データファイルの作成 → 品質評価 → 成果提出

① **調整用基準点**：3次元計測データの点検調整のための基準点の設置。
② **3次元計測データ**：計測データからノイズ等のエラー計測部分を削除した標高データ。なお，航空レーザ用写真地図データを用いて水部の範囲を対象に，**水部ポリゴンデータ**を作成する。
③ **オリジナルデータ**：調整用基準点を用いて3次元計測データの点検調整を行った標高データ。
④ **グラウンドデータ**：オリジナルデータから地表面の遮へい物の計測データを除去した（フィルタリング）地表面の標高データ。
⑤ **グリッドデータ**：格子状の数値標高モデル（DEM）。一定間隔に整備された地形上の標高。なお，グリッドデータの作成は，ランダムに生じてい

> **質問** 航空レーザ測量とは，どのような測量方法ですか？

るグランドデータを格子状のグリッド間隔に変換する**内挿補間法**による。
⑥ 等高線データ：グリッドデータから発生させた等高点のデータ。

2．航空レーザ計測

1. **航空レーザ測量システム**は，航空機の位置と姿勢を計測する GNSS/IMU 装置（GNSS との間でキネマティック法による干渉測位，ジャイロと加速度計で構成される慣性計測装置），レーザ測距儀により左右にスキャンしながら地上までのレーザ光の照射方向と地上までの距離を計測するレーザ測距装置及び解析ソフトウェアから構成される。
2. 標準搭載となっているデジタル航空カメラは，撮影領域が狭いため，品質管理や写真地図作成など主に点検用に用いられる。
3. GNSS/IMU で取得したカメラの位置（X, Y, Z）と姿勢（ω, φ, κ）情報から外部標定要素が得られ，空中三角測量が不要となり，地形図修正や写真地図作成などの後続作業が効率的に行える。
4. レーザの照射方向と地表からの反射時間により飛行機と地上との距離を，地上固定局（電子基準点）とキネマティック測量で飛行機の位置を決定して，地上のレーザ反射位置の位置と標高（X, Y, Z）を求める。
5. 計測条件（天候条件）として，風速 20 ノット（約 10m/s）を超えず，降雨・降雪・濃霧・雲などがないこと。

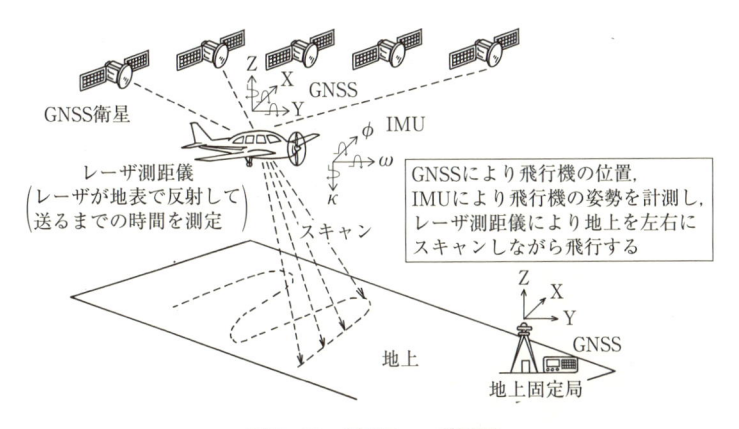

図7・26 航空レーザ測量

〔理解度の確認〕

P228，演習問題の 問13 , 問14 にチャレンジして下さい。

数値標高モデル（DEM） Q14

A 数値地形図データを用いて数値標高モデルが作成されています。数値地図5mメッシュ，10mメッシュ，50mメッシュ，250mメッシュ等あり，標高を知ることができます。

解　説

1．数値標高モデル（DEM）

1. 航空レーザ測量から得られる**数値標高モデル**（Digital Elevation Model, DEM）は，数値地図の一種であり，ある地域を格子（メッシュ）状に分割し，各格子点の平面位置と標高（X, Y, Z）を表したグリッドデータである。数値標高地図には，50mメッシュ，250mメッシュ等がある。
2. 数値標高モデルは，地球の地表面の3次元の数値モデルで，景観や都市のモデリング，洪水や排水のモデリング，土地利用の研究等に用いられる。
3. 空中写真測量等から得られる**数値地形モデル**（Digital Terrain Model, DTM）は，等高線の地形データで，DEMと同じである。

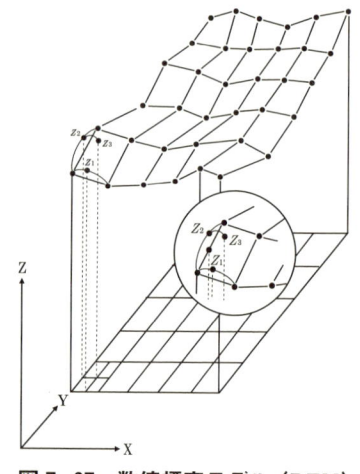

図7・27　数値標高モデル（DEM）

図7・28　DEM（立体図）

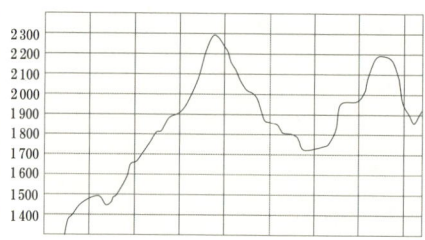

図7・29　DEM（縦断図）

質問 数値標高モデルは，どのように利用されていますか？

例題1 次の文は，数値地形モデル（DTM）の特徴について述べたものである。間違っているものはどれか。
但し，ここでDTMとは，等間隔の格子の代表点（格子点）の標高を表したデータとする。

1．DTMから地形の断面図を作成することができる。
2．DTMを用いて水害による浸水範囲のシミュレーションを行うことができる。
3．DTMの格子間隔が小さくなるほど詳細な地形を表現できる。
4．DTMは，等高線データから作成することができないが，等高線データはDTMから作成することができる。
5．DTMを使って数値空中写真を正射変換し，正射投影画像を作成することができる。

解説 数値地形モデル（DTM）

数値地形図モデル（DTM）の作成は，既存の地形図の等高線を読み取る方法と空中写真測量による方法がある。DTMは，コンピュータグラフィックによる鳥瞰図（立体図）の作成が容易である。

4．DTMは，等高線データから作成でき，また等高線データからDTMを作成することができる。
5．数値空中写真（デジタル写真）は，デジタルステレオ図化機により，カメラの傾き，比高によるひずみを修正し，縮尺を統一した正射投影画像（正射写真）を作成することができる。　　　　　　**解答** 4

2．GIS（地理情報システム）

1．GISは，土地に係わる様々な情報を地図データ（位置情報）としてデジタル化し，土地という平面（二次元），高さをもつ三次元，さらに過去・現在・未来という時間の要素をいれた四次元の世界について，国土の計画，防災，環境保全などの行政サービス，計画，自然現象の解明に用いられている。
2．空間データ基盤は，GISを利用するときに使うデータの基盤となる骨格的な情報（行政区域，道路線，河川の境界，鉄道・建物など）をいい，項目ごとにレイヤ構造として記録されている。

要点理解 → P183

第7章 写真測量

〔理解度の確認〕
数値標高モデル（グリッドデータ）の作成手順を説明して下さい。

写真の判読　Q15

写真判読とは，空中写真に写し込まれた地上の情報をその色調や形状，陰影などを手がかりに判定する技術であり，地図の作成や科学的な調査に用いられます。

解　説

1．写真判読の要素

1. 地形図と空中写真を比較すると，地形図は図式記号・図式規程により比較的に読図が容易となるように工夫されている。一方，空中写真は，写真像が平面形で小さく，何も加工されないまま写っており写真判読を困難にしている。写真判読のための要素は，次のとおり。
2. **撮影条件**：撮影時期・天候・撮影高度・フィルム（パンクロ，赤外，カラー，カラー赤外）・レンズ（普通角，広角）の種類等を確認する。
3. **形状**：形状特徴の判読上最も重要である。都市・集落・河川・鉄道・道路・耕作地等は平面形で，また学校・神社・工場・病院等は建築様式と平面配列で判読する。
4. **色調**又は**階調**（トーン）：白黒（パンクロマチック）写真において，黒と白の濃淡（色調，階調という）の変化は植生状況の判読に重要な手がかりとなる。例えば，パンクロ写真では針葉樹は黒・黒灰，広葉樹では灰白・灰の色調を示す。鉄道は一般に灰色，道路はコンクリートとアスファルト舗装では階調が異なる。
5. **陰影**：北半球では影は北側につく。写真の南を上にして観察することにより立体感が得られ，地形的（形状）観察上重要な手がかりとする。なお，写真判読は実体視によるのが望ましい。
6. **パターン（模様）**：パターンは，写真像の配列の状態（巨視的模様）で，同一パターンの広がりは地理・地質・土壌・森林等の調査に役立つ。
7. **きめ（テクスチャー）**：写真のきめは，個々のものを識別するには小さすぎる地表の対象物が集合をなし，その微細な色調変化によって作られる微視的模様をいう。きめを作り出すものは，色調，形，大きさ，陰影等の組合せである。

質問 空中写真からどのような内容が読み取れますか？

2．フィルムの種類と特徴

1. **パンクロ（白黒）写真**は，人間の感知する波長に感光し，解像力もあるため，主に形態の判読に用いられる。
2. **赤外写真**は，赤外線を反射する葉では白く写り，吸収する水部は黒く写る。天候の影響を受けにくい。
3. **カラー写真**（天然色カラー写真）は，パンクロ写真に比べ解像度が劣るが，カラー写真であるためそこから得られる情報量は多い。
4. **赤外カラー写真**（疑似カラー写真）は，活力のある植物ほど鮮明な赤に写り，植生分布や種類の判読に用いられる。なお，水部は黒く写る。

3．地物の判読のポイント

1. 空中写真を利用する場合には，写真像をよく観察し，その内容を判読し必要な情報を抽出する。
2. デジタル写真は，高画質でゆがみの少ない写真であり，PCのディスプレイ上で任意に画像を拡大・縮小して地形を判読及び実体視することが可能である。また，数値標高モデル（DEM）は，植生などの地表の様子にかかわらず，地形のみの情報であり，地形の判読に優れている。
3. パンクロ写真における代表的な地物の判読のポイントは，次のとおり。

表7・8　判読のポイント

対　象	判　読　ポ　イ　ン　ト
学　校	同じ敷地内にLやI，コ型の大きな建物及びグラウンド，プール，体育館の有無
鉄　道	交差点の有無，ゆるいカーブ，直線の長さ
道　路	交差点の有無，カーブの多さ，通行車両の有無
橋	地形と道路・鉄道・河川などの位置関係
住宅地	特殊な形状，ほぼ定まった形状の密集
送電線	適度な間隔（ほぼ等間隔），高塔が線状に並ぶ
針葉樹林	階調が暗い（黒色），とがった樹冠，円錐形
広葉樹林	階調が明るい（灰色），楕円状の樹冠，樹冠表面の凹凸
竹　林	階調が明るい（淡灰色），ヘイズ（ちり）のかかったきめ，樹冠は不明瞭
果樹園	土地の形状（扇状地や耕地など），規則正しい配列（碁盤の目）樹冠，
茶　畑	土地の形状（台地や丘陵の緩斜面など），灰色と黒灰色が交互に列をつくる
水　田	土地の形状（平たん，長方形など），一様なきめ，連続性，耕地と耕地の間のあぜ
畑	耕地一面ごとの異なる階調，あぜがない
牧草地	きめの細かい植生，色ムラがない，あぜがない，サイロや厩舎等の構造物，柵の有無

第7章　写真測量

〔理解度の確認〕

P229，演習問題の 問15 にチャレンジして下さい。

第7章 演習問題

解答は，P230にあります。
なお，関数の数値が必要な場合は，P327の関数表を使用すること。

問1 図は，空中写真測量による数値地形図データ作成の標準的な作業工程を示したものである。 ア ～ エ に入る工程別作業区分の組合せとして適当なものはどれか。

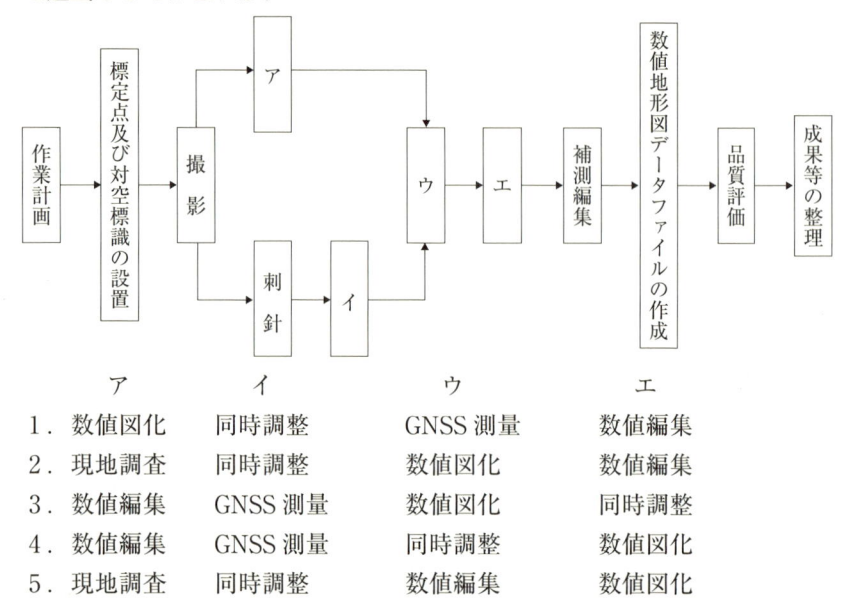

作業計画 → 標定点及び対空標識の設置 → 撮影 → ア / 刺針 → ウ / イ → エ → 補測編集 → 数値地形図データファイルの作成 → 品質評価 → 成果等の整理

	ア	イ	ウ	エ
1.	数値図化	同時調整	GNSS測量	数値編集
2.	現地調査	同時調整	数値図化	数値編集
3.	数値編集	GNSS測量	数値図化	同時調整
4.	数値編集	GNSS測量	同時調整	数値図化
5.	現地調査	同時調整	数値編集	数値図化

問2 次の文は，公共測量における空中写真測量の各工程について述べたものである。間違っているものはどれか。

1. 撮影した空中写真上で明瞭な構造物が観測できる場合，現地のその地物上で標定点測量を行い対空標識に代えることができる。
2. 刺針は，基準点等の位置を現地において空中写真上に表示する作業で，設置した対空標識が空中写真上で明瞭に確認できない場合に行う。
3. デジタルステレオ図化機では，デジタル航空カメラで撮影したデジタル画像のみ使用できる。
4. アナログ図化機であっても座標読取装置が付いていれば数値図化に用いることができる。

5．標高点は，主要な山頂，道路の主要な分岐点，主な傾斜の変換点などに選定し，なるべく等密度に分布するように配置する．

問3　次の文は，公共測量における対空標識の設置について述べたものである．間違っているものはどれか．
1．対空標識は，あらかじめ土地の所有者又は管理者の許可を得て設置する．
2．上空視界が得られない場合は，基準点から樹上等に偏心して設置することができる．
3．対空標識の保全等のため，標識板上に測量計画機関名，測量作業機関名，保存期限などを表示する．
4．対空標識のD型を建物の屋上に設置する場合は，建物の屋上にペンキで直接描く．
5．対空標識は，他の測量に利用できるように撮影作業完了後も設置したまま保存する．

問4　画面距離10cm，撮像面での素子寸法 12μm のデジタル航空カメラを用いて，海面からの撮影高度2 500mで，標高500m程度の高原の鉛直空中写真の撮影を行った．この写真に写っている橋の長さを数値空中写真上で計測すると1 000画素であった．この橋の実長はいくらか．
　但し，この橋は標高500mの地点に水平に架けられており，写真の短辺に平行に写っているものとする．
1．180m　　2．240m　　3．300m　　4．360m　　5．420m

問5　画面距離7cm，撮像面での素子寸法 6μm のデジタル航空カメラを用いた，数値空中写真の撮影計画を作成した．このときの撮影基準面での地上画素寸法を18cmとした場合，撮影高度はいくらか．
　但し，撮影基準面の標高は0mとする．
1．1 500m　　2．1 700m　　3．1 900m　　4．2 100m　　5．2 300m

問6　画面距離12cm，画面の大きさ14 000画素×7 500画素，撮像面での素子寸法 10μm のデジタル航空カメラを用いて，数値空中写真の撮影計画を作成した．撮影基準面での地上画素寸法を20cmとした場合，撮影高度はいくらか．
　但し，撮影基準面の標高は0mとする．
1．600m　　2．1 600m　　3．2 000m　　4．2 400m　　5．2 800m

問7　次の文は，デジタル航空カメラで鉛直方向に撮影された空中写真の撮影基線長を求める過程について述べたものである。
　　ア ～ エ に入る数値の組合せとして適当なものはどれか。
　　画面距離12cm，撮像面での素子寸法12μm，画面の大きさ12 500画素×7 500画素のデジタル航空カメラを用いて撮影する。このとき，画面の大きさをcm単位で表すと ア cm× イ cmである。
　　デジタル航空カメラは，撮影コース数を少なくするため，画面短辺が航空機の進行方向に平行となるように設置されているので，撮影基線長方向の画面サイズは イ cmである。
　　撮影高度2 050m，隣接空中写真間の重複度60％で標高50mの平たんな土地の空中写真を撮影した場合，対地高度は ウ mであるから，撮影基線長は エ mと求められる。

	ア	イ	ウ	エ
1.	9	15	2 000	1 000
2.	9	15	2 050	1 025
3.	15	9	2 000	600
4.	15	9	2 000	615
5.	15	9	2 050	615

問8　平たんな土地を，縮尺1/10 000で撮影した鉛直空中写真がある。写真上には，煙突と橋が写っている。煙突は写真上に長さ2mmで写っており，鉛直点から煙突先端までの写真上の長さは6cmであった。また，橋の端点の一方は鉛直点と一致しており，写真上の橋の長さは2cmで写っていた。橋の長さと煙突の高さの関係について正しいものはどれか。
　　但し，航空カメラの画面距離は15cmとする。
1．橋の長さは，煙突の高さの半分である。
2．橋の長さは，煙突の高さと同じである。
3．橋の長さは，煙突の高さの2倍である。
4．橋の長さは，煙突の高さの3倍である。
5．橋の長さは，煙突の高さの4倍である。

問9　図は，平たんな土地を撮影した一対の等高度鉛直空中写真を，縦視差のない状態で同一平面上に並べて置いたものである。双方の写真には共通の地物Aが写っており，主点p及び地物Aの間隔を計測したところ，図のとおりであった。この写真のオーバーラップはいくらか。
　　但し，撮影に使用した航空カメラの画面の大きさは 23cm×23cm とする。
1．73%
2．75%
3．78%
4．80%
5．83%

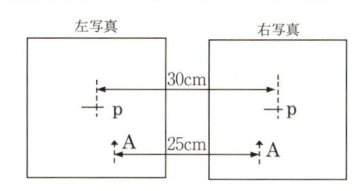

問10　次の文は，同時調整におけるパスポイント及びタイポイントについて述べたものである。間違っているものはどれか。
1．パスポイントは，撮影コース方向の写真の接続を行うために用いられる。
2．タイポイントは，隣接する撮影コース間の接続を行うために用いられる。
3．パスポイントは，一般に各写真の主点付近及び主点基線上に配置する。
4．タイポイントは，ブロック調整の精度を向上させるため，撮影コース方向に一直線に並ばないようジグザグに配置する。
5．タイポイントは，パスポイントで兼ねることができる。

問11　次のa〜dの文は，デジタルステレオ図化機の特徴について述べたものである。間違っているものはいくつあるか。
a．デジタルステレオ図化機では，デジタル航空カメラで撮影したデジタル画像のみ使用できる。
b．デジタルステレオ図化機では，数値地形モデルを作成することができる。
c．デジタルステレオ図化機では，外部標定要素を用いた同時調整を行うことができる。
d．デジタルステレオ図化機では，ステレオ視装置を介してステレオモデルを表示することができる。
1．0（間違っているものは1つもない。）
2．1つ
3．2つ
4．3つ
5．4つ

問12 図は，公共測量における写真地図作成の標準的な作業工程を示したものである。ア〜エに入る工程別作業区分の組合せとして適当なものはどれか。

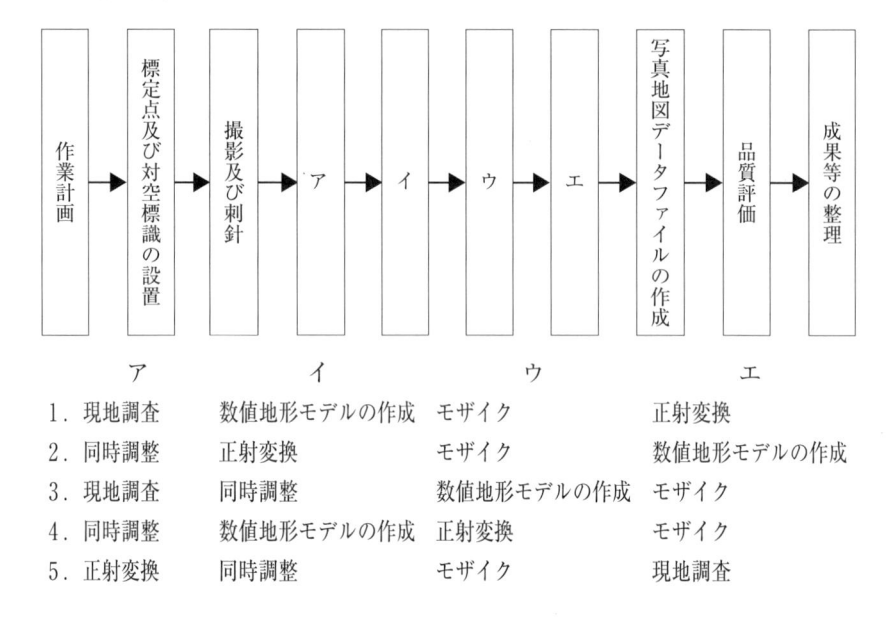

作業計画 → 標定点及び対空標識の設置 → 撮影及び刺針 → ア → イ → ウ → エ → 写真地図データファイルの作成 → 品質評価 → 成果等の整理

	ア	イ	ウ	エ
1.	現地調査	数値地形モデルの作成	モザイク	正射変換
2.	同時調整	正射変換	モザイク	数値地形モデルの作成
3.	現地調査	同時調整	数値地形モデルの作成	モザイク
4.	同時調整	数値地形モデルの作成	正射変換	モザイク
5.	正射変換	同時調整	モザイク	現地調査

問13 次の文は，公共測量における航空レーザ測量について述べたものである。間違っているものはどれか。
1. 航空レーザ測量は，写真地図データを用いて水部のデータを取得する。
2. 航空レーザ測量は，雲の影響を受けずにデータを取得できる。
3. 航空レーザ装置は，GNSS測量機，IMU，レーザ測距装置等により構成されている。
4. 航空レーザ測量で作成した数値地形モデル（DTM）から，等高線データを発生させることができる。
5. 航空レーザ測量は，フィルタリング及び点検のための航空レーザ用数値写真を同時期に撮影する。

問14 次の文は，航空レーザ測量による標高データの作成工程について述べたものである。ア〜オに入る語句として適当なものはどれか。
　航空レーザ測量は，航空機にレーザ測距装置，ア装置，デジタルカメラなどを搭載して，航空機から地上に向けてレーザパルスを発射し，地表面

や地物で反射して戻ってきたレーザパルスから，地表の標高データを高密度かつ高精度に求めることができる技術である。

取得されたレーザ測距データは，　イ　での計測値との比較やコース間での標高値の点検により，精度検証と標高値補正がされて，　ウ　データとなる。この　ウ　データには構造物や植生などから反射したデータが含まれているため，地表面以外のデータを取り除くフィルタリング処理を行い，地表の標高だけを示す　エ　データを作成する。

またレーザ測距と同時期に地表面を撮影した画像データは，　ウ　データから作成された数値表層モデルを用いて正射変換されて，　オ　データなどの取得やフィルタリング処理の確認作業に利用される。

　エ　データは，地表のランダムな位置の標高値が分布しているため，利用目的に応じて地表を格子状に区切ったグリッドデータに変換する。グリッドデータは，　エ　データの標高値から，内挿補間法を用いて作成される。

	ア	イ	ウ	エ	オ
1.	GNSS/IMU	調整用基準点	オリジナル	グラウンド	水部ポリゴン
2.	GNSS/IMU	デジタルカメラ	グラウンド	オリジナル	欠測
3.	合成開口レーダ	デジタルカメラ	グラウンド	オリジナル	水部ポリゴン
4.	合成開口レーダ	調整用基準点	グラウンド	オリジナル	欠測
5.	GNSS/IMU	デジタルカメラ	オリジナル	グラウンド	水部ポリゴン

問15　次の文は，夏季に撮影した縮尺 1/30 000 のパンクロマティック空中写真の判読の結果について述べたものである。間違っているものはどれか。

1. 水田地帯に適度の間隔をおいて高塔が直線状に並んでいたので，送電線と判読した。
2. 谷筋にあり，階調が暗く，樹冠と思われる部分がとがって見えたので，広葉樹と判読した。
3. 耕地の中に規則正しく格子状の配列を示す樹冠らしきものがみられたので，果樹園と判読した。
4. 道路と比べて階調が暗く，直線又はゆるいカーブを描いていたので，鉄道と判読した。
5. コの字型の大きな建物と運動場やプールなどの施設が同じ敷地内にあることから，学校と判読した。

演習問題 解答・解説

問1 ② 工程は，作業方法により順番が変わることもある。

問2 ③ **デジタルステレオ図化機**では，デジタル航空カメラで撮影したデジタル画像と<u>フィルム空中写真をスキャナで数値化したもの</u>が用いられる。実体視が可能な数値写真であればよい（P212 参照）。

問3 ⑤ 撮影作業完了後，すみやかに撤収する。

問4 ② $M_b = \dfrac{f}{H-h} = \dfrac{0.1\text{m}}{2\,500\text{m}-500\text{m}} = \dfrac{1}{20\,000} = \dfrac{\Delta\ell}{\Delta L}$

$\Delta\ell = 12\mu\text{m} \times 1\,000\,画素 = 12\text{m} \times 10^{-6} \times 10^3 = 12\text{m} \times 10^{-3}$

∴ $\Delta L = \Delta\ell \times 20\,000 = 12\text{m} \times 10^{-3} \times 2 \times 10^4 = \underline{240\text{m}}$

問5 ④ $M_b = \dfrac{6\mu\text{m}}{18\text{cm}} = \dfrac{6 \times 10^{-6}\text{m}}{18 \times 10^{-2}\text{m}} = \dfrac{1}{30\,000}$

$H = f \cdot m_b = 7\text{cm} \times 30\,000 = \underline{2\,100\text{m}}$

問6 ④ $M_b = \dfrac{f}{H} = \dfrac{\Delta\ell}{\Delta L}$ より，$H = \dfrac{f \cdot \Delta L}{\Delta\ell} = \dfrac{0.12\text{m} \times 0.2\text{m}}{10\mu\text{m}} = \underline{2\,400\text{m}}$

問7 ③ ア，イ　1画素 $12\mu\text{m}$（$1\mu\text{m} = 10^{-6}\text{m}$），$12\,500 \times 7\,500$ 画素の画面大きさは，$12 \times 10^{-6} \times 12\,500 = 0.15\text{m} = \underline{15\text{cm}}$，$12 \times 10^{-6} \times 7\,500 = 0.09\text{m} = \underline{9\text{cm}}$

ウ　対地高度 $H = 2\,050 - 50 = \underline{2\,000\text{m}}$，　エ　$M_b = \dfrac{f}{H} = \dfrac{0.12}{2\,000} = \dfrac{1}{16\,670}$，

撮影基線長 $B = a \cdot m_b\left(1 - \dfrac{P}{100}\right) = 9 \times 16\,670\left(1 - \dfrac{60}{100}\right) \fallingdotseq \underline{600\text{m}}$

問8 ⑤ 対地高度 $H = f \cdot m_b = 0.15 \times 10\,000 = 1\,500\text{m}$。煙突の高さ $h = H \cdot dr/r = 1\,500 \times 2/60 = 50\text{m}$。橋の実長 $L = \ell \cdot m_b = 0.02\text{m} \times 10\,000 = 200\text{m}$。故に，$L/\ell = 200/50 = \underline{4\,倍}$ となる。

問9 ③ $b = 30 - 25 = 5\text{cm}$, $b = a\left(1 - \dfrac{p}{100}\right)$, $p = 100\left(1 - \dfrac{b}{a}\right) = 100\left(1 - \dfrac{0.05}{0.23}\right) = \underline{78.3\%}$

問10 ③ パスポイントは，主点付近a点，その上下側b点，c点に区分する。

問11 ② a. デジタルステレオ図化機は，フィルムカメラで撮影した写真を空中写真用スキャナでデジタル化した画像も使用できる（準則第123条）。

問12 ④ 準則第254条（工程別作業区分及び順序）を参照。

問13 ② 航空機からレーザパルスを照射して計測するため，<u>天候に左右される</u>。計測条件は，風速10m/s以下，降雨・濃霧・雲がないこと。

問14 ① 準則第276条（工程別作業区分及び順序）を参照。

問15 ② 階調が暗く，とがって見える樹冠は，<u>針葉樹</u>である。

第8章
地図編集（GISを含む）

○ 地図とは，地表及びその上下の空間の形状を図式に従い，取捨選択し縮尺化して図面上に図形等で表示したものをいいます。
○ 地図編集は，既成の数値地形図データを基に編集資料を参考に新たな数値地形図データを作成する作業をいいます。

地球儀・世界地図（メルカトル図法）

地図投影法 Q1

A 地図は，楕円体である地球表面の状態を平面に表したもので，地球表面の基準となる経緯線網を地図上に投影し，地形・地物などを描きます。地図投影法とは，球面から平面への変換の方法です。

解　説

1．地理学的経緯度

1．地球の南北を結ぶ線を**地軸**，地軸の中心（地球の中心）で地軸に直交する平面を**赤道面**，赤道面によって地球楕円体表面にできる線を**赤道**という。
2．地軸を含む平面によって地球楕円体表面にできる線を**子午線**（**経線**），赤道面に平行な平面によってできる**平行圏**（**緯線**）という。
3．**経度**は，英国グリニッジ天文台を通る子午線を基準 $0°$ として，東回りを東経，西回りを西経とし，それぞれ $180°$ まで数える。任意の点Pの経度はグリニッジ天文台の子午線とPを通る子午線とのなす角を λ（ラムダ）で表す。
4．**緯度**は，その地点における地球楕円体の法線と赤道面とのなす角を φ（ファイ）で表し，赤道を $0°$ として南北に $90°$ まで数える。

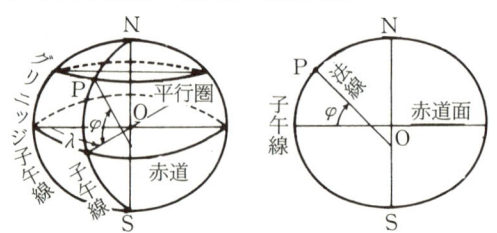

図 8・1　緯度と経度

2．投影の歪曲（ひずみ）

1．地図は，地球表面の一部を平らな紙の上に描き出したものである。丸い地球の表面を平面に表すので，理論上全く正しく平面に展開することは不可能である。地図には，①**角度の歪曲**，②**距離の歪曲**，③**面積の歪曲**があり，この誤差を**歪曲の 3 要素**という。これらの誤差を同時になくすことは不可能であるが，いずれかの関係を正しく表す方法は可能である。そこで，どの関係を正しくするかにより，次の 3 つの図法に分ける。

質問：球面から平面へは，どのように投影するのですか？

① **等角（正角）図法**：地図上の任意の2点を結ぶ線が，経線に対して正しい角度となる。メルカトル図法，ガウス・クリューゲル図法，正射図法等。
② **等距離（正距）図法**：地図上の任意の2点を結ぶ距離が，地球上の距離と正しい比率で表される。正射図法，正距円筒図法など。
③ **等積（正積）図法**：任意地点の地図上の面積とそれに対応する地球上の面積を正しい比率で表される。ランベルト図法，モルワイデ図法など。

2．同一図法により描かれた地図において，等角図法と等距離図法，等距離図法と等積図法の性質を同時に成立させることはできるが，等角図法と等積図法の性質を同時に成立させることはできない。

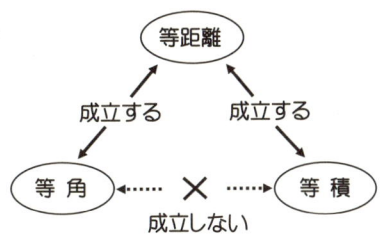

```
        等距離
       ↗    ↖
   成立する  成立する
   ↙          ↘
 等角 ←…× …→ 等積
      成立しない
```

3．投影面（投影方法）

1．平面の地図を作るのが目的であるから，投影面は平面，あるいは立体曲面であっても1つの母線で切り開けば平面とすることができるものとして円筒曲面及び円錐曲面の3つがある。図8・2の（　）は対象地域を示す。

① **方位図法**（極を含む高緯度）
② **円筒図法**（中緯度で東西に広い）
③ **円錐図法**（低緯度で東西に広い）

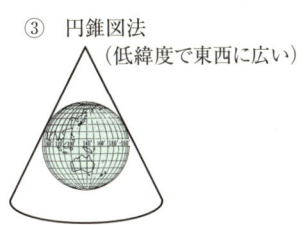

① **方位図法**：地球の形を球として，直接平面に投影する方法。
② **円筒図法**：地球に円筒をかぶせてその円筒に投影し，切開いて平面にした方法。
③ **円錐図法**：地球に円錐をかぶせてその円錐に投影し，切開いて平面にした方法。

図8・2　投影面

2．基本測量，公共測量に用いられる地形図は，等角横円筒図法である**ガウス・クリューゲル図法**（横メルカトル図法）が用いられる。適用範囲やシステムによって，UTM図法と平面直角座標に分かれる。ガウス・クリューゲル図法は，円筒軸を赤道方向にかぶせて投影して平面に展開したものである。

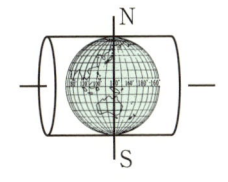

図8・3　横円筒図法

〔理解度の確認〕

P264，演習問題の 問1 ，問2 ，問3 にチャレンジして下さい。

第8章　地図編集（GISを含む）

233

メルカトル図法と横メルカトル図法 Q2

A メルカトル図法は，地軸と円筒軸を一致させた正軸円筒図法に等角条件を加えたもので，海図や航空図，気象図に用いられます。メルカトル図法を90°回転させたものが横メルカトル図法です。

解 説

1．メルカトル図法

1. 地軸と円筒軸を一致させ，赤道面に円筒を接して中心投影した場合，経緯線網の形状は互に直交する直線群となり，赤道は地球上の長さに等しく，経線は赤道に直交する一定間隔の直線群となる。緯線は赤道に平行で，高緯度になるにつれその間隔を増大し，極では赤道からの距離が無限大となる。

2. 上記の**心射円筒図法**に，等角の条件を加えたものが**メルカトル図法**であり，その特徴は次のとおり。
   ① 図法は，円筒図法かつ等角図法である。
   ② 赤道上の距離は，地上と等しい。
   ③ 緯線の距離は，高緯度になるにつれ増大し，極で無限大となる。
   ④ 地図上での2点を結ぶ直線は，同向線（等方位角）で針路を示す。

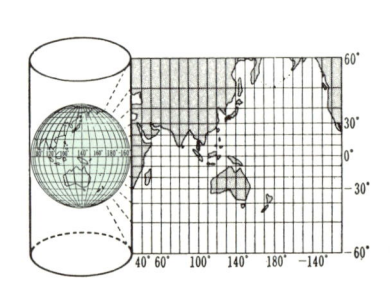

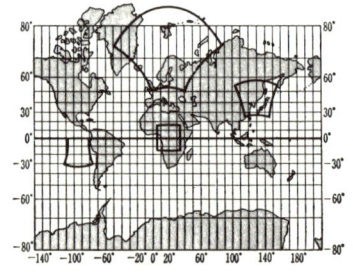

図8・4　心射円柱図法　　図8・5　メルカトル図法
（世界図，地球上の同じ大きさの長方形が場所によって異なる）

2．大圏航路と航程線

1. 船や飛行機が目的地に短時間で着くには，最短航路（**大圏航路**）を取るのが経済的である。方位図法（心射図法）では，任意の2点A，Bを直線で結べば大圏航路が分かるが，方位角は一定でない。一方，メルカトル図法では，

> **質問** 横メルカトル図法は，どのような投影法ですか？

図上の2点A，Bは地球上と同じ方向を示す。
2．図8・7において，方位角 β が，$\beta_1=\beta_2=\beta_3=\cdots=\beta_n$ となり，出発時に目的地の方位角 β を定めれば，自然に目的地に着く。このような線を**航程線**（同向線）というが，しかし，遠回りとなり経済的ではない。

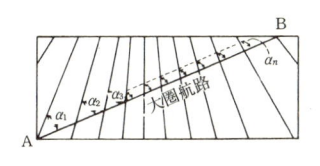

図8・6　方位図法（心射図法）　　図8・7　メルカトル図法

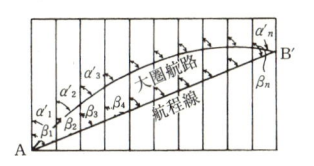

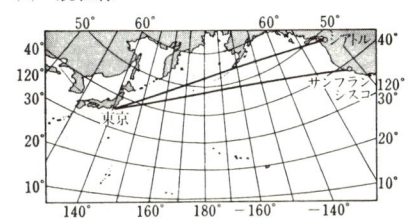

(1) 航程線　　(2) メルカトル図法（大圏コース）

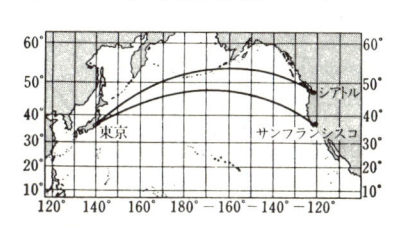

図8・8　航程線と大圏コース

3．横メルカトル図法

1．メルカトル図法を横円筒図法に適用したものを**横メルカトル図法**（ガウス・クリューゲル図法）という。
2．メルカトル図法は，経緯線網が直交する直線群であるのに対し，横メルカトル図法は楕円の交りとなって表れる。メルカトル図法では，緯度の関係が高緯度になるにつれ，距離の歪曲が増大するのに対し，横メルカトル図法では，経緯線とも中央子午線から離れるにしたがい距離の歪曲が増大する。

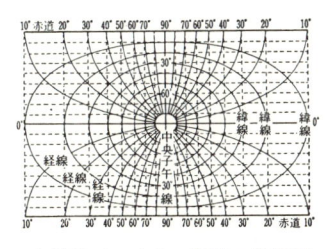

（点線はメルカトル図法の経緯線網を90°回転したもの。）

図8・9　横メルカトル図法　　図8・10　経緯線網の関係

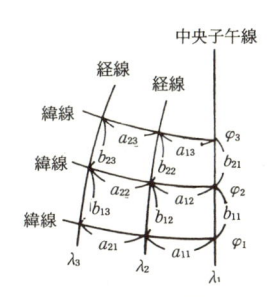

第8章　地図編集（GISを含む）

平面直角座標 Q3

A 横メルカトル図法は，精密地図に用いられ，その適用範囲によりUTM図法と平面直角座標に分かれます。1/2.5万，1/5万の地形図はUTM図法，1/2 500及び1/5 000国土基本図は平面直角座標です。

解　説

1．縮尺係数

1. 横メルカトル図法では，中央子午線付近では経緯線が正しい関係に保たれ，中央子午線を東西に離れるにしたがい，ひずみが増大し距離誤差が大きくなる。この距離誤差の増大を防ぐため，東西方向の適用範囲を決め，順次，中央子午線の位置を変え，距離の歪曲をおさえる。
2. 横メルカトル図法の適用条件により，世界共通の**UTM図法**（ユニバーサル横メルカトル図法）と日本に適用される**平面直角座標**に分けられる。
3. 投影面上の距離（**平面距離**）を s，これに対応する球面上の距離（**球面距離**）を S とすると，次式で定義されたものを**縮尺係数**（**線拡大率**）m という。

$$\left. \begin{array}{l} 縮尺係数\ m = \dfrac{平面距離}{球面距離} = \dfrac{s}{S} \\ 平面距離\ s = 縮尺係数\ m \times 球面距離\ S \end{array} \right\} \quad \cdots\cdots 式（8\cdot1）$$

4. 図 8・11 は，投影部分を取り出したものである。図 8・11 (2)に示すように球面距離と平面距離との差は，東西方向に離れる程大きくなる。座標系の実用性から，平面直角座標では投影誤差の限界を 1/10 000 におさえ，座標系の適用範囲を広くするため，原点の縮尺係数を 0.999 9 とする。UTM図法では，距離誤差 4/100 000 におさえ，中央子午線の縮尺係数を 0.999 6 としている。

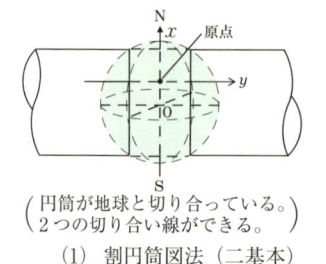

　　(1)　割円筒図法（二基本）　　(2)　球面距離 S と平面距離 s

図 8・11　東西方向の適用範囲

> **質問** 平面直角座標は，どのように投影されたものですか？

2．平面直角座標系の適用範囲と原点

1. 平面直角座標系においては，最大距離誤差を±1/10 000とするため縮尺係数を中央子午線上で0.999 9とし，中央経線から東西約90kmの地点で縮尺係数を1，約130kmの地点で1/10 000の拡大となるようにしている。
2. 適用範囲を中央子午線から，経度差約1°～1.5°に決める。我が国においては，全国を19座標系に分け，原点を決めている。
3. 原点の座標 X＝0.000m，Y＝0.000m とし，X軸は中央子午線とし，原点においてX軸に直交するものをY軸とする。北及び東方向を（＋）とし，南及び西方向を（－）とする。

要点理解 ➡ P100

表8・1 平面直角座標系

系番号	原点の経緯度	適 用 区 域
I	B＝ 33度 0分0秒0000 L＝129度30分0秒0000	長崎県　鹿児島県のうち北方北緯32度　南方北緯27度西方東経128度18分　東方東径130度を境界線とする区域内
II	B＝ 33度 0分0秒0000 L＝131度 0分0秒0000	福岡県　佐賀県　熊本県　大分県　宮崎県　鹿児島県
III	B＝ 36度 0分0秒0000 L＝132度10分0秒0000	山口県　島根県　広島県
IV	B＝ 33度 0分0秒0000 L＝133度30分0秒0000	香川県　愛媛県　徳島県　高知県
V	B＝ 36度 0分0秒0000 L＝134度20分0秒0000	兵庫県　鳥取県　岡山県
VI	B＝ 36度 0分0秒0000 L＝136度 0分0秒0000	京都府　大阪府　福井県　滋賀県　三重県　奈良県　和歌山県
VII	B＝ 36度 0分0秒0000 L＝137度10分0秒0000	石川県　富山県　岐阜県　愛知県
VIII	B＝ 36度 0分0秒0000 L＝138度30分0秒0000	新潟県　長野県　山梨県　静岡県
IX	B＝ 36度 0分0秒0000 L＝139度50分0秒0000	東京都　福島県　栃木県　茨城県　埼玉県　千葉県　群馬県　神奈川県
X	B＝ 40度 0分0秒0000 L＝140度50分0秒0000	青森県　秋田県　山形県　岩手県　宮城県
XI	B＝ 44度 0分0秒0000 L＝140度15分0秒0000	小樽市　函館市　伊達市　北斗市　胆振支庁管内
XII	B＝ 44度 0分0秒0000 L＝142度15分0秒0000	札幌市　旭川市　稚内市　留萌市　美唄市　夕張市　岩見沢市　苫小牧市　室蘭市

第8章 地図編集（GISを含む）

〔理解度の確認〕

P265，演習問題の 問4 にチャレンジして下さい。

UTM（ユニバーサル横メルカトル）図法 Q4

A UTM図法（ガウス・クリューゲル図法）は，世界共通の基準に従って作成された横メルカトルの等角投影図法です。1/2.5万，1/5万の地形図は，UTM図法によって作成されます。

解　説

1．UTM図法

1．**UTM図法**（ユニバーサル横メルカトル図法）は，横メルカトル図法に国際的な各種条件（UTMシステム）を加えたものである。
2．この図法は，地球全体を6°幅の60の経度帯（ゾーン）に分け，1～60までの番号を付けて，各ゾーンについて**ガウス・クリューゲル図法**で投影する図法である。
3．1つの経度帯の中では，経緯線を図郭とする地図の形が全部異なり，中央経線を軸として左右対称形に投影される。また，1つの経度帯内で，経緯線を図郭とする地図は，裂け目なくつなぎ合せることができる。
4．**UTM図法**の座標系の原点は，中央経線と赤道との交点で，その座標値は次のとおり。
　① 北半球の場合，E＝500 000m＝500km，N＝0 m。
　② 南半球の場合，E＝500 000m＝500km，S＝10 000 000m＝10 000km。
5．**縮尺係数**は，中央経線上で，0.999 6であり，中央経線から東西方向に約180km離れた地点で1.000 0で，球面距離Sと平面距離sが等しくなる。また，270km付近で1.000 4に拡大され最大となる。

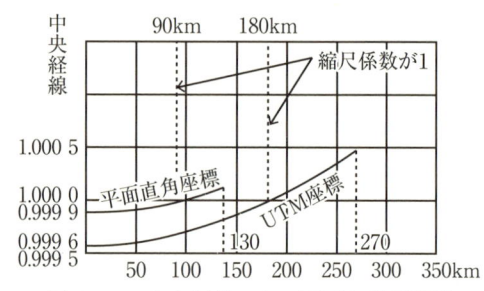

図8・12　中央経線からの距離と縮尺係数

質問 UTM図法の特徴は，どのようなものですか？

2．UTM図法のゾーン

1. 地球を経度6°ごとに60の帯（ゾーン）に分け，各経度帯の原点は，中央経線（子午線）と赤道との交点とする。
2. 各ゾーンの番号は，西経180°～174°のゾーンをNo.1とし，東回りに6°ごとに番号をつけ，東経174°～180°のゾーンをNo.60とする。
3. 日本は，51～56経度帯（ゾーン）に位置し，その中央経線は西から123°，129°，135°，141°，147°，153°である。
4. この投影の適用範囲は，北緯84°以南～南緯80°以北の範囲とする。
5. この図法は，1/2.5万，1/5万の地形図等に用いられる。

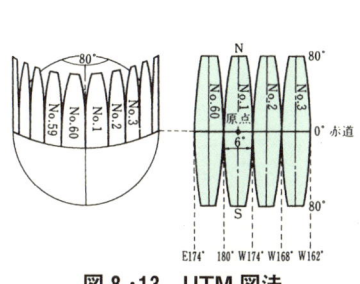

図8・13　UTM図法

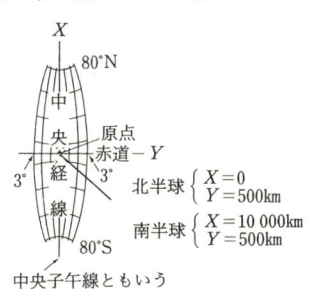

図8・14　UTM図法の座標原点

北半球 $\begin{cases} X = 0 \\ Y = 500\text{km} \end{cases}$

南半球 $\begin{cases} X = 10\,000\text{km} \\ Y = 500\text{km} \end{cases}$

3．地図の種類と表現方法

1. 国土地理院刊行の地図とその投影法は，P25，表1・3に示す。地図をその目的別に分類すると，次のようになる。
   ① **一般図**：他の地図の基図となるもので，地物や地形を定められた図式に基づき表現したもの。国土地理院が作成する国土基本図（1/2 500及び1/5 000）や，地形図（1/25 000及び1/50 000等），地勢図（1/200 000），地方図，国際図などがある。
   ② **主題図**：特定の目的・利用のために作成された地図で，目的の「主題」が明確に分かるように表されている。土地利用図や地質図，地籍図，都市計画図，統計地図などがある。
   ③ **特殊図**：一般図や主題図以外の地図。点字地図や写真地図，レリーフマップ（立体地図），鳥瞰図などがある。

〔理解度の確認〕

P265，演習問題 問5 ，問6 にチャレンジして下さい。

第8章　地図編集（GISを含む）

平面直角座標とUTM図法　Q5

A 平面直角座標，UTM図法とも横メルカトル図法（ガウス・クリューゲル図法）ですが，その適用範囲が異なるだけです。平面直角座標は日本固有の座標系であり，UTM図法は世界共通の座標系です。

解　説

1. 平面直角座標とUTM図法の比較

1. 国土地理院刊行の地図の投影図法とその特徴は，表8・2に示すとおり。

表8・2　国土地理院刊行の大・中縮尺地図の各要素

地図の種類	1/2 500	1/5 000	1/25 000	1/50 000
	国土基本図（大縮尺）		地形図（中縮尺）	
投影図法	横メルカトル図法 （平面直角座標系）		ユニバーサル横メルカトル図法 （UTM図法）	
図法の性質	正角図法（ガウス・クリューゲル図法）			
投影範囲	日本の国土を19の座標系に分け，その座標系ごとに適用。		東経（又は西経）180°から東回りに経度差6°ごと，北緯84°以南〜南緯80°以北の範囲に適用，これを経度帯（ゾーン）という。	
座標の原点	19の座標系ごとに原点を設ける。縦軸方向をX，横軸方向をYとし，原点の座標をX=0m，Y=0mとする。 X軸は北を「＋」，南を「－」。 Y軸は東を「＋」，西を「－」。		各ゾーンの中央経線と赤道との交点を原点，縦軸方向をN，横軸方向をE，原点の座標をN=0m，E=500 000m（南半球では，N=10 000 000m）とする。 No.52（E126°〜132°）E129° No.53（E132°〜138°）E135° No.54（E138°〜144°）E141° No.55（E144°〜150°）E147°	
図郭線の表示	平面直角座標による原点からの距離による表示。		経度及び緯度による表示。	
高さの表示	東京湾平均海面からの高さ。			
縮尺係数	原点で0.999 9，原点から横座標で90km離れた地点で1.000 0。		原点で0.999 6，原点から横座標で180km離れた地点で1.000 0。	
距離誤差	1/10 000以内		4/10 000〜6/10 000	
1図葉の区画	2km（横座標）× 1.5km（縦座標）	4km（横座標）× 3km（縦座標）	7′30″（経度差）× 5′（緯度差）	15′（経度差）× 10′（緯度差）
1図葉の区画の形	長方形		不等辺四辺形	
1図葉の実面積	3km^2	12km^2	約100km^2	約400km^2
等高線間隔	2m	5m	10m	20m

質問 平面直角座標とUTM図法は，何が違うのですか？

例題1 次の文は，平面直角座標系について説明したものである。□ に用語を入れて正しい文章にしたい。適当な用語の組合せはどれか。

　一般に公共測量などで作成する縮尺1/2 500〜1/5 000程度の地図は，位置を平面直角座標系で表示している。この平面直角座標系は，日本全体を ア の区域に分割し，それぞれの区域に中央経線を設けて イ で投影し，平面上に設置された座標系である。中央経線上の縮小率を ウ とし，中央経線より約90 km離れたところで縮小率が1.000 0となるようにすることにより，座標系内でのひずみを小さくしている。

　各座標系とも，原点において エ と一致する直線を一方の座標軸とし，これに直交する直線を他方の座標としている。また，原点の座標値は，$X=$ オ ，$Y=0$ mと定められている。

	ア	イ	ウ	エ	オ
1.	a	c	f	i	g
2.	b	d	e	j	h
3.	a	d	f	i	g
4.	b	d	e	j	g
5.	a	c	f	i	h

語句群
a．19　　b．経度幅6°
c．モルワイデ図法
d．ガウスの等角投影法
e．0.999 6　　f．0.999 9
g．0　　h．500 000
i．経線　　j．緯線

解説　**平面直角座標**

(1) 我が国で刊行されている国土地理院の地図のうち，1/2 500，1/5 000の大縮尺の地図（国土基本図）は，平面直角座標系であり，1/2.5万，1/5万地形図はUTM図法である。地図投影の適用範囲は異なるものの，共にガウス・クリューゲルの横メルカトル図法である。

(2) 平面直角座標は，全国を19の区域に分割し，それぞれに座標原点を設け，原点で縮尺係数を0.999 9とし，原点から90 kmの地点で1.000 0，130 kmの地点で1.000 1としている。

(3) 座標原点を通る子午線をX軸，これに直交する軸をY軸，原点座標を(0, 0)としている。それぞれの座標原点の経緯度が与えられている。

解答　3

第8章　地図編集（GISを含む）

〔理解度の確認〕

P266，演習問題の 問7 にチャレンジして下さい。

Q6 地形図の経緯度と図郭

A 国土地理院が作成する地形図には，UTM図法に基づく地球上におけるその位置を示す番号が表示されます。例えば，1/2.5万地形図はNI－53－14－4－4のように索引番号が付けられます。

解　説

1．国際図1/100万，地勢図1/20万の図郭

1. 経度差6°，緯度差4°の範囲を投影する図郭の大きさを**国際図1/100万**という。例えば，日本の位置，記号NI－53（N：北緯，Ⅰ区域，53ゾーン）はN 32°～36°，E 132°～138°の投影範囲）を示す。
   ① 緯度は，赤道を起点として，北極方向へ緯度差4°毎に区分（A，B，C，……）した9番目のブロックがⅠで，北緯32°～36°の区域を示す。
   ② 経度は，東経180°を起点として，東回りに経度差6°毎に区分した53番目のブロックで，東経132°～138°の区域を示す。
2. **国際図1/100万の図郭**を6×6等分すると，**経度差1°，緯度差40′**の図郭ができ，この大きさが**1/20万の地勢図**となる。NI－53－14の14は36コマの14番目に該当する（図8・16参照）。
3. 国際図1/100万の地図は，正角割円錐図法（二基本）を採用し，1/20万の地勢図は，UTM図法が採用されている。

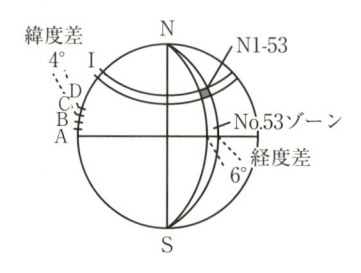

図8・15　NI－53（国際図1/100万）

	132°	133°	134°	135°	136°	137°	138°	
	31	25	19	13	7	1		36°00′
	32	26	20	14	8	2		35°20′
	33	27	21	15	9	3		34°40′
	34	28	22	16	10	4		34°00′
	35	29	23	17	11	5		33°20′
	36	30	24	18	12	6		32°40′
								32°00′

図8・16　NI－53－14（1/20万地勢図）

2．地形図1/5万，1/2.5万の図郭

1. 1/20万の地勢図（経度差1°，緯度差40′）を図8・17のように4×4等分すると，経度差15′，緯度差10′の**1/5万の地形図**の図郭となる。NI－53－14－④は，16コマの4番目（奈良）に該当する（図8・17参照）。

> **質問** 地形図の番号は，どのように付けられるのですか？

2．1/5万の地形図（経度差15′，緯度差10′）を図8・18のように2×2等分すると，経度差7′30″，緯度差5′の **1/2.5万の地形図** の図郭となる。NI－53－14－4－④は，4コマの4番目（奈良）に該当する。

	135°00′	135°15′	135°30′	135°45′	136°00′
35°20′	13	9	5	1	
35°10′	14	10	6	2	
35°00′	15	11	7	3	
34°50′	16	12	8	4	
34°40′					

図8・17　NI－53－14－4（1/5万地形図）

	135°45′	135°52′30″	136°00′
34°50′	3	1	
34°45′	4	2	
34°40′			

図8・18　NI－53－14－4－4（1/2.5万地形図）

表8・3　地図の図郭

地図の縮尺	経度差	緯度差
1/100万　国際図	6°	4°
1/20万　地勢図	1°	40′
1/5万　地形図	15′	10′
1/2.5万　地形図	7′30″	5′

> **例題1** 次の文は，東経135°00′と136°00′の経線及び北緯34°40′と35°20′の経緯を，UTM図法で縮尺1/200 000に展開したときの経緯線の形について述べたものである。正しいものはどれか。
> 1．経線も緯線も直線である。
> 2．経線も緯線も曲線である。
> 3．一つの経線のみ直線で，他の経線と緯線は曲線である。
> 4．経線は曲線で，緯線は直線である。
> 5．経線は直線で，緯線は曲線である。

> **解説**　UTM図法の経緯線
> (1) 東経135°00′の位置するゾーンは，
> $(135°+180°)\div 6 = 52.5$（No.53のゾーン）。
>   53のゾーン（E132°〜138°）の経度帯の中央子午線の経度は135°である。
> (2) この図葉の1つは，中央子午線に該当する。故に，中央子午線と赤道のみが直線で他のすべての経緯線は曲線である。　**解答**　3

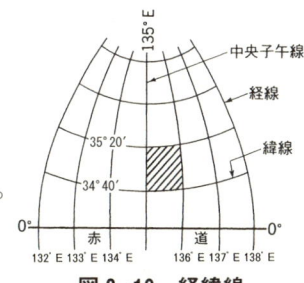

図8・19　経緯線

地図編集作業 Q7

地図編集は，作成する地図の骨格となる基図をベースに，各種資料を収集・活用し目的の地図を編集により作成します。1/5万地形図は，1/2.5万地形図を基図として編集します。

解　説

1．地図編集

1. **地図編集**とは，既存の数値地形図データ（地図）を**基図**として，測量成果や空中写真等の各種参考資料を活用し，新たな数値地形図データ（編集原図データ）を作成する作業をいう（準則第308条）。
2. **実測図**は，現地で地形・地物の位置，距離，高さ等を測定して作成された地図をいう。1/2 500の国土基本図，1/2.5万地形図は，実測図である。**編集図**は，実測図等を基図として編集により作成された地図である。1/5万の地形図，1/20万の地勢図等は編集図である（P25，表1・3参照）。
3. **図式**は，地表の状態をどのような様式で地図に表現するかを具体的に決めた約束ごとをいう。図法，縮尺，位置及び高さの基準，図郭の大きさ，地図記号の形式・大きさ，注記，色彩など，地形図作成において必要となる全ての事項について規定している。

2．1/2.5万地形図と電子地形図25 000

1. 従来の1/2.5万地形図に代わる新たな基本図として，ベクトル形式の基盤データである**電子国土**（サイバー国土）が整備されている。電子国土は，基盤地図情報に地形や植生記号，注記等の一般的な地形空間情報を付加し，従来の1/2.5万地形図のように読図しやすいように図式表現され，電子国土ポータルサイトで閲覧できる（P262参照）。
2. 1/2.5万地形図は，今後，電子国土の更新データを使用して作成される。読図の問題は，**電子国土**（電子地図）からの出題が予想されるが，試験内容は従来と同じである。

3．経緯度・面積の求め方

1. 地図から経緯度を求めるのは，地形図上に示されている経緯度の値を利用する。図8・20に示す点Pの緯度φ，経度λは，次のとおり。

質問 地図の編集作業は，どのようにするのですか？

$$\left.\begin{array}{l}緯度\ \varphi=\varphi_1+\dfrac{a}{\ell}(\varphi_2-\varphi_1)\\[6pt] 経度\ \lambda=\lambda_1+\dfrac{b}{d}(\lambda_2-\lambda_1)\end{array}\right\} \quad\cdots\cdots 式（8・2）$$

但し，φ_1, φ_2：下線・上線の緯度
　　　a, ℓ：地形図上の $\overline{NP}, \overline{AB}$ の長さ
　　　λ_1, λ_2：左線・右線の経度
　　　b, d：地形図上の $\overline{AN}, \overline{AC}$ の長さ

2．地形図から面積 S を求めるには，地形図上の距離 a, b を計測し，地形図の縮尺の分母数 m_k を掛けて求める。

$$\left.\begin{array}{l}面積\ S=L\times D\\ NP\ 間の実長\ L=a\times m_k\\ MP\ 間の実長\ D=b\times m_k\end{array}\right\} \quad\cdots\cdots 式（8・3）$$

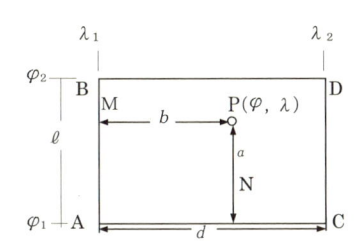

図 8・20　経緯度の求め方

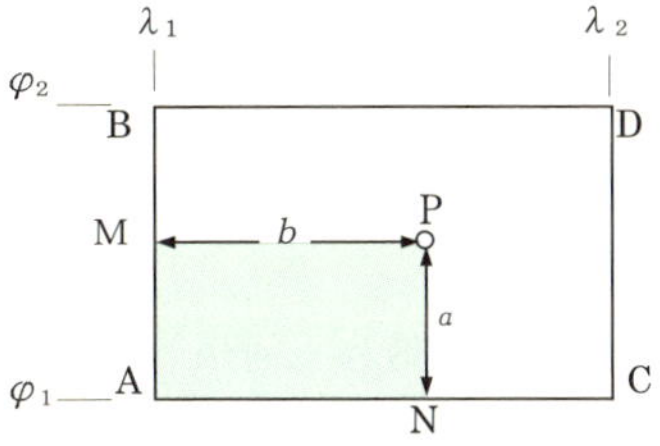

図 8・21　面積計算

例題 1　図の点 ABCD は，1/25 000 地形図の図郭の四隅を示す。図における P 点の経緯度値を求めるために必要な各点間の距離は，次のとおり。
P 点の経緯度はいくらか。

$\overline{y_1y_2}$=45.2cm，$\overline{x_1x_2}$=36.8cm，
$\overline{y_1P}$=29.5cm，$\overline{x_1P}$=14.8cm

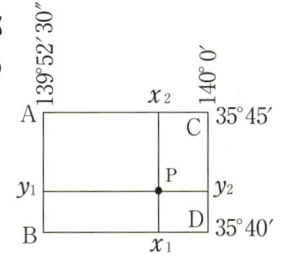

解説　経緯度の求め方

経度 $=139°\ 52'\ 30''+29.5/45.2\times 450''=139°\ 52'\ 30''+4'\ 54''=\underline{139°\ 57'\ 24''}$
緯度 $=35°\ 40'+14.8/36.8\times 300''=35°\ 40'+2'\ 01''=\underline{35°\ 42'\ 01''}$

〔理解度の確認〕

P266，演習問題の 問8 にチャレンジして下さい。

第8章　地図編集（GISを含む）

編集描画 Q8

A 地形図の編集は，大縮尺の地形図を基図とし縮小方式（完成図の縮尺で編集する方式）で行い，実測図1/2 500の国土基本図から1/5 000，実測図1/2.5万の地形図から1/5万地形図が編集されます。

解　説

1．地図編集の描画の順序

1. 既存の地図や各種のデータ・資料を基にして，主に机上で新しい地図を作成する作業（地図情報レベル2500→地図情報レベル10000）を**地図編集**という。
2. 公共測量，基本測量によって整備された地図（1/2 500, 1/2.5万等）を基図として，1/5 000の国土基本図，中縮尺の地図（1/5万等）を編集する場合，地図の精度の保持及び作業効率から，編集描画の順序は原則として次のとおり。

    ① 図郭線の展開
    ② 基準点
    ③ 自然骨格地物（河川，水涯線）
    ④ 人工骨格地物（鉄道・道路）
    ⑤ 建物・諸記号
    ⑥ 地形（等高線・変形地）
    ⑦ 植生界・植生記号
    ⑧ 行政区界の境界

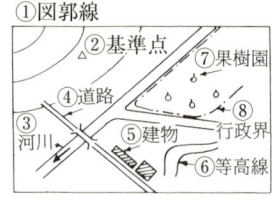

    図8・22　図式と描画順序

3. 編集は，基準点（電子基準点，三角点，水準点など）を最優先とし，次に自然の骨格地物である河川・水涯線等の水部，人工の骨格地物である鉄道・道路，そして建物などの順序に従って編集描画する。

2．取捨選択・転位・総描

1. 地図情報レベルの大きい（縮尺が小さい）編集原図データでは，地形・地物等の地図情報を真位置，真形及び真幅で表示することが困難となり，定形化された記号が多くなる。編集する地図の地図情報レベル・内容に応じて，地形・地物を**取捨選択**したり，複雑な形状を**総描**（総合描示）したり，真位置から**転位**して描画する。

> **質問** 地形図は，どのように編集されるのですか？

2．**取捨選択の原則**は，次のとおり。
　① 表示対象物は地図情報レベルに応じて適切に取捨選択し正確に表示する。
　② 重要度の高い対象物（学校・病院・神社・仏閣等）は省略しない。
　③ 地域的な特徴をもつ対象物は特に留意し，編集目的を考え取捨選択する。
　④ 対象物は，その存在が永続性のあるものを省略しない。

3．**総描（総合描示）の原則**は，次のとおり。
　① 必要に応じ，図形を多少修飾して，現状を理解しやすく表現する。
　② 現地の状況と相似性を持たせる。
　③ 形状の特徴を失わないようにする。
　④ 基図と編集図の縮尺率を考慮する。

4．**転位の原則**は，次のとおり。
　① 位置を表す基準点は，転位しない（水準点は転位はあり得る）。
　② 地形・地物の位置関係を損なう転位はしない。
　③ 有形自然物（河川・海岸線等）は，転位しない。
　④ 有形線と無形線（等高線・境界等）では，無形線を転位する。
　⑤ 有形の自然物と人工地物（建物等）では，人工地物を転位する。
　⑥ 骨格となる人工地物（道路・鉄道等）とその他の地物（建物等）では，その他の地物を転位する。
　⑦ 重要度の等しい人工地物が2個重なる場合は，中間点を真位置とする。

例題1 次の文は，一般的な地図を編集するときの原則について述べたものである。間違っているものはどれか。
　1．山間部の細かい屈曲のある等高線は，地形の特徴を考慮して総描する。
　2．編集の基となる地図は，新たに作成する地図の縮尺より大きく，かつ，作成する地図の縮尺に近い縮尺の地図を採用する。
　3．水部と鉄道が近接する場合は，水部を優先して表示し鉄道を転位する。
　4．描画は，三角点，水部，植生，建物，等高線の順で行う。
　5．道路と市町村界が近接する場合は，道路を優先して表示し，市町村界を転位する。

解説 地図編集の原則
　描画の順序は，三角点，水部（自然骨格物），建物，等高線（地形），植生となる。
　　　　　　　　　　　　　　　　　　　　　　　　　　　　解答 4

第8章 地図編集（GISを含む）

〔理解度の確認〕
P267，演習問題の 問9 にチャレンジして下さい。

図式の概要 1 （道路・鉄道等）　Q9

読図は，1/2.5万地形図，電子国土が試験対象となります。表示内容を豊富に見やすくするため，線の太さ・種類及び3色（青：河川等水に関するもの，茶：地形表現，黒：その他）等で表示します。

解　説

1．表現法の基準

1. 1/2.5万地形図の図式の概要について説明する。各種表現対象物の形状は，正射影を縮尺化したものを原則とするが，正射影による表現が困難なものは，側面形記号を用いる。
2. 表示の位置は，平面形記号ではその中心を真位置に，側面記号では記号の下辺の中央を真位置にして表示する。

破線の交点が真位置となる

(1) 平面記号　　　　　　　　　(2) 側面記号

（三角点）（水準点）（灯台）（高塔）　（記念碑）（煙突）（電波塔）

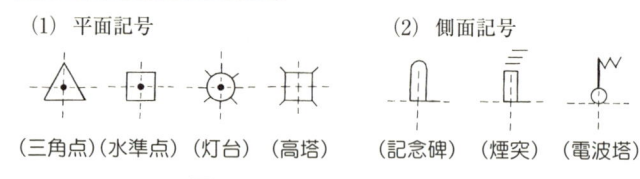

図 8・23　図式記号の真位置

2．道路の表示

1. **道路の表示**は，真幅道路と記号道路に区分して表示する。国道は茶色で表示し，一般国道には国道番号を，高速自動車国道にはその名称を表記する。
2. **記号道路**は，道路の幅員により図 8・24 に示す 5 階級に区分して記号化したものをいう。**真幅道路**は，道路幅を 1/2.5 万に縮小して，一般の道路では 1.0mm（実幅 25m）以上，街路では 0.4mm（実幅 10m）以上の道路について，縮尺化して表示する。幅 1.5m～10m までの街路は，すべて 0.4mm の幅で表示する。
3. 府県道・市町村道等の地方道については，幅員 3m 以上の道路（二条線）は，原則としてすべて表示し，幅員 1.5m～3m の道路（一条線）は，地域の状況を考慮して，重要度の低い道路は省略する。
4. 現地調査時に建設中の幅員 3m 以上の道路については，表示する。

> **質問** 地形図の図式は，どのように決められていますか？

5．一条線道路に接する建物の表示は，一条線より 0.2mm の白部をあけて表示する。二条線道路では道路と建物線をかねる。

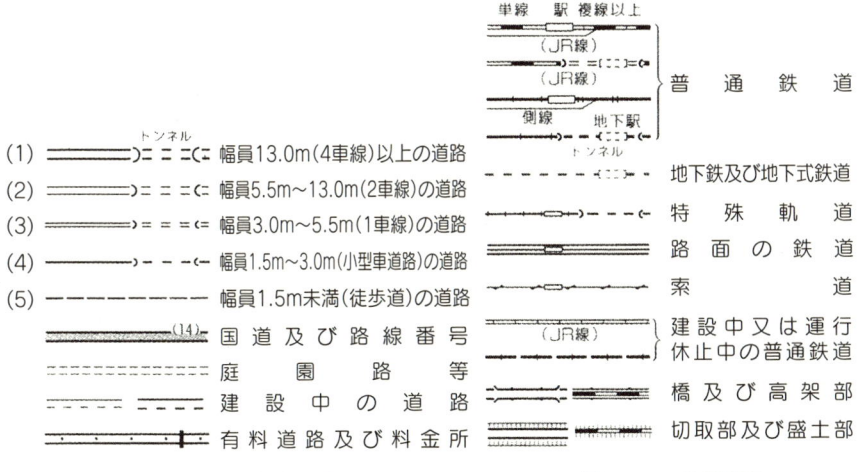

(1) 幅員13.0m(4車線)以上の道路
(2) 幅員5.5m～13.0m(2車線)の道路
(3) 幅員3.0m～5.5m(1車線)の道路
(4) 幅員1.5m～3.0m(小型車道路)の道路
(5) 幅員1.5m未満(徒歩道)の道路
　　国道及び路線番号
　　庭　園　路　等
　　建　設　中　の　道　路
　　有料道路及び料金所

図8・24　道路記号

単線　駅　複線以上
(JR線)
(JR線)　　　　　　　　　普　通　鉄　道
側線　　地下駅
トンネル
　　　　　　　　　　　地下鉄及び地下式鉄道
　　　　　　　　　　　特　殊　軌　道
　　　　　　　　　　　路　面　の　鉄　道
　　　　　　　　　　　索　　　　道
(JR線)　　　　　　　　建設中又は運行
　　　　　　　　　　　休止中の普通鉄道
　　　　　　　　　　　橋　及　び　高　架　部
　　　　　　　　　　　切取部及び盛土部

図8・25　鉄道記号

3．鉄道の表示

1．**鉄道の表示**は，普通鉄道（JR線とJR線以外），地下鉄・地下式鉄道，特殊軌道，路面の鉄道，索道等について，単線と複線以上に区分して表示する。

2．**地下鉄及び地下式鉄道**は，JR線以外のトンネルの記号と同じ破線記号，茶色で表示する。なお，**特殊軌道**とは普通鉄道以外の鉄道，**路面の鉄道**とは道路上にあるJR線以外の鉄道・特殊軌道，**索道**とは空中ケーブル，スキーリフト，ベルトコンベヤー等をいう。

3．道路・鉄道の橋・高架部は，長さ20m以上のもの（立体交差部を除く）について表示する。図上1cm以上のものは，橋床部を示す線の外側に4mmおきに半円点を付ける。

4．切取部・盛土部は，原則として傾斜45°以上，長さ3m以上，図上3mm以上について表示する。斜面を示す短線を結んだ実線側が斜面の頂部である。

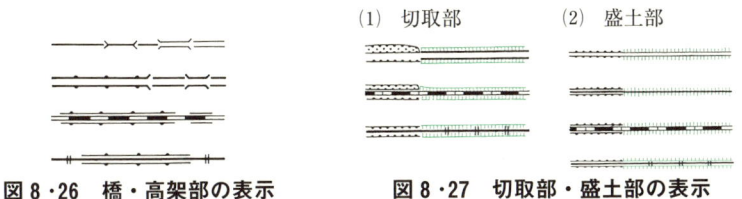

(1) 切取部　　(2) 盛土部

図8・26　橋・高架部の表示　　図8・27　切取部・盛土部の表示

図式の概要2（建物等・建物記号） Q10

A 市街地の建物等の表示は，1/2.5万地形図では建物の大きさ，密集状況，高層建築等に区分して模式的に表示されます。建物の用途・機能を明らかにする場合には，建物記号が表示されます。

解　説

1．建物等の表示

1. **建物等**は，独立建物，総描建物（建物の密集地），高層建築街及び建物類似の構造物（温室，畜舎，タンク等）に区分して表示する。
2. **独立建物**は，個々の建物を区別して表示するもので，図上の短辺1.0mm未満の建物（小）とそれ以上の建物（大），さらに（大）の独立建物で3階建以上の高層建物（大）に区分して表示する。
3. **総描建物**は，建物が密集している地区で個々の建物を区別して表示することが困難な場合，数戸以上の建物を1つのブロックにまとめて表示する。
4. **高層建築街**は，建物の密集地のうち3階建以上の建築が密集している地区をいう。

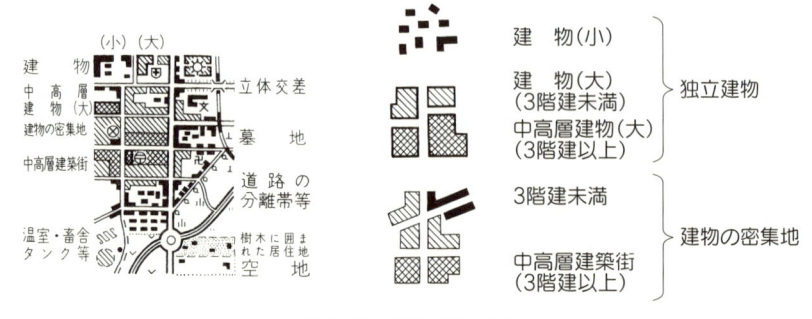

図8・28　建物等の表示

2．建物記号

1. **建物記号**は，地形図に表示された建物のうち，その用途あるいは機能を示す必要がある場合，表示する記号をいう。
2. **建物記号の種類**は，市役所・区役所，町村役場，官公署，裁判所，税務署，営林署，測候所，警察署，駐在所・派出所，消防署，電報・電話局，自衛隊，

> **質問** 地形図上で建物等は，どのように表示されますか？

工場，発電所，小学校・中学校・高等学校・大学，病院，神社，寺院等に区分して表示する。

3．建物記号は，建物の向きにかかわらず常に図郭下辺に対し直立に表示する。表示位置は，建物の中央とするが，建物が小さくて中央に表示できない場合は，建物の上方に表示する。

◎ 市 役 所	◆ 税務署	Y 消防署	✲ 小・中学校	☼ 発電所	卍 神 社
○ 町村役場	⊕ 病 院	⊗ 警察署	⊛ 高等学校	☼ 工 場	⌐ 寺 院
ö 官公署	⊕ 保健所	X 交 番	⁂ 森林管理所	⊓ 図書館	⊕ 郵便局
♠ 裁判所	⊤ 気象台	⊟ 自衛隊	⛨ 老人ホーム	⛫ 博物館・美術館	

図8・29　建物記号

3．基準点・種々の目標物

1．**基準点**は，三角点，水準点，標高点に区分して表示する。1/2.5万地形図では，1等～4等三角点，1等～3等水準点はすべて表示される。但し，地形図上ではその等級は分からない。

2．**標高点**は，公共測量の基準点をいい，「標石のあるもの」と「標石のないもの」に区分して表示する。なお，後者は地形図上の必要な位置に標高を表示する。

3．**種々の目標物**は，現地と地図の位置を照合する各種の人工物をいう。高塔，記念碑，煙突，電波塔，油井・ガス井，灯台，坑口・洞口，送電線，へい等に区分して表示する。

△52.6 三 角 点　・124.7 現地測量による｜標高点
⌂ 電子基準点　　　　写真測量による
□21.7 水 準 点　・125

図8・30　基準点

🏢 高　　　塔	🌋 噴火口・噴気口
🏛 記　念　碑	♨ 温　泉・鉱　泉
🏭 煙　　　突	✕ 採　鉱　地
📡 電　波　塔	⚒ 採　石　地
✻ 風　車	⚓ 坑
☼ 灯　　　台	⚓ 重　要　港
⛫ 城　　　跡	⚓ 地　方　港
∴ 史跡名勝天然記念物	⚓ 漁　　　港
━━ 送　電　線	
⌐⌐⌐ へ　　　い	
▬▬▬ 石　　　段	

図8・31　種々の目標物

〔理解度の確認〕

P266，**問8** の地形図で表示されている7つの建物記号の名称は何でしょう。

第8章　地図編集（GISを含む）

図式の概要3（水部・陸部の地形） Q11

A 地形図は，上下の方向が北と南を指し，1/2.5万地形図であれば図上1cmが250m，1/5万であれば500mです。山や谷は，等高線の形と地形の記号で表現され，現地の地形を知ることができます。

解　説

1．等高線・等深線の表示

1. **等高線**と**等深線**は，**主曲線・計曲線・補助曲線**に区分して表示する。等高線相互の間隔は，傾斜が一様な場合には等しく，急傾斜地では狭くなり，緩傾斜地では広く表示される。
2. **主曲線**は，平均海水面又は湖等の水面標高から起算して一定の標高ごとに細い実線で表示する等高線及び等深線である。
3. **計曲線**は，等高線の読図を容易にするため，主曲線の5本目ごとに太い実線で描き，等高線を間断して標高を記入する等高線及び等深線である。
4. **補助曲線**は，主曲線間隔の1/2の間隔（細い破線で表示）と1/4の間隔で表示されるものがある。1/4の間隔の補助曲線を入れる場合は，細い破線で表示し，その標高を明記する。
5. 等高線による表示が困難な場合は，がけ，岩等の記号を用いる。

要点理解 ➡ P174

表8・4　地形図の等高線間隔〔単位 m〕

縮尺 等高線 の種類	$\frac{1}{2\,500}$	$\frac{1}{5\,000}$	$\frac{1}{10\,000}$ 基本	$\frac{1}{10\,000}$ 山岳	$\frac{1}{25\,000}$	$\frac{1}{50\,000}$
主曲線	2	5	2	4	10	20
補助曲線	1 0.5	2.5 1.25	1 —	2 —	5 2.5	10 5
計曲線	10	25	10	20	50	100

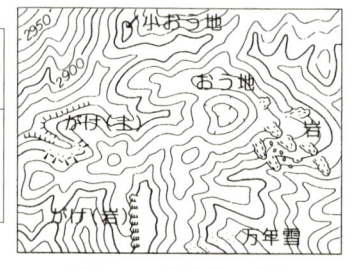

図8・32　等高線の表示

2．河川及び湖・海等の表示

1. 水部の地形は，河川・湖・海等の水涯線のほか流水方向・滝・かれ川・干がた及び湖の水面標高・等深線の記号を表示する。
2. 水涯線は，陸部と水部とを分ける境界線をいい，海部では満潮時，河川・

> **質問** 地形図から現地の地形が分かりますか？

　湖は平水時の正射影で表示する。
3. 河川は，平水時の幅員が1.5m以上，図上10mm以上のものを表示する。平水時の幅5m以上のものは**二条線**，これに満たないものは**一条線**で表す。
4. 河川や湖において季節的に水涯線の位置が著しく変化するもの，水涯線が判然としないものは**不定水涯線**（青色の破線）で表示する。

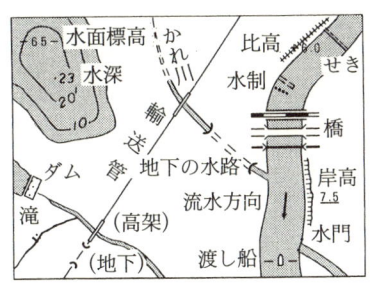

図8・33　河川記号

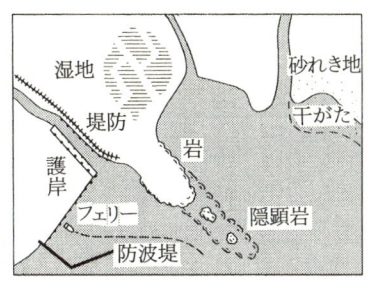

図8・34　海の記号

3．植生の表示

1. **植生**とは，地表面の植物の種類及びその覆われている状態をいう。植生は，その区分に従って植生記号で表示する。**植生界**（細い点線）は，異種の植生の界をいい，既耕地と未耕地及び異なる既耕地間に表示する。
2. 既耕地の植生は，田，畑，牧草地，果樹園，桑畑，茶畑などに分けて表示する。未耕地の植生は，広葉樹林，針葉樹林，ハイマツ地，竹林，しゅろ科樹林及び荒地に分けて表現する。

田		荒　地	
畑		その他の樹木畑	
果樹園		広葉樹林	
桑畑		針葉樹林	
茶畑		ハイマツ	
竹林		ヤシ科樹林	
笹地			

図8・35　植生記号

4．境界（行政界）の表示

1. **境界**とは，地方自治法で定める行政区画の境をいう。境界記号は，境界の真位置と記号の中心線が一致するように表示する。異種の境界記号が重複する場合には，図8・36の上位からの順位で表示する。

```
—・—・—　都　府　県　界
—　—　　支　　庁　　界
—・・—　郡　市　界
—・—・—　町　村　界
—　—　　所　属　界
………　植　生　界
--------　特　定　地　区　界
```

図8・36　境界記号

第8章　地図編集（GISを含む）

Q12 1/2.5万地形図の整飾

整飾とは，経緯度で構成される図郭及びその周辺部に表示した記号や基準等の事項を総称したものです。読図は，地形図に描かれている内容及びその土地に係る各種事項を読み取ることです。

解　説

1．整飾事項の概要と位置

1. 1/2.5万地形図の一図葉に記載される内容は，図8・37に示すとおり。**図郭**①とは，地形図1枚の区画を示す外周線で世界測地系による経度差7′30″，緯度差5′0″の経緯度の区域に，隣接図の一部を重複させている。

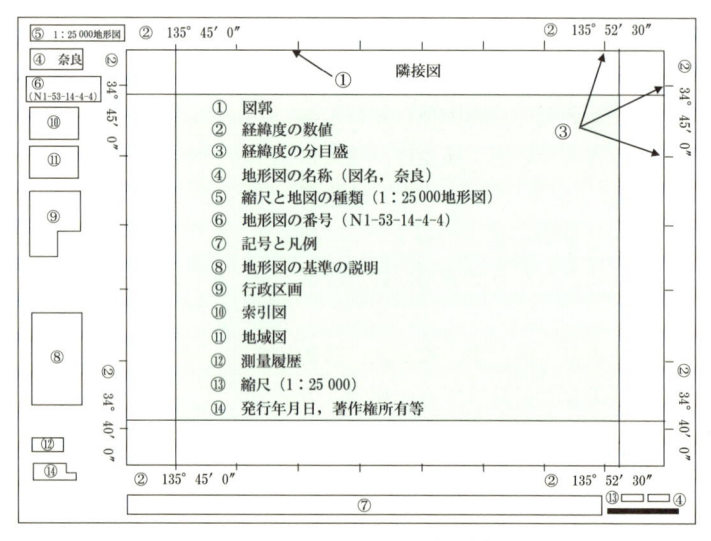

```
①  図郭
②  経緯度の数値
③  経緯度の分目盛
④  地形図の名称（図名，奈良）
⑤  縮尺と地図の種類（1：25 000地形図）
⑥  地形図の番号（NI-53-14-4-4）
⑦  記号と凡例
⑧  地形図の基準の説明
⑨  行政区画
⑩  索引図
⑪  地域図
⑫  測量履歴
⑬  縮尺（1：25 000）
⑭  発行年月日，著作権所有等
```

図8・37　整飾図式例（奈良）

2. 図郭線に接して経緯度値②が示され，経緯度の分目盛③は図郭の外側に1mmの短線で示される。この分目盛により地物の位置を経緯度で知ることができる。
3. 地形図の番号⑥は，UTM図法のNI（北緯32°～36°，東経132°～135°）の区域内の14－4－4番号を示す。1/2.5万の地形図である。
4. 記号と凡例⑦は，地形図図式（平成14年制定）に基づいて表示される。

|質問| 地形図の見方は，どのようにするのですか？

5．地形図の基準の説明⑧は，経緯度の基準，日本測地系への変換，高さの基準，等高線，等深線の間隔，投影法，磁針方位角等が記載される。

6．測量履歴⑫は，昭和○○年第2回改測，平成○○年更新などの当該地形図の作成の履歴が記載される。

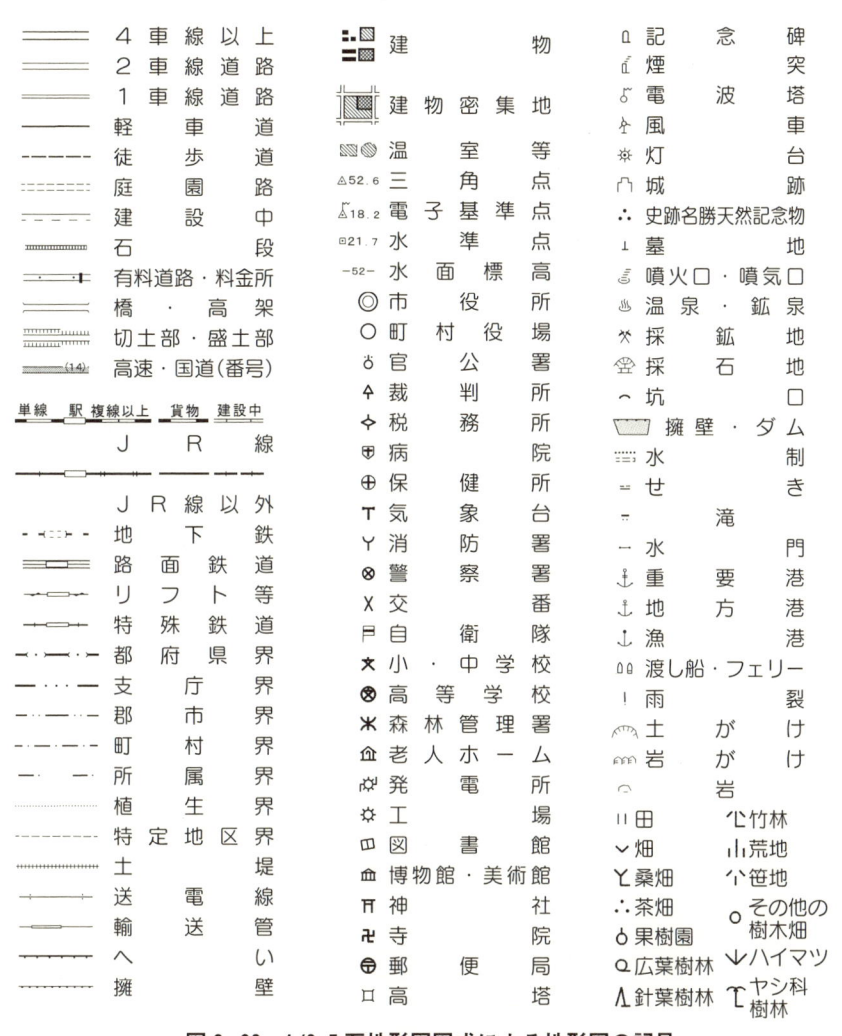

═══ 4車線以上	▦ 建　　　物	㋹ 記　念　碑
══ 2車線道路	▦ 建物密集地	🏭 煙　　突
── 1車線道路	▨ 温　室　等	⚡ 電　波　塔
── 軽　車　道	△52.6 三　角　点	🌀 風　車
---- 徒　歩　道	⊡18.2 電子基準点	☀ 灯　台
···· 庭　園　路	⊡21.7 水　準　点	⛩ 城　跡
── 建　設　中	-52- 水面標高所	∴ 史跡名勝天然記念物
▥▥ 石　　段	◎ 市　役　所	𖡡 墓　地
━━ 有料道路・料金所	○ 町　村　役　場	噴火口・噴気
══ 橋・高　架	⸰ 官　公　署	♨ 温泉・鉱泉
▥▥ 切土部・盛土部	⚖ 裁　判　所	⚒ 採　鉱　地
(14) 高速・国道（番号）	⊙ 税　務　所	⚒ 採　石　地
単線 駅 複線以上 貨物 建設中	⊕ 病　　院	⊃ 坑　口
━━ JR　線	⊞ 保　健　所	⟋⟍ 擁壁・ダム
JR線以外	T 気象台	⟍⟋ 水　制　き
---- 地　下　鉄	Y 消　防　署	= せ　　き
── 路面鉄道	⊗ 警　察　署	─ 滝
── リフト等	X 交　番	水　門
━━ 特殊鉄道	⊟ 自　衛　隊	⚓ 重要港
━━ 都府県界	★ 小・中学校	⚓ 地方港
━━ 支　　庁	⊛ 高　等　学　校	⚓ 漁　港
━━ 郡市界	⚹ 森林管理署	≡ 渡し船・フェリー
━━ 町村界	⚘ 老人ホーム	⫵ 雨　裂
━━ 所　属　界	⊕ 発　電　所	⫵ 土がけ
━━ 植　生　界	⊙ 工　場	⌒ 岩がけ
━━ 特定地区	⊞ 図　書　館	川 田 ⫶ 竹林
━━ 土堤	⬠ 博物館・美術館	⌵ 畑 ⌄ 荒地
━━ 送電線	卍 神　社	Y 桑畑 ⌂ 笹地
━━ 輸送管い	〒 寺　院	∴ 茶畑 ∴ その他の樹木畑
━━ 擁　壁	〒 郵　便　局	♀ 果樹園 ⇡ ハイマツ
	⊟ 高　　塔	⋀ 広葉樹林 ⋎ ヤシ科樹林
		⋀ 針葉樹林

図8・38　1/2.5万地形図図式による地形図の記号

〔理解度の確認〕

あなたの居住区の1/2.5万地形図を購入して，確認してみて下さい。

第8章　地図編集（GISを含む）

Q13 1/2.5万地形図の読図1（建物記号等）

地形図には，位置情報とともに多くの地理情報が記載されています。読図とは，図式を参考にして，それらの情報を読み取ることです。1/2.5万地形図を持ってあなたの町を散策しましょう。

解　説

例題1 図は1/25 000地形図の一部である。次の文は，この図に表現されている内容について述べたものである。正しいものはどれか。

1. JR線は複線である。
2. 市役所と老人ホームの標高差は130mである。
3. JRからすやま駅の南側には発電所が隣接する。
4. 市役所の西側約350mに裁判所がある。

> **質問** 地形図からどのようなことが読み取れますか？

5．標高 199.4m の三角点と標高 93.1m の三角点の間の直線距離は約 2.0km である。

解説 読図（建物記号等）

地形図の図形から読み取る情報として，線情報，点情報，面情報がある。
① 線情報：道路・鉄道・河川・湖岸線・境界線・送電線・等高線など。
② 点情報：三角点・水準点・標高点・ダム・建物の記号など。
③ 面情報：市街地・集落・耕地などの土地利用，等高線から地形など。

1．鉄道 JR 線　複線以上は（■■■■■■■■■■）記号で表示する。
　　　　　　　単線は（■■■■■■■）記号で表示する。
2．市役所（◎）の標高は 110m，老人ホーム（⌂）の標高は 130m，
　　標高差＝130m−110m＝<u>20m</u>
3．からすやま駅の南に発電所（✿）は存在しないが，工場（☼）は存在する。
4．市役所（◎）の西側，約 350m（図上距離 1.4cm）に裁判所（⚐）は存在しないが，保健所（⊕）は存在する。
5．三角点標高 199.4m と三角点標高 93.1m の直線の図上距離は 8cm である。実距離は 8cm×25 000＝2 000m＝2km　正しい。

解答　5

例題2　左図に示した地域を包含した縮尺不明の地図がある。この地図上で，標高 93.1m の三角点と 84.5m の三角点との図上距離を測定したところ 27.5cm であった。この地図の縮尺はいくらか。
1．1/500　　　2．1/1 000　　　3．1/2 500
4．1/3 200　　　5．1/5 000

解説 縮尺の求め方

縮尺が既知の地形図の縮尺を $1/m$，任意の点間の長さを ℓ_1 とし，縮尺不明の地図上での任意の点間の長さを ℓ とすれば，縮尺不明地図の縮尺 $1/m_k$ は，

$$\frac{1}{m_k}=\frac{\ell}{\ell_1\times m} \quad\cdots\cdots 式（8・4）$$

縮尺不明の地図上での三角点間の距離 ℓ＝27.5cm を，1/2.5 万地形図で計測すると 5.5cm，式（8・4）から，

$$\frac{1}{m_k}=\frac{\ell}{\ell_1\times m}=\frac{27.5\text{cm}}{5.5\text{cm}\times 25\ 000}＝\frac{1}{5\ 000}$$

解答　5

〔理解度の確認〕

あなたの居住区は，地形図ではどのように表現されていますか。

第8章　地図編集（GISを含む）

1/2.5万地形図の読図2 （計測） Q14

地形図には，平面的な広がりと高さの情報が同時に記入されているので，断面図の作成，距離の図上計測，等勾配線の決定，面積の測定，貯水容量・土工容積の測定などに利用できます。

解　説

1. 地形図の利用

1. 図8・39は，ab方向の断面図の作成を示したものです。直線abと等高線の交点から垂線を下ろし，等高線間隔から作成する。

図8・39　断面図の作成

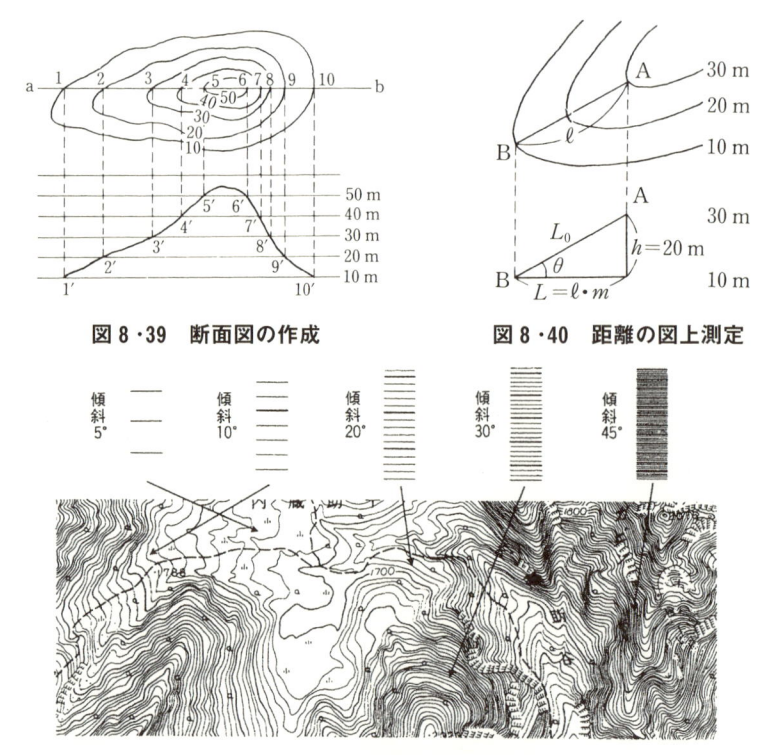

図8・40　距離の図上測定

図8・41　等高線間隔と傾斜（勾配）

2. 図8・40は，図上測定により，実距離 L を求めるものです。図上距離 ℓ に縮尺 M の分母数（$M=1/m$）を掛ければ，水平距離 L が求まる。斜距離 L_0 及

> **質問** 地形図からどのようなことが計測できますか？

び傾斜角 θ は，等高線から2点間の高低差 h を読み取り，次式で求める。

$$\left.\begin{array}{l} L_0=\sqrt{L^2+h^2} \\ \tan\theta=\dfrac{h}{L}, \quad \theta=\tan^{-1}\dfrac{h}{L} \end{array}\right\} \quad\cdots\cdots 式（8\cdot5）$$

例題 1 図は，1/25 000 地形図の一部である。この地形図に表示されている市役所と消防署の各建物の中心と水準点を結んだ三角形の面積はいくらか。

1. $0.04 km^2$　2. $0.37 km^2$　3. $0.61 km^2$　4. $1.22 km^2$　5. $1.56 km^2$

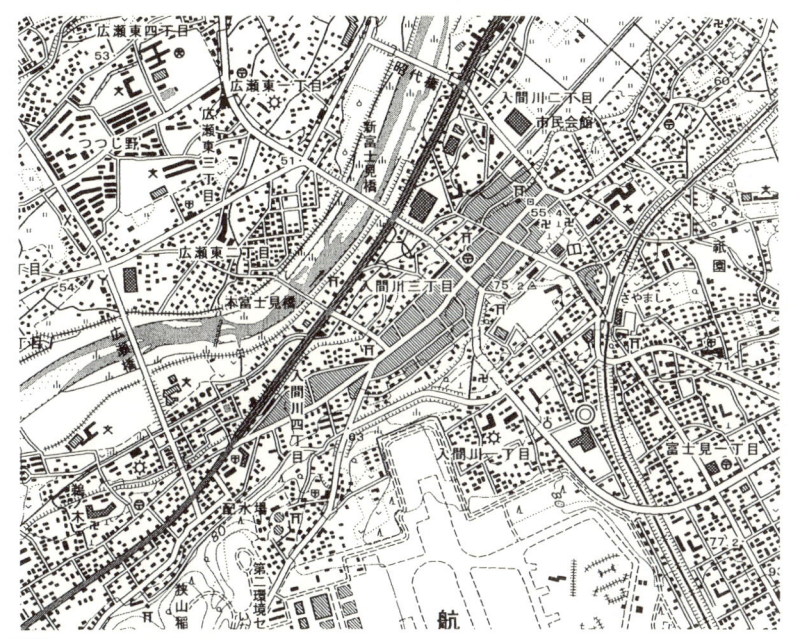

解説　図上計測（面積）

市役所◎は，さやまし駅の南方にある。消防署Yは，広瀬橋の北西にある。水準点は，市役所の北北西にある。図の三角形の底辺 6.8cm，高さ 2.85cm となる。

底辺の実距離　$6.8cm \times 25\,000 = 1\,700m = 1.7km$
高さの実距離　$2.85cm \times 25\,000 = 712.5m = 0.712\,5km$
$S = (0.712\,5km \times 1.7km)/2 = 0.605\,625km^2 \fallingdotseq \underline{0.61km^2}$

解答　3

〔理解度の確認〕

例題1の地形図からどんな風景か想像してみて下さい。

第8章　地図編集（GISを含む）

1/2.5万地形図の読図3 （計測） Q15

地形図を利用して，ある区域の面積や距離，傾斜，経緯度あるいは等高線から現地の山や谷の地形の状態を知ることができます。これら図上計測のためには読図ができることが必要です。

解　説

例題1　図は，1/25 000 地形図の一部である。この地形図の読図により，次の結果を得た。間違っているものはどれか。
1．ロープウェイのさんちょう駅から湯元集落にある神社は，見えない。
2．魚野川は，南東から北西へ流れている。
3．ロープウェイのさんろく駅から北へ約700mの距離の所に水準点がある。
4．魚野川と湯之沢川の合流点付近にせきがある。
5．ロープウェイのさんろく駅からさんちょう駅との標高差は，約490mである。

質問 地形図上で見通しができるか判定できますか？

解説 読図（現地の状況）

1. ロープウェイの「さんちょう」駅から，湯元集落の神社に見通線を引き，断面図から確認すると，見通線が山稜線を横切っており，神社は見えない。
2. 魚野川は，南東（地図の右下）から北西方面（地図の中央上）に流れている。川にあるせきの記号（王）は，破線が上流側である。
3. 「さんろく」駅から，北へ約700m（図上 2.8cm）の距離のところに水準点（□316.9）がある。
4. 魚野川と湯之沢川の合流点のすぐ下流にせき（王）の記号が表示されている。
5. ロープウェイの「さんろく」駅（等高線より標高 360m）と「さんちょう」駅（等高線より 900m）の標高差 $h=900\text{m}-360\text{m}=\underline{540\text{m}}$ である。

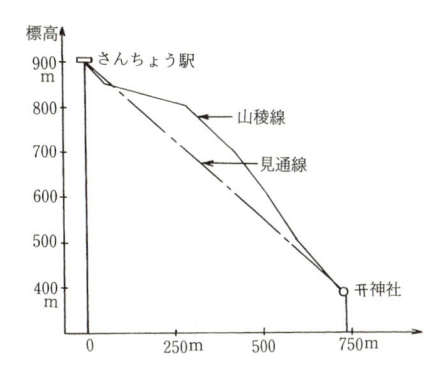

図 8・42　山稜線と見通線

解答　5

例題 2　左図の地形図上で，発電所までの高架の輸送管（地上に露出している部分）がある。高架の輸送管の傾斜角（輸送管と水平面とがなす角）はいくらか。

但し，高架の輸送管の傾斜角は一定とみなす。

1. 18°　　2. 23°　　3. 28°　　4. 33°　　5. 38°

	18°	23°	28°	33°	38°
tan	0.325	0.424	0.532	0.649	0.781

解説　図上計測（傾斜角）

(1) 水路の水平距離 L の計算：
$L=0.028\text{m}\times25\,000=700\text{m}$

(2) 高架の輸送管の傾斜角 θ の計算：
$$\tan\theta=\frac{\text{標高差}\,h}{\text{水平距離}\,L}=\frac{300}{700}\fallingdotseq 0.429$$
∴　$\tan^{-1}0.429=23°$
（関数表より，$\tan\theta=0.429$ となる概略の角 θ を求める）

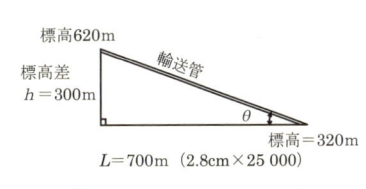

図 8・43　$\tan\theta=H/L$

解答　2

第 8 章　地図編集（GISを含む）

〔理解度の確認〕

P268，演習問題の 問10 にチャレンジして下さい。

GIS（地理情報システム） Q16

GIS（地理情報システム）は，地図の情報（位置情報，空間データ基盤）と地理情報（属性情報）等の地理空間データを特定の目的のためコンピュータ支援によって利用するシステムです。

解　説

1．GISとメタデータ

1. **地理情報システム**（Geographic Information System）は，地図データベースに，地理的な様々な情報検索，情報分析，編集，分析結果の地図・グラフ表示機能を加え，地域の各種の調査・分析・表示を可能とする。
2. **メタデータ**は，地理情報（空間データ）の種類，所在，内容，品質，利用条件等の情報を別途，詳細に示したデータをいい，データ利用のためのデータである。利用者は，メタデータを見れば必要なデータはどれか分かる。
3. **クリアリングハウス**は，活用したい空間データを検索するシステムをいい，検索対象はメタデータである。空間データを検索する仕組みをいう。

2．基盤地図情報

1. **地理空間情報**は，空間上の特定の地点又は区域の位置を示す情報及びこれらの情報に関連付けられた情報をいう。
2. **基盤地図情報**は，電子地図上に地理空間情報を定めるための基準となる測量の基準点，海岸線，公共施設の境界線，行政区画等の位置情報を電磁的方式により記録されたものをいう（P60，地理空間情報活用推進基本法）。

3．電子地形図25 000及び電子国土

1. **電子国土**（電子地図）は，国土地理院がインターネットで配信している地図で，数値化された国土に関する様々な地理情報を位置情報に基づいて統合したコンピュータ上で再現するサイバー国土である。
2. **電子地形図 25 000** は，区画の範囲が固定されていた従来の 1/25 000 地形図と異なり，ユーザが必要とする場所が必要な大きさで提供される測量成果である。地図記号等は，従来の 1/25 000 地形図とほぼ同じである。
3. **電子国土ポータル**とは，場所・位置に関する様々な情報の提供者と利用者を繋ぎ，情報を相互に利用しあう場で「電子国土の入口」をいう。

質問 GISは，どのように利用されていますか？

例題1 図は，電子国土ポータルとして国土地理院が提供している図（一部改変）である。次の文は，この図に表現されている内容について述べたものである。間違っているものはどれか。

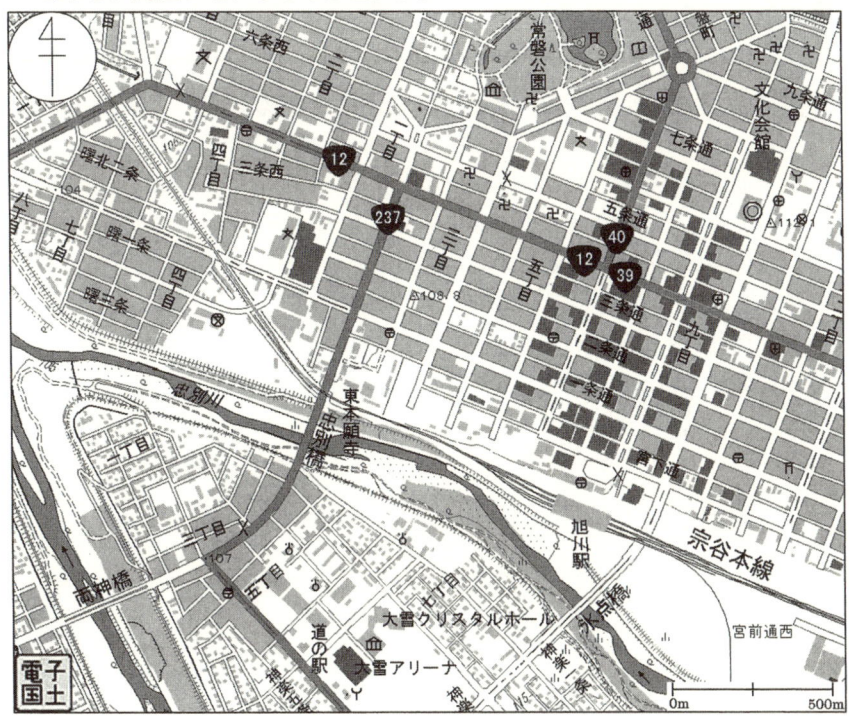

図（70%に縮小）

1. 両神橋と忠別橋を結ぶ道路沿いに交番がある。
2. 常磐公園の東側には図書館がある。
3. 旭川駅の建物記号の南西角から大雪アリーナ近くにある消防署までの水平距離は，およそ850mである。
4. 図中には複数の老人ホームがある。
5. 忠別川に掛かる二本の橋のうち，上流にある橋は氷点橋である。

解説 電子国土の読図

老人ホームは，図中に見当たらない。

解答 4

〔理解度の確認〕

P268，演習問題の 問11 ， 問12 にチャレンジして下さい。

第8章 地図編集（GISを含む）

263

第8章 演習問題

解答は，P270 にあります。
なお，関数の数値が必要な場合は，P327 の関数表を使用すること。

問1 次の文は，地図投影について述べたものである。間違っているものはどれか。

1．平面上に描かれた地図において，距離（長さ），方位（角度）及び面積を同時に正しく表すことはできない。
2．投影法は，地図の目的，地域，縮尺に合った適切なものを選択する必要がある。
3．平面直角座標系において，座標系のY軸は，座標系原点において子午線に一致する軸とし，真北に向かう値を正とする。座標系のX軸は，座標系原点において座標系のY軸に直交する軸とし，真東に向かう値を正とする。
4．投影法は，投影面の種類によって分類すると，方位図法，円錐図法及び円筒図法に大別される。
5．正距方位図法では，地図上の各点において特定の1点からの距離と方位を同時に正しく描くことができる。メルカトル図法では，両極を除いた任意の地点における角度を正しく描くことができる。

問2 次の文は，我が国で一般的に用いられている地図の投影法について述べたものである。正しい組合せはどれか。

a．国土地理院発行の 1/25 000 地形図は，ユニバーサル横メルカトル図法（UTM 図法）を採用している。
b．平面直角座標系は，横円筒図法の一種であるガウス・クリューゲル図法を適用している。
c．平面直角座標系は，日本全国を19の区域に分けて定義されており，各座標系の原点はすべて同じ緯度上にある。
d．平面直角座標系における座標値は，X座標では座標系原点から北側を「正（＋）」とし，Y座標では座標系原点から東側を「正（＋）」としている。
e．メルカトル図法は，面積が正しく表現される正積円筒図法である。

1．a，c　　2．b，e　　3．a，b，d
4．a，c，d　5．b，d，e

問3 三次元立体である地球を二次元平面に投影するにあたり，様々な投影法が考案されている。このうち，地球を取り巻く円筒面を投影面（地図）とするものを円筒図法という。

円筒図法のうち，メルカトル図法と呼ばれているものは，どの図法に分類されるか。

1．平射円筒図法　　2．正射円筒図法
3．正距円筒図法　　4．正積円筒図法
5．正角円筒図法

問4 次の文は，我が国で一般的に用いられている地図の投影法について述べたものである。間違っているものはどれか。

1．ユニバーサル横メルカトル図法（UTM図法）を用いた地形図の図郭は，ほぼ直線で囲まれた不等辺四角形である。
2．ユニバーサル横メルカトル図法（UTM図法）は，中縮尺地図に広く適用される。
3．各平面直角座標系の原点を通る子午線上における縮尺係数は0.9999であり，子午線から離れるに従って縮尺係数は大きくなる。
4．平面直角座標系は，横円筒図法の一種であるガウス・クリューゲル図法を適用している。
5．平面直角座標系は，日本全国を19の区域に分けて定義されているが，その座標系原点はすべて赤道上にある。

問5 次の文は，ユニバーサル横メルカトル図法（UTM図法）について述べたものである。間違っているものはどれか。

1．この図法は，北緯84°から南緯80°の間の地域を経度差6°ずつの範囲に分割して投影している。
2．1つの経度帯において中央経線との経度差が同一の経線は，中央経線を軸として左右対称の形に投影される。
3．1つの経度帯を経緯線で区画に区切り，区画単位に投影して得られた地図は，そのすべてを平面上で裂け目なくつなぎ合せることができる。
4．この図法による座標系の原点は，中央経線と赤道との交点で，その座標値は北半球の場合 E＝500 000 m，N＝0 m である。
5．縮尺係数は，中央経線上で0.9999であり，中央経線から東西方向に約90 km離れた地点で1.0000となる。

第8章 地図編集（GISを含む）

問6 次の文は，地図の種類と表現方法について述べたものである。ア～オに入る語句の組合せとして，適当なものはどれか。

　アは，地形の状況や交通施設・建物などの地物の状況，地名・施設の名称などをイに従って表示し，ウに使用できるように作成された地図をいう。

　エは，特定の主題内容に重点を置いて表現した地図をいい，アをエのオとして用いることが多い。

　特殊図は，ア やエの分類に入らないその他の地図である。例えば，視覚障害者地図（触地図），立体地図などをいう。

　イとは，地図を表現する際の約束ごとをいい，地図で表示する記号や文字などの表現様式を規定している。

	ア	イ	ウ	エ	オ
1.	主題図	編集	多目的	一般図	編集素図
2.	主題図	図式	特定目的	一般図	基図
3.	一般図	図式	特定目的	主題図	編集素図
4.	一般図	図式	多目的	主題図	基図
5.	一般図	編集	多目的	主題図	編集素図

問7 次の文は，UTM座標系について述べたものである。ア～オに入る語句又は数値はどれか。

　UTM座標系は，地球全体を東西幅アの南北に長い経度帯に分割している。各経度帯における座標系の原点は，中央経線と赤道の交点である。各経度帯は，経度イの経線を起点とし，東回りにウをNo.1としてNo.エまでの数字で区分されている。

　UTM座標系は，各経度帯ごとの中央経線における縮尺係数をオとする割円筒を投影面としたガウス・クリューゲル図法を用いている。

	ア	イ	ウ	エ	オ
1.	i	d	a	e	g
2.	i	c	b	e	h
3.	k	d	a	e	g
4.	k	c	a	f	g
5.	i	d	b	f	h

語句・数値

a. 西経180°～172°	f. 60
b. 西経180°～174°	g. 0.999 9
c. 0°	h. 0.999 6
d. 180°	i. 6°
e. 45	k. 8°

問8 図は国土地理院刊行の電子地形図25 000（縮尺を変更，一部改変）の一部である。この図内に示す消防署の経緯度はいくらか。
但し，表に示す数値は，図内に示す三角点の経緯度及び標高を表す。

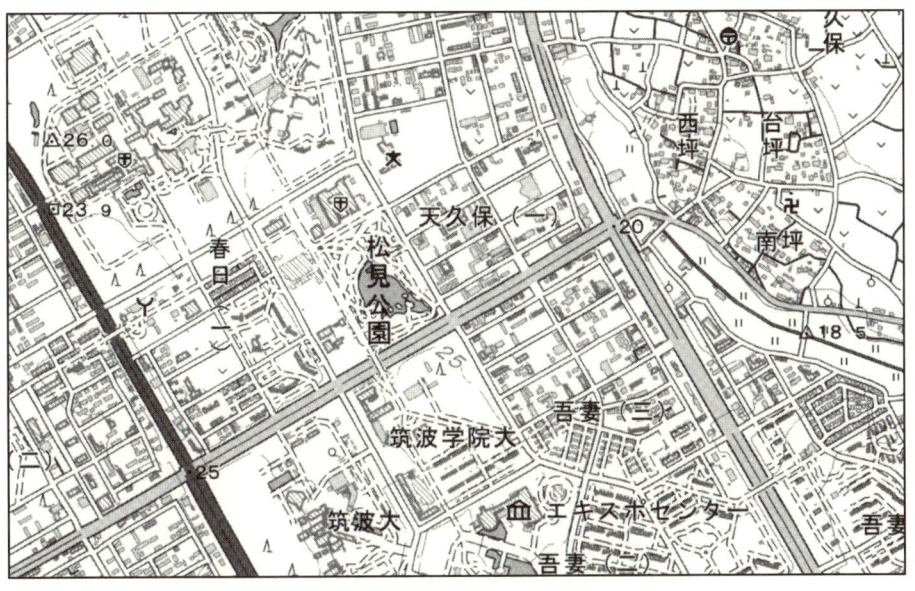

表

種　別	経　度	緯　度	標高(m)
三等三角点	東経 140° 06′ 00″	北緯 36° 05′ 36″	25.98
四等三角点	東経 140° 07′ 02″	北緯 36° 05′ 23″	18.48

1. 東経 140° 06′ 03″　　北緯 36° 05′ 30″
2. 東経 140° 06′ 07″　　北緯 36° 05′ 26″
3. 東経 140° 06′ 24″　　北緯 36° 05′ 32″
4. 東経 140° 06′ 28″　　北緯 36° 05′ 35″
5. 東経 140° 06′ 55″　　北緯 36° 05′ 34″

問9　次の文は，国土地理院発行の1/25 000地形図を基図として，縮小編集を実施して縮尺1/40 000の地形図を作成するときの，真位置に編集描画すべき地物の優先順位について示したものである。適当なものはどれか。
1．三角点 → 道路 → 行政界 → 河川 → 建物 → 等高線
2．三角点 → 河川 → 行政界 → 道路 → 建物 → 等高線
3．三角点 → 道路 → 建物 → 河川 → 等高線 → 行政界
4．三角点 → 河川 → 道路 → 建物 → 等高線 → 行政界
5．三角点 → 河川 → 道路 → 行政界 → 建物 → 等高線

問10　図は，電子国土ポータルから国土地理院が提供している地図である。次の文は，この図に表現されている内容について述べたものである。間違っているものはどれか。

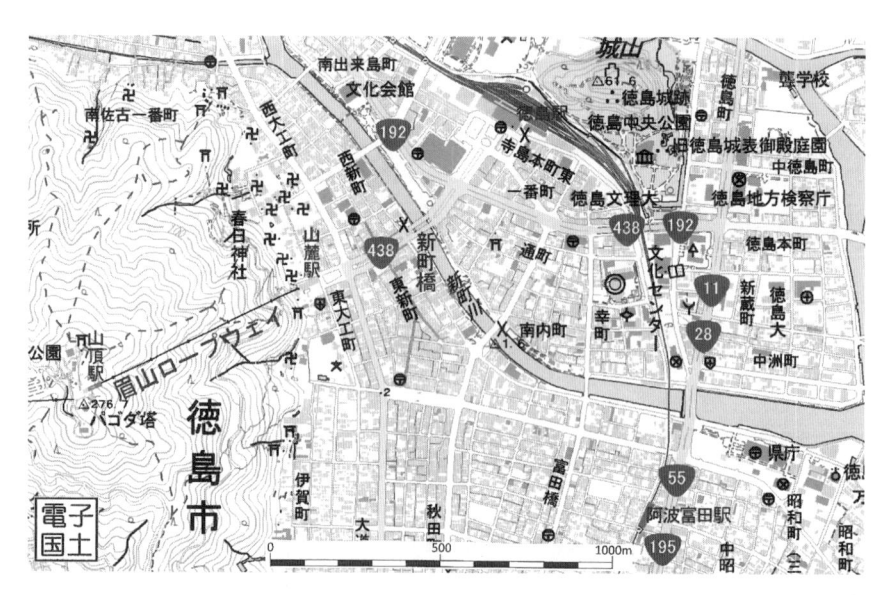

1．山麓駅と山頂駅の標高差は約250mである。
2．税務署と裁判所の距離は約460mである。
3．消防署と保健所の距離は約350mである。
4．裁判所の南側に消防署がある。
5．市役所の東側に図書館がある。

[問11] GISは，地理的位置を手掛かりに，位置に関する情報を持ったデータ（地理空間情報）を総合的に管理・加工し，視覚的に表示し，高度な分析や迅速な判断を可能にする情報システムである。
　次の文は，様々な地理空間情報とGISを組み合せることによってできることについて述べたものである。間違っているものはどれか。
1．埋設されている下水管の位置，経路，埋設年，種類，口径などのデータを基盤地図情報に重ね合せて，下水道を管理するシステムを構築する。
2．地球観測衛星「だいち」で観測された画像から市町村の行政界を抽出し，市町村合併の変遷を視覚化するシステムを構築する。
3．コンビニエンスストアの位置情報及び居住者の数に関する属性をもった建物データを利用し，任意の地点から指定した距離を半径とする円内に出店されているコンビニエンスストアの数や居住人口を計算することで，新たなコンビニエンスストアの出店計画を支援する。
4．植生分類ごとにポリゴン化された植生域データのレイヤとカモシカの生息域データのレイヤを重ね合せることにより，どの植生域にカモシカが生息しているかを分析する。
5．構造化された道路中心線データを利用し，火災現場の位置座標を入力することにより，消防署から火災現場までの最短ルートを表示し，到達時間を計算するシステムを構築する。

[問12] 次の文は，地理空間情報の利用について述べたものである。 ア ～ エ に入る語句の組合わせとして，適当なものはどれか。
　地理空間情報をある目的で利用するためには，目的に合った地理空間情報の所在を検索し，入手する必要がある。 ア は，地理空間情報の イ が ウ を登録し， エ がその ウ をインターネット上で検索するための仕組みである。
　 ウ には，地理空間情報の イ ・管理者などの情報や，品質に関する情報などを説明するための様々な情報が記述されている。

	ア	イ	ウ	エ
1.	地理情報標準	作成者	メタデータ	利用者
2.	クリアリングハウス	利用者	地理情報標準	作成者
3.	クリアリングハウス	作成者	メタデータ	利用者
4.	地理情報標準	作成者	クリアリングハウス	利用者
5.	メタデータ	利用者	クリアリングハウス	作成者

演習問題 解答・解説

問1 ③ 平面直角座標は，日本全国を19のブロックに分け，それぞれに原点を持たせたもので，座標は縦軸（子午線）をX，横軸をYとする。

問2 ③ c．平面直角座標は，全国を地域別（原則として県別）に19系に分けている。各座標系の原点の経度，緯度は異なる。e．メルカトル図法は正角円筒図法である。

問3 ⑤ メルカトル図法は，地軸と円筒軸を一致させた正角円筒図法である。なお，投影点（視点）と投影面の位置により，正射図法，外射図法，平射図法，心射図法に分かれる（**投射図法**）。

問4 ⑤ 原点は19の座標系ごとに設ける（P100）。なお，UTM図法の各図郭は不等辺四辺形となるが，すべて完全に継ぎ合すことができる。

問5 ⑤ 縮尺係数は0.999 6，縮尺係数が1の地点は中央子午線から180km。

問6 ④ 地図は，利用目的に応じて編集されている。

問7 ⑤ **割円筒図法**とは，縮尺係数の関係で，円筒が地球と切り合っている図法をいう（P236，図8・11参照）。

問8 ② 三角点間を囲み，消防署（Y）の位置を求める。

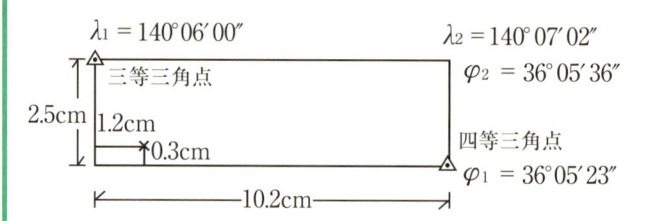

$\lambda_1 = 140°06'00''$　　$\lambda_2 = 140°07'02''$
三等三角点　　$\varphi_2 = 36°05'36''$
2.5cm　1.2cm
　　　　0.3cm　　四等三角点
　　　10.2cm　　　$\varphi_1 = 36°05'23''$

$$\lambda = \frac{1.2\text{cm}}{10.2\text{cm}} \times 62'' + 140°06'00'' \fallingdotseq 140°06'07''$$

$$\varphi = \frac{0.3\text{cm}}{2.5\text{cm}} \times 13'' + 36°05'23'' \fallingdotseq 36°05'25''$$

問9 ④ 編集描画の順序の原則を確認すること。

問10 ② 税務署（◊）と裁判所（♦）の距離は，270mである。

問11 ② 行政界は無形線であり，衛星画像データからは抽出できない。

問12 ③ 地理空間情報活用推進基本法（P60）を参照。

第9章
応用測量

○ 応用測量とは，基準点測量，水準測量，地形測量などの基本となる測量方法を活用し，道路，河川，公園等の計画，調査，実施設計，用地取得，管理等に用いられる測量をいいます。
○ 応用測量は，目的によって，路線測量，河川測量，用地測量等に区分されます。
　① 路線測量は，線状築造物建設のための調査，計画，実施設計等に用いられる測量をいいます。
　② 河川測量は，河川，海岸等の調査及び河川の維持管理等に用いる測量をいいます。
　③ 用地測量は，土地及び境界線等について調査し，用地取得等に必要な資料及び図面を作成する測量をいいます。

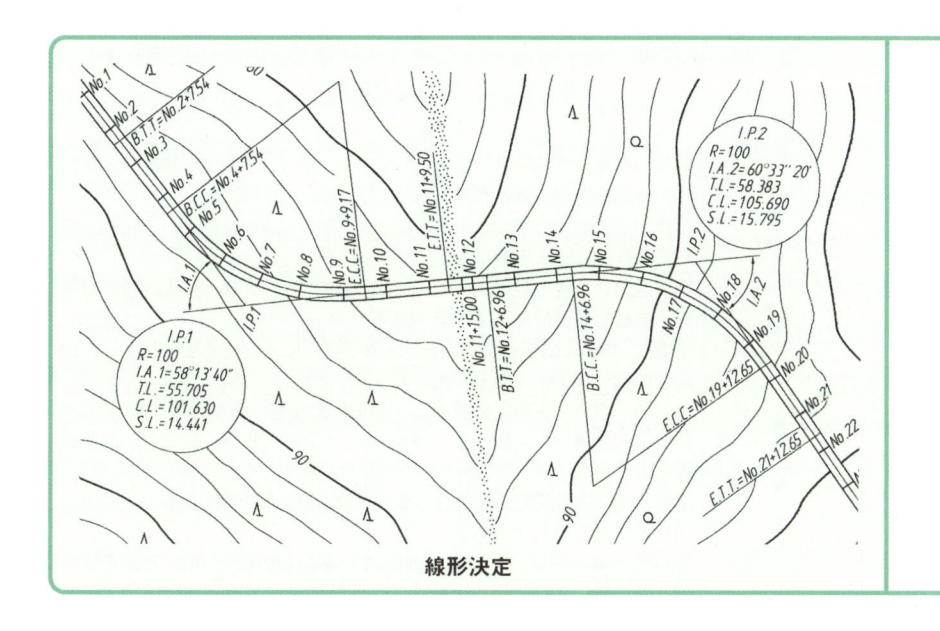

線形決定

路線測量（作業工程） Q1

路線測量は，道路・水路など幅に比べて延長の長い線状築造物建設の調査・計画・実施設計等に用いられる測量です。ここでは路線測量を道路の新設・改修・維持管理に関する測量とします。

解　説

1．路線測量の作業工程

1．路線測量は，図9・1に示す測量に細分する（準則第348条）。

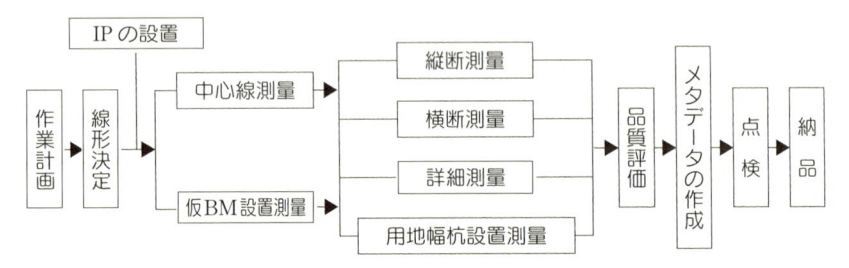

図9・1　路線測量の作業工程

作業計画 → 線形決定 → (IPの設置 / 中心線測量 / 仮BM設置測量) → (縦断測量 / 横断測量 / 詳細測量 / 用地幅杭設置測量) → 品質評価 → メタデータの作成 → 点検 → 納品

2．作業工程の概要は，表9・1に示すとおり（準則第348条～第369条）。

表9・1　作業工程の概要

作業区分	概　　要
作業計画	資料の収集，計画路線の踏査，作業方法，工程，使用器材等を計画準備し，計画書を作成する作業をいう。
線形決定	路線選定の結果に基づき，地形図上のIPの位置を座標として定め，線形図を作成する作業をいう。
IPの設置	線形決定で定められた，IPの座標を現地に測設又は，直接に基準点等から測量して座標値を与える作業をいう。 IPは，4級以上の基準点に基づき放射法等により設置する。また，IPには標杭（IP杭）を設置する。
中心線測量	主要点，中心点を現地に設置し，線形地形図を作成する作業をいう。 中心杭の設置は，4級以上の基準点，IP及び主要点に基づき，放射法等により行う。
仮BM設置測量	縦断測量，横断測量に必要な水準点（仮BM）を現地に測設し，標高を求める作業をいう。 仮BM設置測量は，平地においては3級水準測量，山地においては4級水準測量により行う。仮BMの設置間隔は0.5kmを標準とする。

| 質問 | 路線測量とは，どのような測量ですか？ |

縦 断 測 量	中心杭高，中心点ならびに中心線上の地形変化点の地盤高及び中心線上の主要な構造物の標高を仮BM又はこれと同等以上の水準点に基づき，平地においては4級水準測量，山地部においては簡易水準測量により測定する。また，縦断測量の結果に基づき，縦断面図データファイルを作成する作業をいう。 横断面図データファイルを図紙に出力する場合は，距離を表す横の縮尺は，平面線形を表した地形図と同一。高低差を表す縦の縮尺は，横の縮尺の5倍又は10倍を標準とする。
横 断 測 量	中心杭等を基準として，中心点における中心線の接線に対して直角方向の線上にある地形変化点や地物について，中心点からの距離及び地盤高を定め，横断面図データファイルを作成する作業をいう。 横断測量は，直接又は簡易水準測量で実施する。
詳 細 測 量	主要構造物の設計に必要な詳細平面図，縦断面図，横断面図（各データファイル）を作成する作業をいう。 縦断面図の作成は縦断測量，横断面図の作成は横断測量によって行う。この場合の横断測量は，平地においては4級水準測量，山地部においては簡易水準測量とする。 詳細平面図データファイルの地図情報レベルは，250を標準とする。
用地幅杭設置測量	取得等に係わる用地の範囲を示すため，所定の位置に用地幅杭を設置し，杭打図を作成する作業をいう。
品 質 評 価	路線測量成果について，製品仕様書が規定するデータ品質を満足しているか評価する。
メタデータの作 成	路線測量のメタデータは，製品仕様書に従い，ファイルの管理及び利用において必要となる事項について作成する。

2．GNSS測量の路線測量への活用

1．H23年の準則の改定により，ネットワーク型RTK法，キネマティック法等のGNSS測量が路線測量でも活用されている。

表 9・2　GNSS測量の活用（○：新たに利用可　●：従来から利用可）

作業項目	ネットワーク型RTK法		キネマティック法	RTK法
	間接観測法	単点観測法		
条件点の観測	●	●	○	●
IPの観測	●	●	○	●
中心点の観測	●	●	○	●
横断測量	○			●
用地幅杭設置測量	●	●	○	●

〔理解度の確認〕

P300，演習問題の 問1 ， 問2 にチャレンジして下さい。

第9章　応用測量（路線測量）

路線測量の作業内容 Q2

道路の線形は，CAD上の地形図で設計条件となる条件点等の位置を展開して交点IPを決定する図解法と，条件点等の数値座標を用いて数値計算により，交点IPを決定する解析法により行います。

解　説

1．路線測量の作業内容

1. **線形決定**は，地図情報レベル1000以下の地形図上において，設計条件及び現地の状況を勘案して行う。設計条件となる**条件点**（道路に接する移動不可能な構造物）の座標値は，近傍の4級基準点以上の基準点に基づき，TS等又はキネマティック法，RTK法，ネットワーク型RTK法により放射法等により求める。

2. **IPの設置**は，線形決定により定められた座標値を近傍の4級基準点以上の基準点に基づき，放射法等により設置する。IPには，標杭を設置する。なお，IPは，線形計算の基準となるポイントではあるが，必ずしも現地に設置する必要はない。

3. **中心線測量の主要点**の設置は，近傍の4級基準点以上の基準点に基づき放射法等により行う。**中心点**は，基準点，IP及び主要点に基づき行い，中心点の設置間隔は表9・3のとおり。

表9・3　中心点の間隔（準則第354条）

種　別		間　隔
道　路	計画調査	100m又は50m
	実施設計	20m
河　川	計画調査	100m又は50m
	実施設計	20m又は50m
海　岸	実施設計	20m又は50m

4. **仮BM設置測量**は，縦断・横断測量に必要な水準点を平地で3級水準測量，山地で4級水準測量により行う。仮BMの設置間隔は0.5kmを標準とする。

5. **縦断測量**は，中心杭等の標高を求めるもので，中心杭高及び中心点並びに中心線上の地形変化点の地盤高，主要な構造物の標高を仮BM又はこれと同等以上の水準点に基づき，平地で4級水準測量，山地で簡易水準測量により行う。縦断変化点には標杭を設置し，縦断変化点及び主要な構造物の位置は，

質問 道路の線形は，どのように決定されますか？

中心点からの距離を測定し定める。
6. **横断測量**は，中心杭等を基準にして，中心点における中心線の接線に対して直角方向の線上の地形の変化点及び地物について，中心点からの距離及び地盤高を測定する。

2．路線測量の作業の流れ

1. 路線測量の作業の流れは，表9・4に示すとおり。

表9・4　路線測量の作業の流れ

①	作　業　計　画	状況把握　→　細部の作成
②	線　形　決　定	路線選定　→　条件点の観測　→　条件点の計算　→　IPの決定　→　線形の決定　→　線形図データファイルの作成　→　精度管理
③	IP　の　設　置	IP設置の逆計算　→　IP設置計算　→　精度管理
④	中　心　線　測　量	主要点・中心点設置の逆計算　→　主要点・中心点の設置　→　点検測量　→　保護杭・引照杭の設置　→　線形地形図データファイルの作成　→　精度管理
⑤	仮BM設置測量	仮BM選点　→　仮BM設置　→　観測　→　計算　→　点検測量　→　精度管理
⑥	縦　断　測　量	観測・計算　→　点検測量　→　縦断面図データファイルの作成　→　精度管理
⑦	横　断　測　量	観測・計算　→　点検測量　→　横断面図データファイルの作成　→　精度管理
⑧	詳　細　測　量	現地測量　→　詳細平面図データファイル　→　縦断測量　→　横断測量　→　縦横断面図データファイル　→　精度管理
⑨	用地幅杭設置測量	幅杭座標計算　→　幅杭逆打計算　→　幅杭設置　→　杭打図の作成　→　用地幅杭点間測量　→　精度管理
⑩	品　質　評　価	データ品質の評価
⑪	メタデータの作成	ファイル管理・利用事項の作成
⑫	成果等の整理	観測手簿　→　計算簿　→　成果表　→　線形データファイル　→　縦横断図データファイル　→　詳細平面図データファイル　→　引照点図　→　品質評価表　→　メタデータ

（注）逆打ち（計算）とは，基準とする点と打設点との座標差から測設する方法をいう。

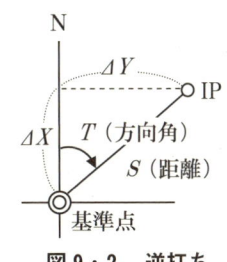

図9・2　逆打ち

〔理解度の確認〕

P301，演習問題の 問3 にチャレンジして下さい。

中心線測量・縦横断測量 Q3

中心線測量は，中心線形を現地に設置する作業であり，中心線は直線・緩和曲線・円曲線の組合せで構成されます。中心線が設置されれば，これに基づき縦断測量及び横断測量を実施します。

解 説

1．中心線測量

1. **中心線測量**は，線形を表す主要点（役杭）及び中心点（中心杭）を，すでに計算された座標を用いて，交点IP又は基準点等から測設する作業である。
   ① **役杭**：路線の主要点を示す杭。路線の始点・終点・交点，曲線の始点・終点などに設置される杭。
   ② **中心杭**：路線の起点から中心線上に20m間隔で設置する杭。ナンバー杭。
2. 主要点の設置は，近傍の4級基準点以上の基準点等に基づき，放射法等により行う。中心点の設置は4級基準点以上の基準点，IP及び主要点に基づき，放射法等により行う。但し，直接視通がとれない場合は節点を設ける。
3. 主要点には役杭を，中心点には中心杭を設置する。役杭には，必要に応じて引照点杭又は保護杭を設置し，引照点図を作成する。

2．縦断測量

1. **縦断測量**は，工事設計等に必要な中心線の縦断面図を作成する測量である。中心杭間（ナンバー杭）の距離は，測定済みであるから，杭頭と地盤の高さを，地形変化点及び既設構造物の位置は距離と標高を観測する。
2. 観測方法は，中心線の始点側に設けた仮BMを出発して，中心点（ナンバー杭），地形変化点（プラス杭）等の地盤高を観測し，次の仮BMに閉合する。

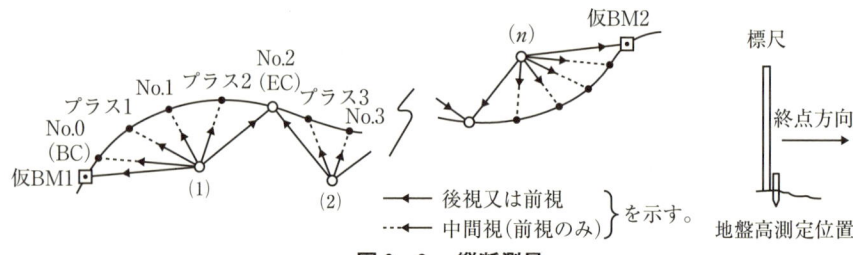

図9・3　縦断測量

質問 縦断面図・横断面図は，どのように作成するのですか？

3．横断測量

1. **横断測量**は，中心杭が設置された位置で，中心線の接線に対して直角方向に，中心線を基準として左右の地形・地物等の変化点の高さと距離を測定し，横断面図を作成する測量である。
2. 観測の方法は，中心杭を後視として中心杭から順次変化点の地盤高を観測する。野帳の記入法は，縦断測量と同様に器高式が便利である。

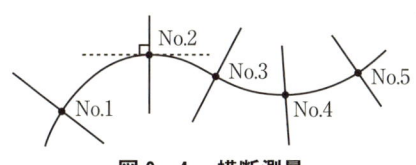

図9・4　横断測量

4．用地幅杭設置測量

1. **用地幅杭設置測量**は，取得等に係る用地の範囲を示すため所定の位置に用地幅杭を設置する作業をいう。
2. **用地幅杭**は，中心点等から中心線に対して直角方向に，4級基準点以上の基準点等から放射法により行う。

例題1 次の文は，公共測量における道路の縦断測量について述べたものである。ア～オに適当な語句を入れなさい。

　縦断測量とは，道路の中心線を通る鉛直面の ア を作成する作業である。ア の作成にあたり，役杭及び イ の標高と地盤高，中心線上のウ の地盤高，中心線上の主要構造物の標高を測定する。

　平地における縦断測量は，仮BM又はこれと同等以上の水準点に基づき エ 水準測量によって行う。また，ウ と主要構造物については，オ からの距離を測定して位置を決定する。

解説　縦断測量

　縦断測量では，中心杭高及び中心点・中心線上の地形変化点の地盤高及び中心線上の主要な構造物の標高を定め，縦断面図データ細部を作成する。

解答 ア－縦断面図　イ－中心杭　ウ－地形変化点
　　　エ－4級　オ－中心点

〔理解度の確認〕

P301，演習問題の 問4 にチャレンジして下さい。

第9章　応用測量（路線測量）

曲線の設置（記号と公式） Q4

道路などの線状築造物の測量は，中心線を現地に測設し，次に縦横断測量が行われます。平面線形は，直線部と曲線部によって構成され，異なる方向の直線を接続するのに曲線が用いられる。

解　説

1. 単心曲線の名称

1. 異なる方向の直線を1つの曲線によって接続する基本的な曲線を**単心曲線**という。単心曲線の各部の名称は表9・5のとおり。

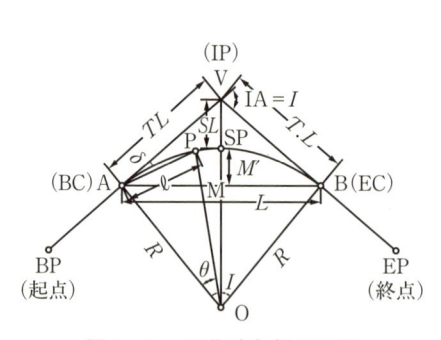

図9・5　円曲線各部の記号

表9・5　円曲線の術語と記号

記号	術語	摘要
BC	円曲線始点	A
EC	円曲線終点	B
IP	交　点	V
R	半　径	$\overline{OA}=\overline{OB}$
TL	接線長	$\overline{VA}=\overline{VB}$
SL	外線長	$\overline{VS}$
M'	中央縦距	$\overline{SM}$
SP	曲線中点	S
CL	曲線長	$\overparen{ASB}$
L	長　弦	$\overline{AB}$
ℓ	弦　長	$\overline{AP}$
c	弧　長	$\overparen{AP}$
I	交　角	総中心角 ∠AOB
δ	偏　角	∠VAP
θ	中心角	∠AOP
$\dfrac{I}{2}$	総偏角	∠VAB=∠VBA

2. 単心曲線の性質は，次のとおり。
   ① 接線と半径 R が交わる角度は，90°である。
   ② 単曲線の内角は，交角 I と等しい。
   ③ O点から BC，IP を狭む角（∠AOV）及び BC から IP，EC を狭む角（∠VAB）は，交角 I の半分（$I/2$）である。

> **質問** 曲線の設置では，どのような計算が行われますか？

2．単心曲線の公式

1. 円曲線は，交角（I）及び，曲線半径（R）を決定すれば，曲線設置に必要な接線長（TL），曲線長（CL），外線長（SL），中央縦距（M'），弧長（c），弦長（ℓ），偏角（δ）の値は，次の式により求められる。

① 接線長 $TL = R\tan\dfrac{I}{2}$　　　……式（9・1）

② 曲線長 $CL = RI = \dfrac{\pi RI°}{180°} = 0.017\,453\,3RI$

　弧　長 $c = R\theta = 2R\delta$　　　……式（9・2）

③ 外線長 $SL = R\left(\sec\dfrac{I}{2} - 1\right)$　　　……式（9・3）

④ 中央縦距 $M' = R\left(1 - \cos\dfrac{I}{2}\right)$　　　……式（9・4）

⑤ 長　弦 $L = 2R\sin\dfrac{I}{2}$

　弦　長 $\ell = 2R\sin\delta = 2R\sin\dfrac{\theta}{2}$　　　……式（9・5）

⑥ 偏　角 $\delta = \dfrac{\theta}{2} = \dfrac{\ell}{2R} = \dfrac{\ell}{2R}\cdot\dfrac{180°}{\pi} = \dfrac{\ell}{2R}\cdot\rho''$　　　……式（9・6）

但し，I：交角（∠AOB），R：曲線半径，θ：中心角

例題1 円曲線の半径 $R = 250$m，交点 IP における交角 I を 120° とするとき，接線長 TL は式（9・1）より，次のとおり。

（解）　$TL = R\tan\dfrac{I}{2} = 250 \times \tan 60° = 250\sqrt{3} = \underline{433\,\text{m}}$

例題2 交点 IP の位置が起点 BP から 680.00m，曲線半径 $R = 300.00$m，交角 $I = 120°$ のとき，曲線終点 EC の標杭は，次のとおり。

（解）　$TL = 300 \times \tan\dfrac{120°}{2} = 519.00$ m，$CL = \dfrac{\pi}{180°}RI° = \dfrac{3.14}{180°} \times 300 \times 120$
　　　　　　　　　　　　　　　　　　　　　　　　　　$= 628.00$ m

BC の位置 = IP の位置 − TL = 680.00 − 519.00 = $\underline{161.00\,\text{m}}$

EC の位置 = BC の位置 + CL = 161.00 + 628.00
　　　　　= 780.00 m + 9.00 m = $\underline{\text{No}39 + 9.00\,\text{m}}$

〔理解度の確認〕

P301，演習問題の 問5 ，問6 にチャレンジして下さい。

偏角測設法 Q5

偏角測設法は，セオドライトで偏角を，巻尺で距離を測り曲線を設置する方法で，接線長，曲線長から曲線始点 BC，終点 EC の位置を決定し，始短弦・終短弦の長さから中心杭の位置を定めます。

解 説

1. 偏角測設法

1. **偏角測設法**は，偏角 δ と弧長 c（実際は弦長 ℓ）により曲線を設置する方法である。**偏角**は，単心曲線の接線と曲線上の任意の点 P に狭まれた角 δ をいう。円曲線始点 BC から弧長 c，弦長 ℓ とすると，

    $c = 2\delta R$ 〔rad〕， $\ell = 2R\sin\delta$

    偏角 $\delta = \dfrac{c}{2R} = \dfrac{\ell}{2R} \cdot \rho''$

2. 曲線の測設は，弧長に変えて弦長によって測設される。弧長 c と弦長 ℓ の差 $(c-\ell)$ は，弦長 $\ell = 2R\sin\delta$，弧長 $c = 2\delta R$ より，$\delta = c/2R$

    $$\ell = 2R\sin\delta = 2R\left\{\delta - \dfrac{\delta^3}{3} + \dfrac{\delta^5}{5} - \cdots\cdots\right\}$$

    $$= 2R\left\{\dfrac{c}{2R} - \dfrac{1}{6}\left(\dfrac{c}{2R}\right)^3 + \cdots\right\} \fallingdotseq 2R\left\{\dfrac{c}{2R} - \dfrac{c^3}{48R^3}\right\} = c - \dfrac{c^3}{24R^2}$$

    $\therefore\ c - \ell = \dfrac{c^3}{24R^2}$　（$c/R \leqq 1/10$ のとき，$\ell \fallingdotseq c$）　……式（9・7）

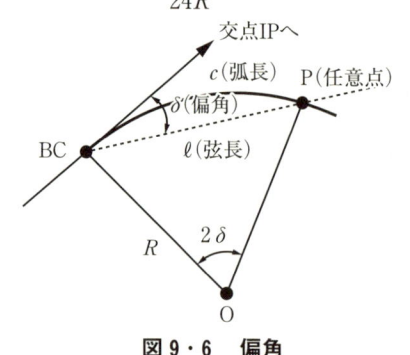

図9・6　偏角

図9・7　弧長と弦長との関係

3. 偏角の計算方法は，次のとおり。
   ① 接線長 TL と曲線長 CL を求める。

> **質問** 単心曲線は，どのように設置するのですか？

② 曲線始点 BC，終点 EC の追加距離を求める。
③ 曲線上の中心杭の位置を求め，始短弦 ℓ_1，弧長（弦長）$\ell_0 = 20\mathrm{m}$ に対する偏角 δ_1, δ_0 及び終短弦 δ_n の偏角を求める。
④ 曲線上の中心杭の偏角を求める。

2．偏角測設法に必要な諸量

例題 1 交角 IP の追加距離 88.26m，曲線半径 $R = 200\mathrm{m}$，交角 $I = 34°30'00''$ のとき，偏角測設法に必要な諸量は，次のとおり。

解説 偏角測設法

① 接線長 $TL = R\tan\dfrac{I}{2} = 200 \times \tan 17°15'00'' = 62.10\mathrm{m}$

　　曲線長 $CL = \dfrac{\pi RI}{180°} = \dfrac{\pi \times 200 \times 34°30'00''}{180°} = 120.43\mathrm{m}$

② BC の追加距離 $= 88.26 - 62.10 = 26.16 = 20 + 6.16 = \mathrm{No}1 + 6.16\mathrm{m}$
　　EC の追加距離 $= 26.16 + 120.43 = 146.59 = 140 + 6.59 = \mathrm{No}7 + 6.59\mathrm{m}$

③ 始短弦の長さ $\ell_1 = 20 - 6.16 = 13.84\mathrm{m}$，終短弦の長さ $\ell_n = 6.59\mathrm{m}$
　　曲線上の中心杭（$\ell_0 = 20\mathrm{m}$），No.2, No.3, No.4, No.5, No.6, No.7

④ 弧長 20m に対する偏角 $\delta_0 = \dfrac{\ell_0}{2R} \cdot \dfrac{180°}{\pi} = \dfrac{20}{2 \times 200} \times \dfrac{180°}{\pi} = 2°51'53''$

　　始短弦に対する偏角 $\delta_1 = \dfrac{\ell_1}{2R} \cdot \dfrac{180°}{\pi} = \dfrac{13.84}{2 \times 200} \times \dfrac{180°}{\pi} = 1.98243° = 1°58'57''$

　　終短弦に対する偏角 $\delta_n = \dfrac{\ell_n}{2R} \cdot \dfrac{180°}{\pi} = \dfrac{6.59}{2 \times 200} \times \dfrac{180°}{\pi} = 0.94395° = 0°56'38''$

⑤ No.2 の偏角 $\delta_2 =$ 始短弦の偏角 $\delta_1 = 1°58'57''$
　　No.3 の偏角 $\delta_3 = \delta_2 + \delta_0 = 1°58'57'' + 2°51'53'' = 4°50'50''$
　　No.4 の偏角 $\delta_4 = \delta_3 + \delta_0 = 4°50'50'' + 2°51'53'' = 7°42'43''$

　　EC の偏角 $= \delta_7 + \delta_L = 16°18'22'' + 56'38'' = 17°15'00'' (= I/2)$

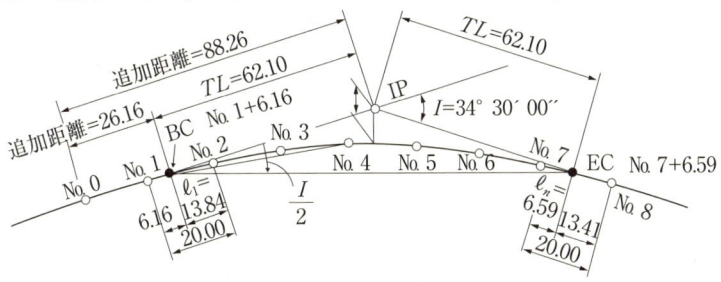

図 9・8 偏角測設法

路線変更計画 Q6

現道路の曲線半径を大きくしてカーブを緩やかにしたり，新設道路計画において重要な古墳が発見され路線を変更しなければならない場合等に，これらの問題を解決するため路線変更をします。

解 説

1．路線変更計画

例題1 曲線半径 $R=600$m，交角 $\alpha=90°$ で設置されている，点Oを中心とする円曲線から成る現在の道路を改良し，点O′を中心とする円曲線から成る新しい道路を建設することとなった。

新道路の交角 $\beta=60°$ としたとき，新道路 BC～EC′ の路線長はいくらか。但し，新道路の起点 BC 及び交点 IP の位置は，現道路と変わらない。

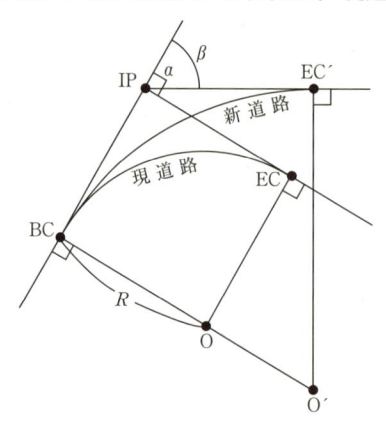

解説 路線変更

(1) EC′ 及び O′ は，新道路の曲線 R′ の終点及び中心である。故に，新道路の曲線長 CL は，$CL=R'I=R'\beta$ となる。

(2) 新道路の曲線半径 R′ は，接線長 TL は現道路と新道路では変わらないので，現道路の接線長 $TL=R\tan I/2=600\tan 45°=600$m より，新道路の接線長 TL′ は，

$$TL'=R'\tan\frac{I'}{2}=R'\tan 30°=600\text{m} \text{ より，} R'=\frac{600}{\tan 30°}=1\,039.2\text{m}$$

∴ 曲線長 $CL=R'\beta=\dfrac{\pi R\beta}{180°}=\dfrac{3.14\times 1\,039.2\times 60°}{180°}=\underline{1\,088\text{m}}$

質問 路線変更は，どのようにするのですか？

例題2 交角64°，曲線半径400m，始点BCから終点ECまでの円曲線からなる道路を計画したが，EC付近で歴史的に重要な古墳が発見された。このため，円曲線始点BC及び交点IPの位置は変更せずに，円曲線終点をEC2に変更したい。

変更計画道路の交角を90°とする場合，当初計画道路の中心点OをBC方向にどれだけ移動すれば変更計画道路の中心O′となるか。

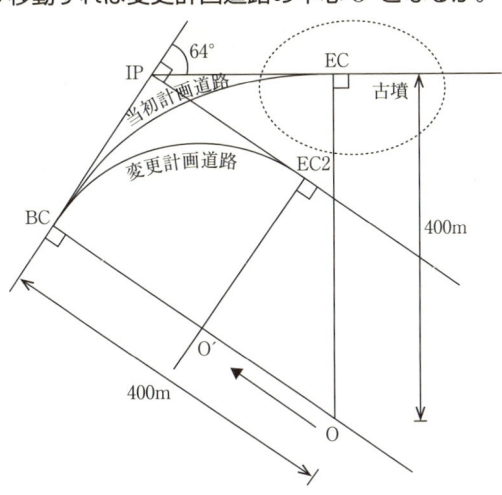

解説 路線変更

(1) 当初計画道路と変更計画道路のBCと交点IPが変わらないので，接線長TLも変わらない。$R=400$m より

$$TL = R\tan\frac{I}{2} = 400 \times \tan\frac{64°}{2} = 249.95\text{m}$$

(2) 変更計画の曲線半径R'は，

$$R' = \frac{TL}{\tan(I/2)} = \frac{249.95}{\tan 45°} = 249.95\text{m}$$

(3) 移動量 $= R - R' = 400.00 - 249.95 = \underline{150.05\text{m}}$

第9章 応用測量（路線測量）

〔理解度の確認〕

P302，演習問題の **問7** にチャレンジして下さい。

障害物がある場合の曲線設置 Q7

曲線設置作業中に障害物があって，視通や測距ができない場合，あるいは IP，BC に障害物があって役杭が打てない場合には，トラバースあるいは補助基線を設けて，曲線を設置します。

解 説

1．障害物がある場合の曲線設置法

1．IP は，線形計算の基準となる重要なポイントであるが，必ずしも現地に設置する必要はない。障害物がある場合，あえて IP 杭を設置しなくても中心線測量はできる。

例題 1 平たんな土地で，図のように円曲線始点 BC，円曲線終点 EC からなる円曲線の道路の建設を計画している。交点 IP の位置に川が流れており杭を設置できないため，BC と IP を結ぶ接線上に補助点 A，EC と IP を結ぶ接線上に補助点 B をそれぞれ設置し観測を行ったところ，$\alpha=112°$，$\beta=148°$ であった。

曲線半径 $R=300$m とするとき，円曲線始点 BC から円曲線の中点 SP までの弦長はいくらか。

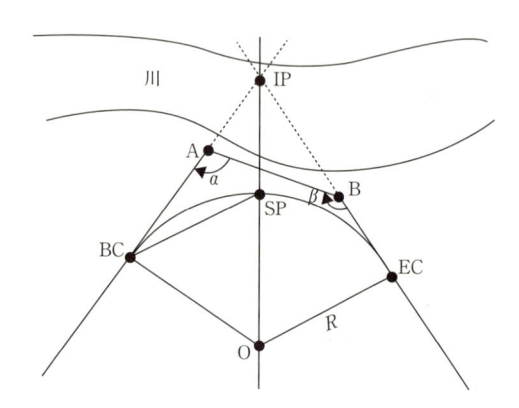

解説 IP に障害物がある場合

交角 $I=\angle\mathrm{VAB}+\angle\mathrm{ABV}=(180°-\alpha)+(180°-\beta)=360°-(\alpha+\beta)=100°$

BC から曲線中点 SP までの弦長 ℓ に対する中心角を θ とすると，

> **質問** 曲線設置作業中に障害物があった場合，どうしますか？

$$\theta = I/2 = 100°/2 = 50° \quad \therefore \quad \theta/2 = 25°$$

式（9・5）より，$\ell = 2R\sin\dfrac{\theta}{2} = 2 \times 300 \times \sin 25° \fallingdotseq \underline{253.60\text{m}}$

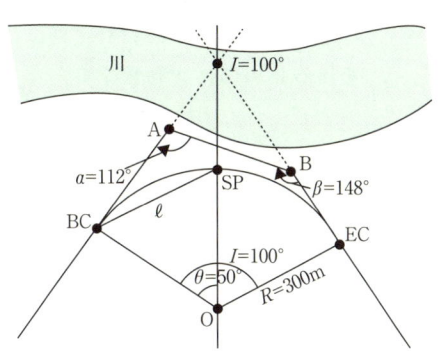

図 9・9　IP に障害物がある場合

例題 2　図の P から Q まで，単曲線を含む路線中に池があって，曲線始点（BC）が池の中に落ちる。そこで，点 P から 180m の点 C において，長さ 50m の基線 CD を設け，図の角度 α と β を測定した。

交角 I を 90°0′ とし，単曲線の半径 R を 60m と定めたとき，C 点から BC までの距離はいくらか。

$\alpha = 82°20′,\ \beta = 67°40′$

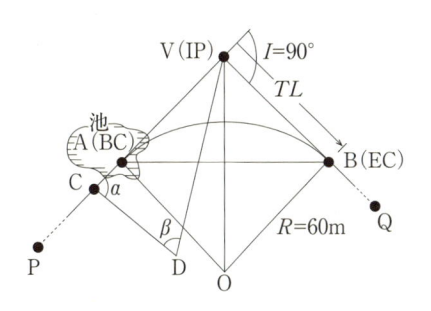

解説　BC に障害物がある場合

$\angle\text{CVD} = 180° - (\alpha + \beta) = 180° - (82°20′ + 67°40′) = 30°$

$\triangle$VCD に正弦定理を適用すると，

$$\dfrac{\text{CV}}{\sin\beta} = \dfrac{\text{CD}}{\sin\angle\text{CVD}}, \quad \text{CV} = \text{CD} \cdot \dfrac{\sin\beta}{\sin\angle\text{CVD}} = 50 \times \dfrac{\sin 67°40′}{\sin 30°} \fallingdotseq 92.50\text{m}$$

$TL = R\tan I/2 = 60 \times \tan 45° = 60.00\text{m}$

$\therefore\quad \text{CA} = \text{CV} - TL = 92.50 - 60.00 = \underline{32.50\text{m}}$

〔理解度の確認〕

単心曲線の公式は，必ず覚えておく必要があります。

河川測量（作業工程） Q8

A 河川測量は，自然災害等から生命・財産を守るための治水工事や水資源を利用するための利水工事など，河川工事の設計・施工に必要な基礎資料を得るために行う測量です。

解説

1．河川測量

1. **河川測量**は，河川，海岸等の調査及び維持管理等に用いる測量をいう。
2. 河川測量は，次の測量に細分する（準則第371条）。

表9・6　河川測量の作業工程

工程	内容
作業計画	測量を実施する河川，海岸等の状況を把握し，河川測量の細分ごとに作成する（準則第372条）。
距離標設置測量	河心線の接線に対して直角方向の両岸の堤防法肩又は法面等に距離標を設置する（準則第373条）。
水準基標測量	定期縦断測量の基準となる水準基標の標高を定める。河川の縦断，横断等の高さに係わる基準となる（準則第375条）。
定期縦断測量	定期的に距離標等の縦断測量を実施し，縦断面図データファイルを作成する（準則第377条）。
定期横断測量	定期的に左右距離標の視通線上の横断測量を実施し，横断面図データファイルを作成する（準則第379条）。
深浅測量	河川，貯水池，湖沼，海岸において，水底部の地形を明らかにするため，水深，測深位置又は船位，水位又は潮位を測定し，横断面図データファイルを作成する（準則第381条）。
法線測量	計画資料に基づき，河川又は海岸において，築造物の新設又は改修等を行う場合に現地の法線上に杭を設置し，線形図データファイルを作成する（準則第383条）。
海浜測量及び汀線測量	海浜測量とは，前浜と後浜（海浜）を含む範囲の等高・等深線図データファイルを作成する作業をいう。汀線測量とは，最低水面と海浜との交線を定め，汀線図データファイルを作成する作業をいう（準則第385条）。

| 質問 | 河川測量とは，どのような測量ですか？ |

3．**距離標設置測量**は，河心線の接線に対して直角方向の両岸の堤防法肩又は法面等に距離標を設置する作業で，あらかじめ地形図上で位置を選定し，その座標値に基づいて，近傍の3級基準点から放射法等により設置する。

　設置間隔は，河口又は合流点に設けた起点から河川に沿って200mを標準とする。なお，下流に向かって左側を左岸，右側を右岸という。

　観測は，TS等，キネマティック法，RTK法又はネットワーク型RTK法により行う。

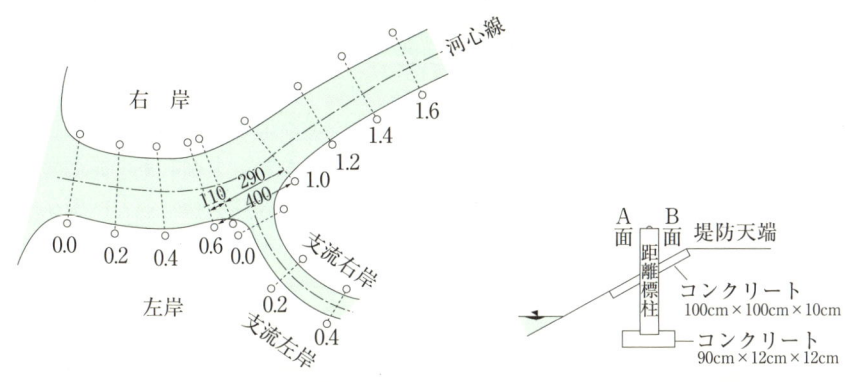

図9・10　距離標設置

図9・11　距離標

4．**水準基標測量**は，定期縦断測量の基準となる水準基標の標高を定める作業で，2級水準測量により行う。設置間隔は，5km～20kmまでを標準とする。

5．**定期縦断測量**は，定期的に距離標等の縦断測量を実施し，左右両岸の標高並びに堤防の変化点の地盤，主要な構造物の距離標からの距離・標高を測定する。平地において3級水準測量，山地において4級水準測量により行う。

6．**定期横断測量**は，定期的に左右の距離標の視通線上の横断測量を実施し，地形の変化点等について，距離標からの距離及び標高を測定する。

7．**深浅測量**は，河川，貯水池，湖沼又は海岸において，水底部の地形を明らかにするため，水深，測深位置又は船位，水位又は潮位を測定する。水深は音響測深機を用いて行う。但し，水深が浅い場合はロッド又はレッドを用いる。

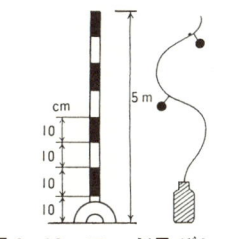

図9・12　ロッド及びレッド

〔理解度の確認〕

P302，演習問題の 問8 ， 問9 にチャレンジして下さい。

第9章　応用測量（河川測量）

河川堤防等　Q9

河川では，上流から下流に向かって右側を右岸，左側を左岸といいます。河川域・堤防の断面の名称は，図9・13，図9・14に示すとおり。測量区域は，堤外地及び堤内地300m以内とします。

解説

1. 河川の断面形状と名称

1. **距離標**は，河床の変動状況を調べるための横断面図等を作成する基準となる点である。距離標は，左右両岸に設けるものとし，上流から下流を見て左を左岸，右を右岸とする。距離標は，亡失，破損又は変動のおそれのない場所に設置する。

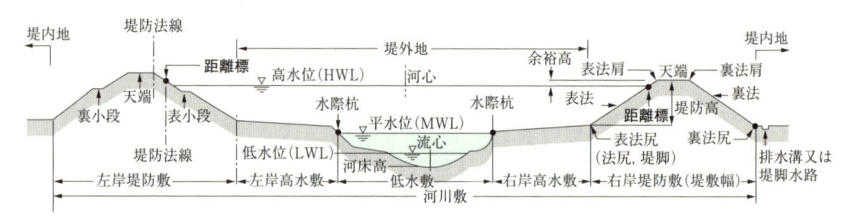

図9・13　河川域

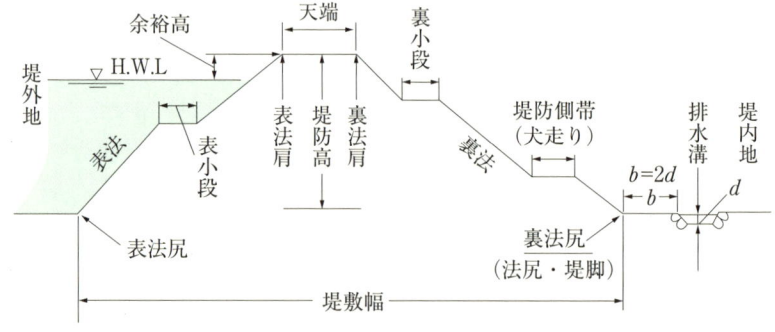

図9・14　堤防（断面）

> **質問** 河川測量の測量区域は，どこまでですか？

2．河川固有の水準面

1. 水準基標は，東京湾平均海面を基準とするが，各水系の河川固有の基準面（**特殊基準面**）がある場合は，その基準面を採用する場合がある。河川固有の基準面を有する河川の代表的なものは，表9・7のとおり。

表9・7 河川固有の基準面〔m〕

河川名	基準面	東京中等潮位との関係
利根川	YP	−0.8402
荒川，中川，多摩川	AP	−1.1344
淀川	OP	−1.3000

3．定期縦断測量・定期横断測量

1. 縦断測量は，左右両岸の水準基標間（設置間隔5〜20km）を河川に沿って1往復以上行い，距離標の標高及び距離標の位置を測定する。また，河川工作物等の高さや位置を測定して縦断面図データファイルを作成する。
2. 横断測量は，定期的に河床の変動を調査するもので，距離標ごとに左右両岸の距離標を結ぶ船上横断測量を行い，横断面図データファイルを作成する。
3. **距離標**は，河口等を起点として200m間隔に設けられる。また，**水準基標**は，河川水系の高さの基準を統一するために設けられ，河川の縦断・横断等の高さに係わる測量の基準である。

例題1 次の文は，公共測量における河川測量の距離標設置測量について述べたものである。 ア 〜 エ に入る語句を語句群から選びなさい。

距離標の設置間隔は，河川の河口又は幹川への合流点に設けた起点から，河心に沿って ア を標準とする。距離標は，図上で設定した距離標の座標値に基づいて，近傍の イ 基準点等からトータルステーションによる ウ のほか，キネマティック法，RTK法又はネットワーク型RTK法により設置する。ネットワーク型RTK法による観測は，間接観測法又は エ を用いる。

語句群　単点観測法　単独観測法　1級　2級　3級
　　　　放射法　交会法　200m　500m

解説 距離標設置測量
キネマティック法又はRTK法による地形，地物等の測定は，P126参照。

解答 ア 200m， イ 3級， ウ 放射法， エ 単点観測法

〔理解度の確認〕

P303，演習問題の 問10 にチャレンジして下さい。

平均流速公式及び流量測定 Q10

河川の流量測定は，深浅測量に付随して行われます。流量は，河川の1地点を1秒間に通過する水の量（m³/s）で，流水の占める断面積（流積）に平均流速を掛けて求めます。

解　説

1．平均流速

1．流速の鉛直分布は，水深によって変化するので平均流速を用いる。平均流速の求め方には，浮子法，流速計法，超音波法などがある。
2．**流速計**は，水の流れを流速計の羽で受け，回転数から流速を求める。図9・18に示す水深・流速測線の各ポイントで測定する。

　　流速　$V = an + b$　（n：回転数，a，b 定数）　……式（9・8）

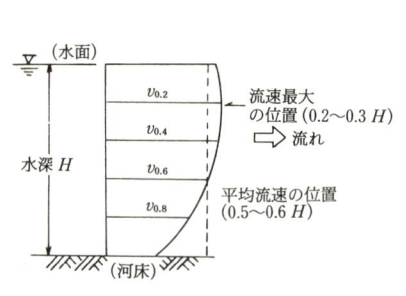

図9・16　流速分布

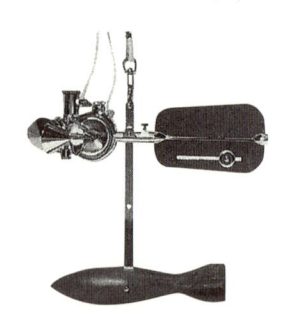

図9・17　流速計

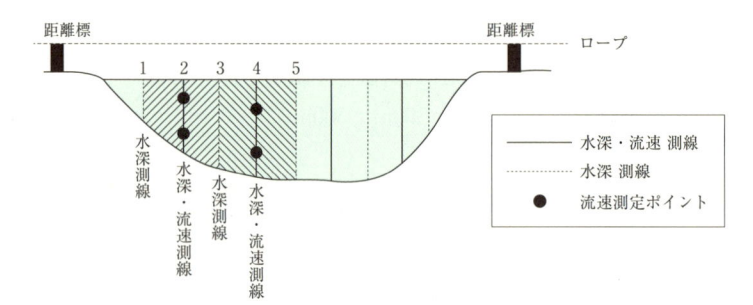

図9・18　水深・流速測線

> **質問** 河川の流速・流量は，どのように求めますか？

2．平均流速公式及び流量測定

1. 水面からの水深の20%，40%，60%，80%の深さの流速を $v_{0.2}$, $v_{0.4}$, $v_{0.6}$, $v_{0.8}$ とするとき，平均流速 v_m は次のとおり。

   ① **4点法**（水深の20%，40%，60%，80%の深さの流速）
   $$v_m = \frac{1}{5}\left\{(v_{0.2}+v_{0.4}+v_{0.6}+v_{0.8})+\frac{1}{2}\left(v_{0.2}+\frac{v_{0.8}}{2}\right)\right\} \quad \cdots\cdots 式（9・9）$$

   ② **3点法**（水深の20%，60%，80%の深さの流速）
   $$v_m = \frac{1}{4}(v_{0.2}+2v_{0.6}+v_{0.8}) \quad \cdots\cdots 式（9・10）$$

   ③ **2点法**（水深の20%，80%の深さの流速）
   $$v_m = \frac{1}{2}(v_{0.2}+v_{0.8}) \quad \cdots\cdots 式（9・11）$$

   ④ **1点法**（水深の60%の深さの流速を平均流速）
   $$v_m = v_{0.6} \quad \cdots\cdots 式（9・12）$$

2. **流量**は，流水の横断面を1秒間に通過する水の量（m³/s）で表す。河川の区分断面を $S_1, S_2, S_3 \cdots\cdots$，各区間の平均流速を $v_1, v_2, v_3 \cdots\cdots$ とすれば，

   流量 $Q = S_1 v_1 + S_2 v_2 + \cdots\cdots + S_n v_n \quad \cdots\cdots 式（9・13）$

例題1 ある河川の最大水深4mの場所において，深さを変えて流速測定を行い，表の結果を得た。2点法及び3点法により平均流速を求めよ。

水　深〔m〕	0.0	0.4	0.8	1.2	1.6	2.0	2.4	2.8	3.2	3.6	4.0
流　速〔m/s〕	3.0	4.2	5.0	5.4	4.9	4.3	4.0	3.3	2.6	1.9	1.2

解説 平均流速

(1) 2点法は，水面からの水深20%，80%のポイントの流速を用いる。水深 $H=4$m より，$H_{0.2}=0.8$m，$H_{0.8}=3.2$m の流速は，表より $v_{0.2}=5.0$m/s，$v_{0.8}=2.6$m/s となる。

　　平均流速 $v_m = 1/2(v_{0.2}+v_{0.8}) = 1/2(5.0+2.6) = \underline{3.8 \text{ m/s}}$

(2) 3点法は，水面からの水深20%，60%，80%のポイントの流速を用いる。水深 $H=4$m より，$H_{0.2}=0.8$m，$H_{0.6}=2.4$m，$H_{0.8}=3.2$m の流速は，表から $v_{0.2}=5.0$m/s，$v_{0.6}=4.0$m/s，$v_{0.8}=2.6$m/s となる。

　　平均流速 $v_m = 1/4(v_{0.2}+2v_{0.5}+v_{0.8}) = 1/4(5.0+2\times4.0+2.6) = \underline{3.9 \text{ m/s}}$

〔理解度の確認〕

P304，演習問題の **問11** にチャレンジして下さい。

第9章 応用測量（河川測量）

Q11 用地測量（作業工程）

A 用地測量は，道路，水路，河川，ダム，公園等の新設，改修，拡幅等にあたり，用地取得等のために行う測量です。法務局の資料に基づき，地番ごとに境界点を明確にし，その面積を算出します。

解　説

1．用地測量の作業工程

1. **用地測量**とは，土地及び境界等について調査し，用地取得等に必要な資料及び図面を作成する作業をいう（準則第391条）。
2. 用地取得等にあたっては，測量区域を管轄する法務局等において調査した資料に基づいて，地番ごとにそれぞれの境界点を現地で明確にした上で，これらを測量し，その面積を算出するとともに必要な諸資料を作成する。
3. 用地測量の境界測量の観測は，TS等による場合，水平角・鉛直角観測0.5対回，距離は2回測定，較差の許容範囲は5mmとする。
4. キネマティック法，RTK法又はネットワーク型RTK法による場合は，干渉測位方式により2セット行う。

表9・8　使用衛星数・較差の許容範囲（準則第350条）

使用衛星数	観測回数	データ取得間隔	許容範囲	備　考
5衛星以上	FIX解を得てから10エポック以上	1秒（但し，キネマティック法は5秒以下）	ΔN ΔE 20mm	ΔN：水平面の南北方向のセット間較差 ΔE：水平面の東西方向のセット間較差 但し，平面直角座標値で比較することができる。
摘　要	① GLONASS衛星を用いて観測する場合は，使用衛星数は6衛星以上とする。但し，GPS衛星及びGLONASS衛星を，それぞれ2衛星以上を用いること。			

5. 用地測量の作業工程は，次のように細分する（準則第392条）。

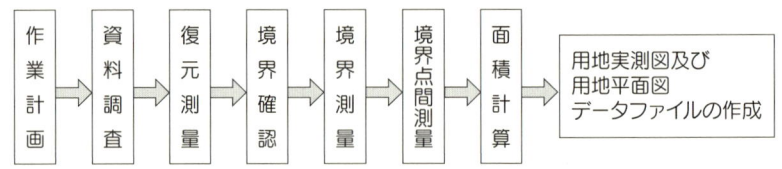

作業計画 → 資料調査 → 復元測量 → 境界確認 → 境界測量 → 境界点間測量 → 面積計算 → 用地実測図及び用地平面図データファイルの作成

質問 用地測量とは，どのような測量ですか？

２．各作業の概要

１．用地測量の概要は，下表のとおり。

表9・9　各作業の概要

作業	概要
作業計画 (準則第393条)	測量作業の方法，使用する主要な機器，要員，日程等について適切な作業計画を立案し，これを計画機関に提出して，その承認を得る。また測量を実施する区域の地形，土地の利用状況，植生の状況等を把握し，用地測量の細分ごとに作成する。
資料調査 (準則第394条)	土地の取得等に係わる土地について，用地測量に必要な各資料（公図等の転写，土地の登記記録，建物の登記記録，権利者確認等）を整理作成する作業をいう。
復元測量 (準則第400条)	境界確認に先立ち，地籍測量図等により境界杭の位置を確認し，亡失等があれば，権利関係者に事前説明を実施した後，復元すべき位置に仮杭（復元杭）を設置する作業をいう。
境界確認 (準則第402条)	現地において一筆ごとに土地の境界を権利者立会いの上確認し，標杭を設置する作業をいう。
境界測量 (準則第404条)	現地において境界点を測定し，その座標値等を求める作業をいう。 ・境界測量は，近傍の4級基準点以上の基準点に基づき，放射法等により行う。但し，やむを得ない場合は，補助基準点を設置し，それに基づいて行う。 ・観測は，TS又はRTKもしくはネットワーク型RTK法による。 〈用地境界仮杭設置〉 ・用地境界仮杭設置とは，用地幅杭の位置以外の境界線上等に，用地境界杭を設置する必要がある場合に，設置する作業。 ・用地境界仮杭設置は，交点計算等で求めた用地境界仮杭の座標値に基づいて，4級基準点以上の基準点から放射法又は用地幅杭線及び境界線の交点を視通法により行う。 〈用地境界杭設置〉 ・用地境界杭設置とは，用地幅杭又は用地境界仮杭と同位置に用地境界杭を置き換える作業。
境界点間測量 (準則第409条)	隣接する境界点間の距離を測定してその精度を確認する作業をいう。境界点間測量は，境界測量・用地境界仮杭設置・用地境界杭設置の各測量が終了した時点で実施する。
面積計算 (準則第411条)	境界測量の成果に基づき，取得用地及び残地の面積を算出する作業をいう。 面積計算は，原則として座標法によって行う。
用地実測図・用地平面図データファイル作成	各作業に基づき，用地実測図原図及び用地平面図データを作成する作業をいう。

〔理解度の確認〕

P304，演習問題の 問12 ，問13 にチャレンジして下さい。

第9章　応用測量（用地測量）

面積の計算 Q12

面積の計算は，境界測量で確定した座標値に基づいて，各筆等の取得用地及び残地の面積を算出するものです。面積計算は，原則として座標法で行います。

解説

1．三角区分法

① 三斜法

$$S = \frac{1}{2}ch \qquad \cdots\cdots 式（9 \cdot 14）$$

② 三辺法（ヘロンの公式）

$$\left. \begin{array}{l} S = \sqrt{s(s-a)(s-b)(s-c)} \\ \text{但し，} s = \frac{1}{2}(a+b+c) \end{array} \right\} \cdots\cdots 式（9 \cdot 15）$$

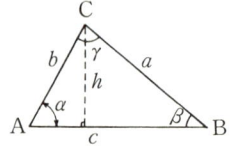

図9・19 三斜法

③ 2辺ときょう角を測定する方法

$$S = \frac{1}{2}ab\sin\gamma = \frac{1}{2}bc\sin\alpha = \frac{1}{2}ca\sin\beta \qquad \cdots\cdots 式（9 \cdot 16）$$

2．多角形の面積（座標法）

1．各測点の座標が分かっている場合，各測点からY軸に下した垂線の交点をA′，B′，C′，D′とすれば，面積Sは次式のとおり。

$S =$（台形 A′ABB′）＋（台形 B′BCC′）－（台形 A′ADD′）－（台形 D′DCC′）

① （台形 A′ABB′）$= 1/2(x_1+x_2)(y_2-y_1)$
② （台形 B′BCC′）$= 1/2(x_2+x_3)(y_3-y_2)$
③ （台形 A′ADD′）$= 1/2(x_1+x_4)(y_4-y_1)$
④ （台形 D′DCC′）$= 1/2(x_4+x_3)(y_3-y_4)$

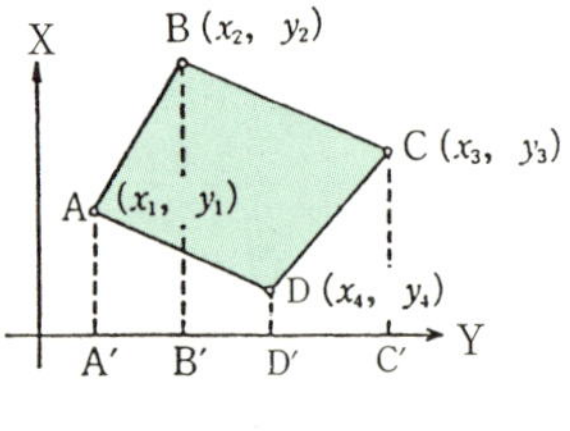

$\therefore S = 1/2 \{(x_1+x_2)(y_2-y_1)+(x_2+x_3)(y_3-y_2)$
$\qquad -(x_1+x_4)(y_4-y_1)-(x_4+x_3)(y_3-y_4)\}$

$= 1/2\{x_1(y_2-y_4)+x_2(y_3-y_1)+x_3(y_4-y_2)$
$\qquad +x_4(y_1-y_3)\}$

$= 1/2\sum_{i=1}^{n}x_i(y_{i+1}-y_{i-1}) = 1/2\sum_{i=1}^{n}y_i(x_{i+1}-x_{i-1}) \qquad \cdots\cdots 式（9 \cdot 17）$

図9・20 座標による面積計算

但し，x_1，x_2，x_3，x_4，y_1，y_2，y_3，y_4：各測点の $x \cdot y$ 座標値

質問　面積は，どのように求めるのですか？

例題1　境界点 A，B，C 及び D を結ぶ直線で囲まれた四角形の土地の測量を行い，表に示す平面直角座標系上の座標値を得た。この土地の面積はいくらか。

境界点	X 座標(m)	Y 座標(m)
A	+25.000	+25.000
B	−40.000	+12.000
C	−28.000	−25.000
D	+5.000	−40.000

解説　座標法による面積計算

多角形の n 個の頂点の座標を一般に (x_i, y_i) とすると，n 多角形の囲む面積 S は，次のとおり。

$$2S = \sum_{i=1}^{n} x_i(y_{i+1} - y_{i-1})$$

$$2S = x_A(y_B - y_D) + x_B(y_C - y_A) + x_C(y_D - y_B) + x_D(y_A - y_C)$$

表9・10　面積計算表

境界点	Xm	Ym	$(y_{i+1} - y_{i-1})$	$x_i(y_{i+1} - y_{i-1})$
A	+25.0	+25.0	+52.0	+1 300.0
B	−40.0	+12.0	−50.0	+2 000.0
C	−28.0	−25.0	−52.0	+1 456.0
D	+5.0	−40.0	+50.0	+ 250.0
倍面積　m²				2S = 5 006.0
面　積　m²				S = 2 503.0

別解　式（9・17）を展開して行列式の形に表すと，

$$x_1 y_2 - y_1 x_2 = \begin{vmatrix} x_1 & y_1 \\ x_2 & y_2 \end{vmatrix} \text{より，}$$

$$S = \frac{1}{2}\left(\begin{vmatrix} x_1 & y_1 \\ x_2 & y_2 \end{vmatrix} + \begin{vmatrix} x_2 & y_2 \\ x_3 & y_3 \end{vmatrix} + \cdots\cdots + \begin{vmatrix} x_n & y_n \\ x_1 & y_1 \end{vmatrix}\right)$$

$$= \frac{1}{2}\left(\begin{vmatrix} 25.0 & 25.0 \\ -40.0 & 12.0 \end{vmatrix} + \begin{vmatrix} -40.0 & 12.0 \\ -28.0 & -25.0 \end{vmatrix} + \begin{vmatrix} -28.0 & -25.0 \\ 5.0 & -40.0 \end{vmatrix} + \begin{vmatrix} 5.0 & -40.0 \\ 25.0 & 25.0 \end{vmatrix}\right)$$

$$= \frac{1}{2}\{25.0 \times 12.0 - 25.0 \times (-40.0) + (-40.0) \times (-25.0) - 12.0 \times (-28.0)$$

$$+ (-28.0) \times (-40.0) - (-25.0) \times 5.0 + 5.0 \times 25.0 - (-40.0) \times 25.0\}$$

$$= \underline{2\,503 \text{m}^2}$$

〔理解度の確認〕

P305，演習問題の 問14 にチャレンジして下さい。

第9章　応用測量（用地測量）

境界線の整正 Q13

多角形の土地を面積を変えることなく台形又は長方形の土地に，区画整理する場合の境界線の決定方法について解説します。境界条件を明確にしたうえで座標法により分割することになります。

解説

1．境界線の整正

1. 図9・21のPQ，QRを境界とする甲，乙の多角形の土地がある。Pを通り甲，乙の面積を変えずに1つの直線で台形に分割するには，次のようにする。
2. 甲，乙の土地の面積を変えずに1つの直線で分割するには，図9・22のようにPRを結び，Q点を通りPRに平行な直線QSを引く。
3. △PQRと△PSRにおいて，底辺PRは共通で，PR∥QSであるから，高さも等しい。△PQRと△PSRの面積は等しい。直線PSで分割すればよい。

図9・21　分割前の土地　　図9・22　土地の分割

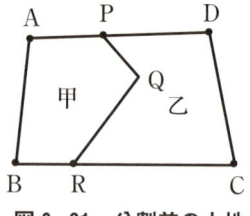

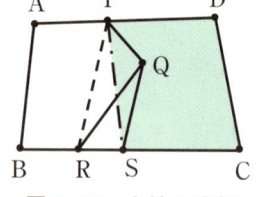

例題1　道路に接した五角形の土地ABCDEを，同じ面積の長方形AFGEに整正したい。境界点A，B，C，D，Eを測定して平面直角座標系に基づく座標値を求めたところ，表の結果を得た。
境界点GのX座標値はいくらか。

表

境界点	X座標	Y座標
A	−11.520m	−28.650m
B	+37.480m	−28.650m
C	+26.480m	+ 3.350m
D	+ 6.480m	+19.350m
E	−11.520m	+11.350m

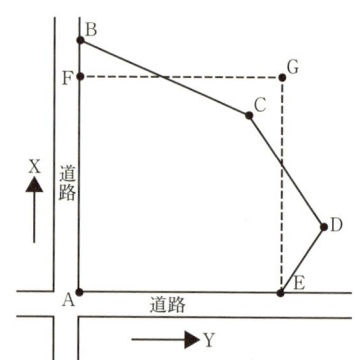

> **質問** 多角形の土地を長方形に整正するには，どうしますか？

解説 境界線の整正

(1) 表の座標値をA点を原点(0, 0)とする座標に変換する。

多角形ABCDEの面積Sは，次式で求める。

$$S = \frac{1}{2}\sum_{i=1}^{n} x_i(y_{i+1} - y_{i-1})$$

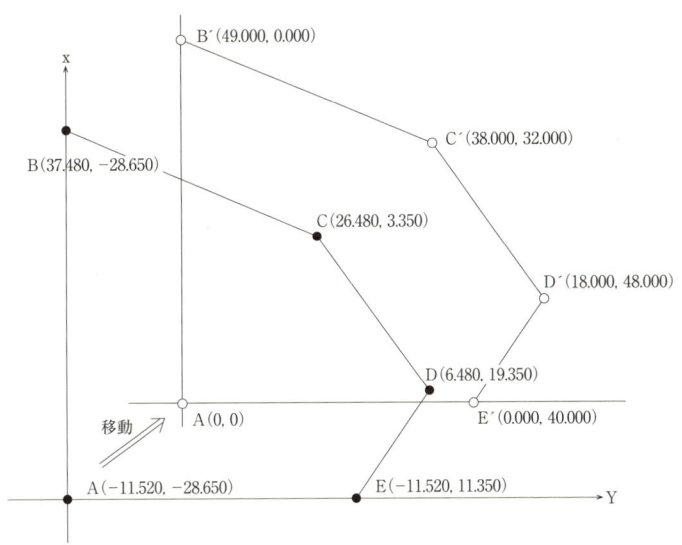

図9・23 座標の移動

点	X[m]	Y[m]	$(y_{i+1}-y_{i-1})$	$x_i\ (y_{i+1}-y_{i-1})$
A′	0.0	0.0	−40	0.0
B′	49.0	0.0	32	1 568
C′	38.0	32.0	48	1 824
D′	18.0	48.0	8	144
E′	0.0	40.0	−48	0.0

$2S = 3\ 536$
$S = 1\ 768\ \text{m}^2$

(2) 多角形の面積$S = 1\ 768\text{m}^2$と同じ面積になるように長方形G点の座標を求める。E点は固定されているから，AEはY軸座標より$11.350 - (-28.650) = 40\text{m}$である。故に長方形AFGEのEGの長さは，

$$EG = \frac{S}{AE} = \frac{1\ 768}{40} = 44.200\ \text{m}$$

∴ GのX座標 $= -11.520 + 44.200 = \underline{32.680}\ \text{m}$

〔理解度の確認〕

P305，演習問題の 問15 にチャレンジして下さい。

体積の計算 Q14

体積を求める方法には，断面法，点高法，等線法があります。点高法による土量計算は，盛土・切土する敷地を長方形・三角形に分割し，その交点の高さを測り計画高との差から土量を求めます。

解説

1. 断面法

1. **断面法**は，両端の断面積を平均して，その区間の距離を掛けて求める。

   ① **両端断面平均法**：両端の断面積 S_1，S_2 を平均して距離 L を掛ける。

   $$V = \frac{S_1 + S_2}{2} L \qquad \cdots\cdots 式（9\cdot18）$$

   ② **平均距離法**：断面積 S_m の前後の距離 L_1，L_2 の平均に断面積 S_m を掛ける。

   $$V = \frac{L_1 + L_2}{2} S_m = L S_m \qquad \cdots\cdots 式（9\cdot19）$$

   ③ **ぎ柱（プリズモイド）公式**：断面積 S_1，S_2，中央の面積を S_m とすれば

   $$V = \frac{1}{6}(S_1 + 4S_m + S_2) \qquad \cdots\cdots 式（9\cdot20）$$

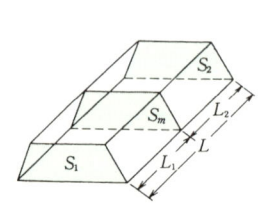

図9・24　断面法

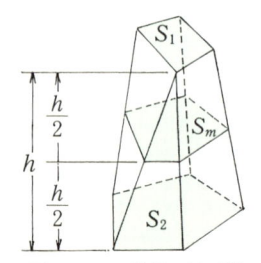

図9・25　ぎ柱（角柱）

2. 点高法

1. **点高法**は，土地を同じ大きさの三角形，長方形に区分し，その1つの立体を取り出し体積 V を求め，各隅点の地盤高より全体積 ΣV を計算する。

   ① 三角形に区分する方法：

   体積 $V = \dfrac{S}{3}(h_a + h_b + h_c)$

   但し，h_a，h_b，h_c：3隅点の地盤高

> **質問** 土地造成の土量の体積は，どのように求めますか？

全体積 $\Sigma V = \dfrac{S}{3}(\Sigma h_1 + 2\Sigma h_2) + \cdots + 6\Sigma h_6$

施工基面 $H = \Sigma V/\Sigma S$ ……式（9・21）

② 長方形に区分する方法：

体積 $V = \dfrac{S}{4}(h_a + h_b + h_c + h_d)$

但し，$h_a\cdots, h_d$：4隅点の地盤高

全体積 $\Sigma V = \dfrac{S}{4}(\Sigma h_1 + 2\Sigma h_2 + 3\Sigma h_3 + 4\Sigma h_4)$ ……式（9・22）

但し，S：1個の長方形の面積，ΣS：全体の面積
Σh_1：1個の長方形だけに関係する点の地盤高の和
Σh_2：1個の長方形に共通する点の地盤高の和
Σh_6：6個の長方形に共通する点の地盤高の和

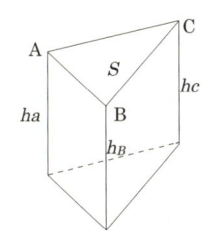

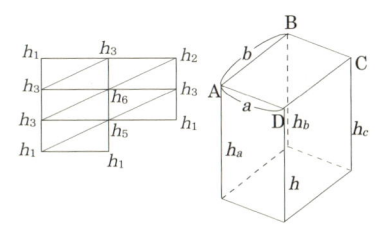

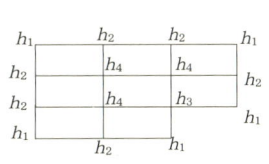

図9・26 三角形に区分　　　図9・27 長方形に区分

> **例題1** 水平に整地された長方形の土地 ABCD において水準測量を行ったところ，地盤が不等沈下していたことが判明した。水準測量を行った点の位置関係及び沈下量（m単位）は，図に示すとおり。
>
> 盛土により，元の地盤高にするには，どれだけの土量が必要か。

> **解説** 点高法による土量計算
>
> $\Sigma h_1 = 0.28 + 0.45 + 0.62 + 0.44 = 0.79$ m
> $\Sigma h_2 = 0.30 + 0.50 + 0.58 + 0.42 = 1.80$ m
> $\Sigma V = \dfrac{10 \times 20}{4} \times (1.79 + 2 \times 1.80 + 4 \times 0.48) = \underline{365.50\ \text{m}^3}$

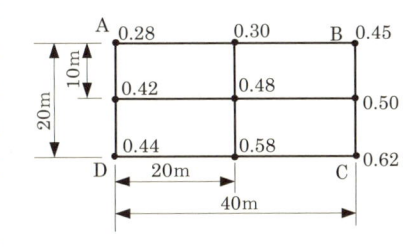

第9章 応用測量（用地測量）

第9章 演習問題

解答は，P306にあります。
なお，関数の数値が必要な場合は，P327の関数表を使用すること。

（路線測量）

問1 図は，路線測量における標準的な作業工程を示したものである。ア〜オに入る作業名の組合せとして適当なものはどれか。

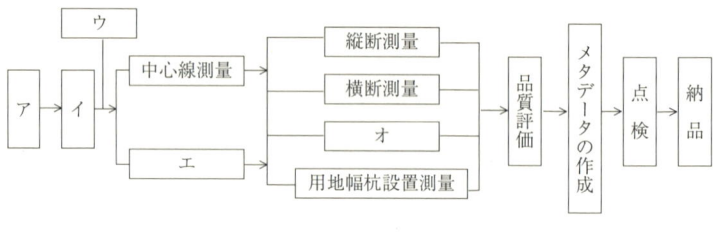

	ア	イ	ウ	エ	オ
1.	作業計画	線形決定	IPの設置	仮BM設置測量	詳細測量
2.	作業計画	線形決定	仮BM設置測量	IPの設置	法線測量
3.	線形決定	作業計画	IPの設置	仮BM設置測量	詳細測量
4.	作業計画	線形決定	仮BM設置測量	IPの設置	詳細測量
5.	線形決定	作業計画	仮BM設置測量	IPの設置	法線測量

問2 次の文は，道路を新設するために実施する公共測量における路線測量について述べたものである。間違っているものはどれか。

1. 線形決定では，計算などによって求めた主要点及び中心点の座標値を用いて線形図データファイルを作成する。
2. 中心線測量における中心点は，近傍の4級基準点以上の基準点，IP及び主要点に基づき，放射法などにより一定の間隔に設置する。
3. 引照点杭は，重要な杭が亡失したときに容易に復元できるように設置し，必要に応じて近傍の基準点から測定し，座標値を求める。
4. 縦断面図データファイルは，縦断測量の結果に基づいて作成し，図紙に出力する場合は，高さを表す縦の縮尺を線形地形図の縮尺の2倍で出力することを原則とする。
5. 横断測量は，中心杭を基準に，中心線の接線の直角方向の線上に在る地形の変化点及び地物について，中心点からの距離及び地盤高を測定する。

問3 次の文は，公共測量における路線測量について述べたものである。間違っているものはどれか。
1. 中心線測量における中心杭は，中心線上で一定の間隔に設置するほか，設計上必要な箇所にも設置する。
2. IP 杭は，道路の設計・施工上重要な杭であるので，必ず打設する。
3. 縦断測量及び横断測量に必要な仮 BM は，原則として施工区域外に設置する。
4. 横断測量は，中心杭が設置された位置ごとに行うが，設計上必要な箇所でも行う。
5. 用地幅杭は，主要点及び中心点から中心線の接線に対し，直角方向に設置する。

問4 表は，路線測量において，器高式による縦断測量の結果を記入した野帳の一部である。観測標高の（A）の値はいくらか。

1. 12.450m
2. 12.550m
3. 12.700m
4. 12.800m
5. 12.850m

測点	追加距離〔m〕	後視〔m〕	器高〔m〕	前視 移器点(T.P)〔m〕	前視 中間点〔m〕	観測標高〔m〕
B.M1 (No.0)	0.0	1.550	13.550			12.000
+5.5	5.5				1.200 0	12.350
No.1	20.0				0.900	12.650
+5.2	25.2				0.850	(A)
No.2	40.0				1.050	12.500
No.3	60.0	1.620	14.220	0.950		12.600

問5 図に示すように，起点を BP，終点を EP とし，始点 BC，終点 EC，曲線半径 $R=200$m，交角 $I=90°$ で，点 O を中心とする円曲線を含む新しい道路の建設のために中心線測量を行い，中心杭を起点 BP を No.0 として，20m ごとに設置した。

このとき，BC における，交点 IP からの中心杭 No.15 の偏角 δ はいくらか。

但し，IP の位置は，BP から 270m，EP から 320m とする。

1. 19°   2. 25°   3. 33°
4. 35°   5. 57°

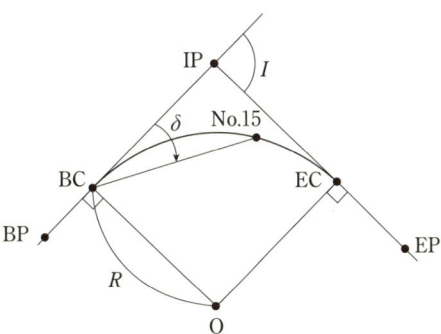

問6　図のように，円曲線始点 BC，円曲線終点 EC からなる円曲線の道路の建設を計画している。曲線半径 $R = 100$m，交角 $I = 108°$ としたとき，建設する道路の円曲線始点 BC から曲線の中点 SP までの弦長はいくらか。

なお，関数の数値が必要な場合は，巻末の関数表を使用すること。

1．45.40m　　2．75.00m　　3．90.80m
4．99.40m　　5．161.80m

問7　交角 90°，曲線半径 200m，始点 BC から終点 EC までの円曲線からなる道路を計画したところ，EC 付近で遺跡が発見された。このため円曲線始点 BC 及び交点 IP の位置は変更せず，円曲線終点を EC2 に変更したい。

変更計画道路の交角を 60° とする場合，当初計画道路の中心点 O をどれだけ移動すれば変更計画道路の中心点 O′ となるか。

1．146m　　2．156m　　3．166m
4．176m　　5．186m

(河川測量)

問8　次の文は，公共測量における河川測量について述べたものである。間違っているものはどれか。

1．対応する両岸の距離標を結ぶ直線は，河心線の接線と直交する。
2．距離標は，努めて堤防の法面や法肩を避けて設置する。
3．水準基標の標高を定める作業は，2級水準測量で行う。
4．定期横断測量は，水際杭を境にして，陸部は横断測量，水部は深浅測量により行う。
5．深浅測量における測深位置を，GPS 測量機を用いて測定した。

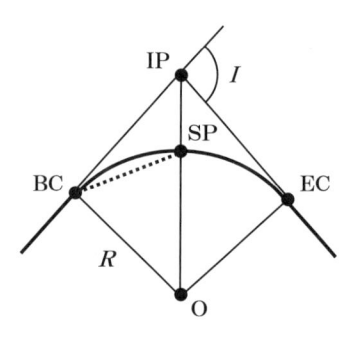

問9 次の文は，公共測量における河川の距離標設置測量について述べたものである。 ア ～ エ に入る語句の組合せとして適当なものはどれか。

　河川における距離標設置測量は， ア の接線に対して直角方向の左岸及び右岸の堤防法肩又は法面などに距離標を設置する作業をいう。なお，ここで左岸とは イ を見て左，右岸とは イ を見て右の岸を指す。
　距離標の設置は，あらかじめ地形図上に記入した ア に沿って，河口又は幹川への合流点に設けた ウ から上流に向かって200mごとを標準として設置位置を選定し，その座標値に基づいて，近傍の3級基準点などから放射法などにより行う。また，距離標の埋設は，コンクリート又は エ の標杭を，測量計画機関名及び距離番号が記入できる長さを残して埋め込むことにより行う。

	ア	イ	ウ	エ
1．	河心線	下流から上流	終点	木
2．	河心線	上流から下流	起点	プラスチック
3．	河心線	上流から下流	終点	プラスチック
4．	堤防中心線	上流から下流	起点	プラスチック
5．	堤防中止線	下流から上流	終点	木

問10 水位観測のための水位標を設置するため，水位標の近傍に仮設点が必要となった。図に示すBM1，中間点1及び水位標の近傍に在る仮設点Aとの間で直接水準測量を行い，表に示す観測記録を得た。
　高さの基準をこの河川固有の基準面としたとき，仮設点Aの高さはいくらか。但し，この河川固有の基準面の標高は，東京湾平均海面（T.P.）に対して1.300m低い。

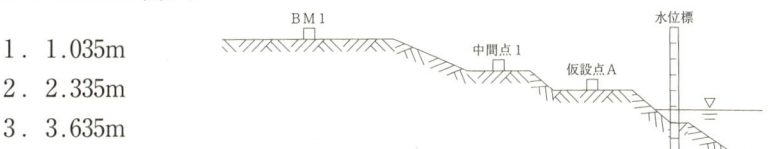

1．1.035m
2．2.335m
3．3.635m
4．4.191m
5．5.226m

測　点	距　離	後　視	前　視	標　高
BM 1	42m	0.238m		6.526m（T.P.）
中間点1	25m	0.523m	2.369m	
仮設点A			2.583m	

問11 表は，低水流量観測野帳の一部である。測線番号4〜6における区間流量はいくらか。

1. $2.00 m^3/s$
2. $2.45 m^3/s$
3. $5.72 m^3/s$
4. $9.80 m^3/s$
5. $11.44 m^3/s$

測線番号	左岸よりの距離〔m〕	水深〔m〕	器深〔m〕	流速〔m/s〕
3	15	0.40	0.24	0.05
4	20	0.80		
5	25	1.40	0.28 1.12	0.56 0.32
6	30	1.60		
7	35	1.80	0.36 1.44	0.63 0.37

（用地測量）

問12 次の文は，用地取得のために行う測量について述べたものである。作業の順序として正しいものはどれか。

a．土地の取得等に係わる土地について，用地測量に必要な資料等を整理及び作成する資料調査
b．現地において一筆ごとに土地の境界を確認する境界確認
c．取得用地等の面積を算出し，面積計算書を作成する面積計算
d．現地において境界点を測定し，その座標値を求める境界測量

1. a→c→d→b
2. d→b→c→a
3. b→a→d→c
4. c→a→d→b
5. a→b→d→c

問13 次の文は，公共測量により実施する用地測量について述べたものである。 ア 〜 オ に入る語句の組合せとして適当なものはどれか。

a．境界測量は，現地において境界点を測定し，その ア を求める。
b．境界確認は，現地において イ ごとに土地の境界を確認する。
c．復元測量は，境界確認に先立ち，地積測量図などに基づき ウ の位置を確認し，亡失などがある場合は復元するべき位置に仮杭を設置する。
d． エ 測量は，現地において隣接する エ の距離を測定し，境界点の精度を確認する。
e．面積計算は，取得用地及び残地の面積を オ により算出する。

	ア	イ	ウ	エ	オ
1.	座標値	一筆	境界杭	境界点間	座標法
2.	標高	街区	境界杭	基準点	座標法

3.	座標値	一筆	基準点	境界点間	三斜法
4.	座標値	街区	基準点	境界点間	座標法
5.	標高	一筆	境界杭	基準点	三斜法

問14 ある三角形の土地の面積を算出するため，公共測量で設置された4級基準点から，トータルステーションを使用して測量を実施した。表は，4級基準点から三角形の頂点にあたる地点 A，B，C を測定した結果を示している。この土地の面積はいくらか。

1. 173m^2
2. 195m^2
3. 213m^2
4. 240m^2
5. 266m^2

表

地点	方向角	平面距離
A	0°00′00″	32.000m
B	60°00′00″	40.000m
C	330°00′00″	24.000m

問15 図のように道路と隣接した土地に新たに境界を引き，土地 ABCDE を同じ面積の長方形 ABGF に整正したい。近傍の基準点に基づき，境界点 A，B，C，D，E を測定して平面直角座標系に基づく座標値を求めたところ，表に示す結果を得た。境界点 G の Y 座標値はいくらか。

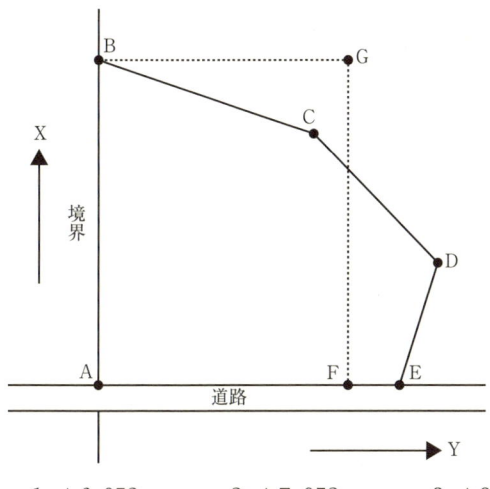

表

境界点	X 座標値	Y 座標値
A	−11.520m	−28.650m
B	+35.480m	−28.650m
C	+26.480m	+ 3.350m
D	+ 6.480m	+19.350m
E	−11.520m	+15.350m

1. +6.052m
2. +7.052m
3. +8.052m
4. +9.052m
5. +10.052m

演習問題 解答・解説

問1 ① P272．図9・1及び表9・1を，よく理解しておくこと。

問2 ④ 縦断面図データファイルを出力する場合は，距離を表す横の縮尺は地形図（平面図）と同一とし，高さを表す縦の縮尺は地形図の<u>5又は10倍を標準</u>とする。なお，1．線形決定は，地図情報レベル1000以下の地形図上で行う。3．<u>**引照点**は，復元を目的として設置される杭をいう。</u>

問3 ② IPの設置は，現地において直接設置する必要のある場合に行う。<u>必ずしも現地に設置する必要はない</u>。なお，3．仮BMは破損の恐れのない施工区域外に設置する。

問4 ③ 器高式野帳（P154参照）。

問5 ③ $TL = R\tan\dfrac{I}{2} = 200.00 \times \tan 45° = 200.00\mathrm{m}$。

BCの位置 $= 270.00 - 200.00 = 70.00\mathrm{m} = \mathrm{No}.3 + 10.00\mathrm{m}$。

中心杭No.15までの弧長 ℓ は，

$\ell = \mathrm{No}.15 - (\mathrm{No}.3 + 10.00) = 15 \times 20 - (3 \times 20 + 10.00) = 230.00\mathrm{m}$，

故にNo.15の偏角は，

$$\delta = \dfrac{\ell}{2R} \cdot \dfrac{180°}{\pi} = \dfrac{230.00}{2 \times 200.00} \times \dfrac{180°}{3.14} = 32.96° = 32°57.6' \fallingdotseq \underline{33°}$$

問6 ③ 図より，

∠(BC−O−SP) $= I/2 = 54°$

$I/2 = \theta$，弦長（BC−SP）は

式（9・5）より

$\ell = 2R\sin\theta/2 = 2 \times 100\mathrm{m} \times \sin 27°$

　$= 200\mathrm{m} \times 0.45399 = \underline{90.80\mathrm{m}}$

（関数表より，$\sin 27° = 0.45399$）

問7 ① $TL = R\tan I/2 = 200 \times \tan 45° = 200\mathrm{m}$。

変更計画の曲線半径 R'（交角 $I = 60°$）は，接線長は変らないから，

$R' = TL/\tan(I/2) = 200/\tan 30° = 346\mathrm{m}$

　O点は，$346\mathrm{m} - 200\mathrm{m} = \underline{146\mathrm{m}}$ 移動する。

問8 ② 距離標は，両岸の<u>堤防法肩又は法面</u>を標準として設置する。

問9 ②

問10 ③ 仮設点 A の標高を河川固有の基準面の標高に換算する。この河川固有の基準面は，T.P. に対して -1.300m であるから，この河川固有の基準面の標高 $=2.335-(-1.300)=\underline{3.635\text{m}}$

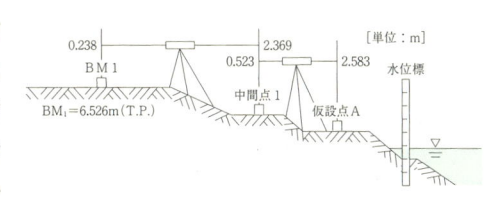

測点	距離〔m〕	後視〔m〕	前視〔m〕	(+)〔m〕	(−)〔m〕	標高〔m〕
BM 1	42	0.238				6.526
中間点 1	25	0.523	2.369		2.131	4.395
仮設点 A			2.583		2.060	2.335

問11 ③
$H_{0.2}=1.40\times 0.2=0.28$ m, $v_{0.2}=0.56$ m/s
$H_{0.8}=1.40\times 0.8=1.12$ m, $v_{0.8}=0.32$ m/s
$v_m=\dfrac{1}{2}(0.56+0.32)=0.44$ m/s
断面積 $S=$ 台形 S_1+ 台形 $S_2=13.0\text{m}^2$
区間流量 $Q=S\cdot v_m=13.0\times 0.44=\underline{5.72\text{m}^3/\text{s}}$

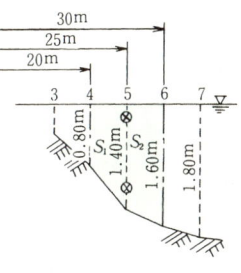

問12 ⑤ 資料調査→境界確認→境界測量→面積計算

問13 ① P293，表 9・9 参照。

問14 ⑤ 4級基準点を原点とすると，点 A，B，C の座標は次のとおり。

	X〔m〕	Y〔m〕	$y_{i+1}-y_{i-1}$	$x_i(y_{i+1}-y_{i-1})$
4級基準点	0	0		
A	32	0	46.641	1 492.512
B	20	34.641	−12	−240
C	20.785	−12.000	−34.641	−720.013
			2S=	532.499
			S=	266.250

（別解）
$$S=\dfrac{1}{2}\left(\begin{vmatrix}32 & 0 \\ 20 & 34.641\end{vmatrix}+\begin{vmatrix}20 & 34.641 \\ 20.785 & -12.000\end{vmatrix}+\begin{vmatrix}20.785 & -12.000 \\ 32.000 & 0\end{vmatrix}\right)=\underline{266.250\text{m}^2}$$

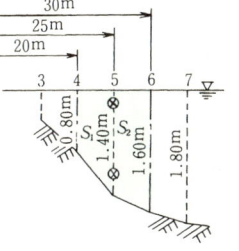

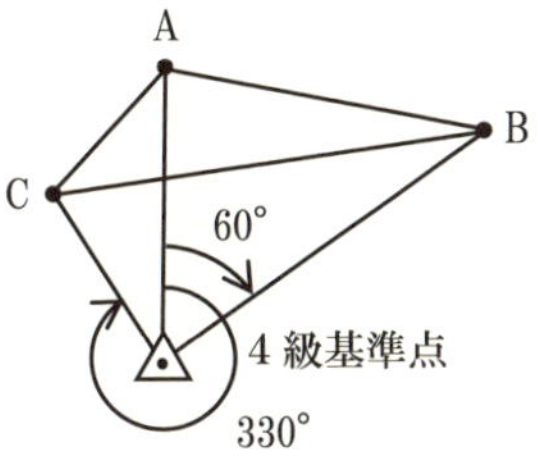

問15 ④ 面積 $S=1\,772.000\text{m}^2$，$AB=X_B-X_A=35.480-(-11.520)=47.000$m。BG$=1\,772/47=37.702$m。
G の Y 座標 $Y_G=Y_B-37.702=-28.650+37.702=\underline{9.052\text{m}}$

付録1．測量用語

アナログデータ：0と1の離散的な数値（デジタル）ではなく波形により連続的に表示したデータ。衛星の搬送波は，アナログデータである。

緯距：測線ABのX軸方向の成分。測線の長さℓ，X軸からの方向角θのとき，緯度$L=\ell\cos\theta$。

位相構造化：コンピュータが認識できるように，図形間の位置関係（トポロジー）を表すデータ構造を構築することをいう。ベクタデータが持つ図形の位置関係を，点（ノード），線（チェイン），面（ポリゴン）で表し，ノード位相構造，チェイン位相構造，ポリゴン位相構造を構築することをいう。

1対回：セオドライトの望遠鏡の正位と反位で1回ずつ測定すること。

一般図：対象地域の状況を全般的に表現して多目的に利用するように作成された地形図。

引照点：IP杭，役杭及び主要中心杭などの損傷，亡失に備え，復元できるように設ける控え杭。

永久標識：三角点標石，図根点標石，方位標石，水準点標石，磁気点標石，基線尺検定標石，基線標石等を標示する恒久的な標石。

衛星測位：人工衛星からの位置情報（時刻を含む）の信号の取得，移動径路の情報の取得により，測点の位置を決定することをいう。

エポック：干渉測位法において，データを記録した時刻又は記録するデータ間隔（15～30秒程度）をいう。

応用測量：基準点測量，水準測量，地形測量及び写真測量などの基本となる測量方法を活用し，目的に応じて組み合せて行う測量。具体的には路線測量，河川測量，用地測量などを示す。

オーバーラップ：空中写真測量において，連続して撮影する写真のコース方向の重複度をいう。なお，コースとコースの重複度はサイドラップという。

オリジナルデータ：航空レーザ測量から得られた三次元計測データを調整用基準点を用いて点検調整を行った標高データをいう。

オンザフライ法（OTF）：on the fly。2周波の搬送波を用いて任意の場所で，短時間で整数値バイアスを解く方法。RTK法で用いられる。

ガウス・クリューゲル図法：横メルカトル図法のこと。正角図法。

河川測量：河川に関する計画・調査・設計・管理のための測量。

画素（ピクセル）：画面・画像表示の最小単位（受光素子）。モノクロ画像の場合，輝度（物体の明るさ）を，カラー画像の場合は色と輝度の情報をもつ。画面をX，Y方向の基盤の目に区切り，一つひとつのピクセルを取り扱う。例えば，解像度が640×480ドットでは1画面307,200ピクセルで，各ドットが階調をもつときピクセルとドットは同じ意味である。

干渉測位法：GNSS衛星の電波を固定局（基準となる点）と移動局（観測点）で受信し，電波の到達時刻の差から基線ベクトルを求める相対測位法。スタティック法，キネマティック法がある。

観測差：各対回中の同一視準点に対する較差の最大と最小の差。

観測方程式：観測された値によって未知数間の関係を表した条件式。

緩和曲線：直線から円曲線へ接続する場

付録1 測量用語

合，半径無限大から徐々に減少させ円曲線の半径となる曲線をいう。クロソイド曲線など。

基準点：測量の基準となる座標が与えられている点。三角点（1等～4等），公共基準点（1級～4級），水準点（1～2等，1級～4級），電子基準点など。

基準点成果表：国土地理院が設置した基準点（三角点・水準点・多角点・電子基準点）の測量成果・記録を表にしたもの。これに基づき，公共測量を実施する。

基準点測量：既知点に基づき，未知点の位置又は標高を定める作業をいう。基準点は，測量の基準とするために設置された測量標で位置に関する数値的な成果をもつ。

既成図数値化：既に作成された地形図等の数値化を行い，数値地形図データを作成する作業をいう。

基線解析：干渉測位法において，受信したデータを基に基線の長さと方向を決定することをいう。

基線ベクトル：固定局の座標を基準に，移動局（観測点）までのベクトル（ΔX, ΔY, ΔZ）をいう。移動局のベクトルは，固定局のベクトルに基線ベクトルを加えたものである。なお，ベクトルは距離と方向をもち，GNSS 測量では基線ベクトルという。

既知点：座標又は標高の分かっている点。

キネマティック法：固定局に GNSS 受信機を設置し，移動局で GNSS 搬送波を数秒ごとに観測，各測点を移動して各基線ベクトルを求める方法（RTK 法，ネットワーク型 RTK 法）。

基盤地図情報：電子地図上における基準点，海岸線，行政区界などの電磁的方式により記録された地図情報。

基本測量：すべての測量の基礎となる測量で，国土地理院が実施する測量。

球差・気差・両差：鉛直角や距離の観測において，地球の曲率によって生じる誤差を球差，光の屈折によって生じる誤差を気差，球差と気差を合せたものを両差という。

球面距離：GRS80 楕円体上の距離。

球面座標系：地球自転軸と赤道の交点及びグリニッジ天文台の子午線を基準とする地球表面を表す座標。

境界測量：用地測量において，現地で境界点を測定し，その座標値を求める測量をいう。

距離標：河川の河口から上流に向かって両岸に設けられる距離を示す杭。

距離標設置測量：河川測量において，河心線の接線に対して直角方向の両岸の堤防法肩又は法面等に距離標を設置する測量。

杭打ち調整法：レベルの望遠鏡気泡管軸と視準線（軸）を平行にする調整法。

偶然誤差（不定誤差）：測定値から系統的誤差を除去しても，存在する誤差で，種々雑多な原因による誤差。

空中三角測量：パスポイント，タイポイント，基準点の写真座標から投影関係を解き，地上の水平位置・標高を求める測量。現在，投影関係をコンピュータで解く解析空中三角測量で行う。

グラウンドデータ：オリジナルデータから地表面の遮へい物を除いた地表面の標高データ。このデータにより格子状のグリッドデータ，等高線データを作成する。

クリアリングハウス：GIS を構築するシステムで，分散している地理情報の所在をインターネット上で検索できるシステム。空間データ（測量成果）を検

索するための仕組み。

グリッドデータ：格子状の標高データ。

経距：測線 AB の Y 軸方向の成分。測線の長さ ℓ、X 軸からの方向角 θ のとき、経距 $D=\ell\sin\theta$。

軽重率（重量）：測定値の信用の度合いを数値で示したもの。

系統的誤差（定誤差）：測定の結果に対し、ある定まった様相で影響を与える誤差で、観測方法や計算で除去できるもの。

結合多角方式：多角測量において、複数の路線で構成された基準点網（結合多角網）。既知点3点以上により、新点の平均座標と平均標高を求める。

結合トラバース：多角測量において、路線の中にどこにも交点を持たない単路線をいう。

現地測量：現地において TS 等又は GNSS 測量機を用いて、地形・地物等を測定し、数値地形図データを作成する測量。

公共基準点：地方公共団体が設置した基準点。1～4級基準点、1～4級水準点及び簡易水準点をいう。

公共測量：基本測量以外の測量で、費用の全部又は一部を国又は公共団体が負担し又は補助して実施する測量。

航空レーザ測量：航空機に搭載したレーザ測距儀から地上に向けてレーザ光（電磁波を増幅してつくられた人工の光）を照射し、地上からの反射波と時間差により地上までの距離を求める。GNSS と IMU（慣性計測装置）から航空機の位置情報を知り、標高を求める測量。

交点：路線と路線が結合する点。交点からは辺が3辺以上出ている。

光波測距儀：光波の速度を基準にして、その到達時間を測ることにより直接距離を測定する測距儀。

国土基本図：国土地理院が測量し作成する基本図のうち、1/2 500, 1/5 000 の大縮尺図。

国家基準点：基本測量によって設置された基準点で、全ての測量の基準となる点。一等～四等三角点など。

固定局・移動局：GNSS 測量において、基準となる GNSS 測量機を整置する観測点（固定局）及び移動する観測点（移動局）をいう。

最確値：平均計算で求めた測定値の最も確からしい値。

サイクルスリップ：干渉測位において観測中に衛星電波受信に瞬断があるとデータにずれ（誤差）が生じること。

最小二乗法：ある値を決定するため、最小限必要な個数以上の観測値から最も確からしい値を求める計算方法。

作業規程の準則：測量法に基づいて国土交通大臣が定める全ての公共測量の規範となるルール。

座標系変換：人工衛星を用いる GNSS 測量で得られる WGS-84 系から平面直角座標に変換すること。WGS-84 系→ITRF94 座標系→球面座標系→平面座標系へ変換される。なお、標高はジオイド高、楕円体高から決定する。

残差：測定値 − 最確値。測定値の誤差。

ジオイド：標高を求めるときの基準面。標高はジオイドからの高さをいう。GNSS 衛星から直接に標高を求めることはできない。標高は、GRS80 楕円体面上からの高さから、ジオイド高を差し引いて求める。

ジオイド測量：標高が既知の水準点で GNSS 観測を行い、楕円体高からジオイド高を求める測量。

ジオイド高：準拠楕円体からジオイドま

での高さ。高さ０ｍの水準面。ジオイドからの高さを標高という。GNSS観測で得られる楕円体高と測地座標の標高では，高さの定義が違う。
ジオイド高＝楕円体高－標高

視差（パララックス）：観測点が変わることによって生じる物体の偏位。セオドライトの視度調節が不良な場合，写真測量の縦横の位置のずれ等。

視準距離：レベルと標尺の間の距離。視準距離を等しくすることにより，視準軸誤差，球差・気差による誤差を消去できる。

刺針：空中三角測量及び数値図化において基準点等の写真座標を測定するため，基準点等の位置を現地において空中写真上に表示する作業をいう。

視通：観測点と目標点との見通し。

実測図：測量機器を使用して，地形・地物を測定して作成された地形図。

自動（オート）レベル：円形気泡管の気泡を中央にもってくれば，自動補正装置（コンペンセータ）と制動装置（ダンパ）によって自動的に視準線が水平となる構造のレベル。

写真地図：中心投影である空中写真を地図と同じ正射投影に変換した写真画像。

写真判読：空中写真に写し込まれた地上の情報を，その色調や形状，陰影などを手がかりに判定する技術。

修正測量：旧数値地形図データを更新する測量をいう。

縮尺係数：球面距離 S と平面距離 s の比 (s/S)。

主題図：道路状況，土地利用状況など，特定の目的（テーマ）のために作成された地形図。

準拠楕円体：測量計算に用いる地球の大きさ，形状をいう。現在，GRS80 楕円体（世界測地系）を採用している。

条件方程式：観測値とその他の値の間に存在する理論的な関係式。

深浅測量：河川・貯水池・湖沼又は海岸において，水底部の地形を明らかにするため，水深・測深位置又は船位，水位・潮位を測定し，横断面図データファイルを作成する測量。

新点：測量の基準とするために新たに設置する基準点。永久標識を埋設する。

水準環（水準網）：既知水準点間を結ぶ水準路線に対し，既知水準点を環状に閉合するものをいう。新設水準路線によって形成され，その内部に水準路線のないものを単位水準環という。水準路線の閉合差，水準環の環閉合差は許容範囲内とする。

水準基標：河川水系全体の高さの基準となる標高を示す杭。

水準路線：２点以上の既知点を結合する路線をいう。

数値図化：解析図化機等を用いて，地形・地物の位置・形状を表す座標値，その属性を測定し磁気媒体に記録すること。

数値地形測量：地上の地形・地物をデジタルデータ（コンピュータで扱える数値地形図データ）により測定・取得し，数値地形図を作製する測量。

数値地形図データ：地形・地物等に係る地図情報の位置・形状を表す座標データ及び内容を表す属性データ等を計算処理可能な形態で表現したもの。

数値標高モデル（DEM）：対象区域を等間隔の格子（グリッド）に分割し，各格子点の平面位置・標高 (x, y, z) を表したデータのうち，地表データをいう。なお，地表から植生や建物を取り除いた表面データが数値表層モデル（DSM）である。

付録1 測量用語

311

スキャナ：画像データを光学的に読み込み，デジタルデータに変換する画像入力装置。

図式：地表の状態をどのような様式で地図に表現するかを具体的に決めた約束ごと。

スタティック法：GNSS衛星の電波を同時に未知点と既知点で観測し，数値バイアスを定め基線ベクトルを求めるもので，長時間（60分以上）かかるが精度は最もよい。

ステレオモデル：空中写真の重複部を用いて，図化機で再現した被写体の形状と類似した立体的な模像。

正射投影：視点を無限大において，平面に直角に交わるように対象物を写した投影法。

整数値バイアス：干渉測位方式では搬送波の位相を1サイクルの波の数（整数値バイアス）Nと1波以内の端数の位相φで表す。測定するのはφであり，整数値バイアスNは不明である。初期化によって整数値バイアスを確定してから観測する。

正標高：ジオイド面（重力ポテンシャル面）は，地球の引力と遠心力により，極に近づくにつれ狭くなる（重力＝引力－遠心力）。この楕円補正した高さを正標高といい，測量成果2000で用いられる。

セオドライト：水平角と鉛直角の測定機能をもち，鉛直軸・水平軸・視準軸，水平目盛盤・高度目盛盤及び上盤気泡管から成る。

世界測地系：GRS80楕円体と座標の中心を地球の重心と一致させ，短軸（Z軸）を地球の自転軸とする地心直交座標を合せもつ座標系（ITRF94座標系）。地理学的経緯度を表す。

セッション：GNSS観測（干渉測位法）において，一連の観測をいう。複数回の観測で，各セッションの多角網に区分された重複辺に共通する基線ベクトルの較差により精度を確認する。

節点：TS等を用いる基準点測量で点間の視通がない場合に，経由点として設置する点（仮設点）。

線形決定：路線選定の結果に基づき，地形図上の交点IPの位置を座標として定め，線形図データファイルを作成する作業。

選点図：基準点測量等の作業計画において，平均計画図に基づいて，地形図上に新点の位置を決定・作成したもの。

相互標定：空中写真測量において，3次元空間における投影中心，地上，写真像点が同一平面上にある共面条件式を用いて，写真座標からモデル座標への変換をする操作をいう。

測地学的測量：測量区域が広く，地球の曲率を考えて実施する測量。地球表面を平面とみなすとき，平面測量という。

測地基準系：地球上の位置を経度・緯度で表す座標系及び地球の形状を表す楕円体の総称。

測地成果2000：世界測地系に基づく我国の測地基準点（電子基準点，三角点等）成果で，従来の日本測地系に基づく測地基準点と区別するために用いられる呼称。

測量計画機関：土地の測量に関する測量を計画する者（国，地方公共団体）。

測量作業機関：測量計画機関の指示又は委託を受けて測量作業を実施する者（測量業者）。

測量成果：基本測量・公共測量等の最終目的として得た結果をいう。測量成果を得る過程において得た作業記録を測

量記録という。
測量標：三角点標石・水準点標石等の永久標識，測標，標杭等の一時標識，標旗・仮杭等の仮設標識をいう。
対空標識：空中写真測量（空中三角測量及び数値図化）において，基準点の写真座標を測定するため，基準点等に設置する一時標識。
楕円体高：GRS80 楕円体（準拠楕円体）面上からの高さ。ジオイドと準拠楕円体との間にはずれがある。GNSS 測量において，標高は，楕円体高からジオイド高を差し引いて求める。
楕円補正：地球の遠心力により水準面とジオイド面が完全に平行でないために必要な水準測量の補正。1・2 級水準測量で実施。緯度によってその値は異なる。
多角測量：基準点測量。トラバース測量。与点より新点の水平位置を求めるため，測点間の角度と距離を順次測定して，その地点の座標値を求める測量。観測方法により結合多角方式，単路線方式などがある。
単点観測法：ネットワーク型 RTK 法において，仮想点又は電子基準点を固定点とした放射法による観測をいう。
単独測位：受信機 1 台で衛星からの情報によりリアルタイムに位置決定を行う方式で，既知点の座標は必要としない。観測距離には大きな誤差が含まれている。
単路線方式：路線の中に，どこにも交点（路線と路線が結合する点）を持たない路線をいう。
地心直交座標系：地球の重心を原点とする X，Y，Z の 3 次元座標。
地図情報レベル：数値地形図データの地図表現精度を表す。数値地形図の地図情報は，縮尺によらない測地座標を用いて記録されている。縮尺に代って用いられ，従来の縮尺との整合性を考慮して同じ縮尺の分母数で表す。1/2 500 地形図の地理情報レベルは 2 500 である。
地図投影法：地図は地球表面を平面上に投影して作成する。球面から平面上への投影方法をいう。
地図編集：各種縮尺の地図や実測図，基図などの地図作成に必要な資料を編集し，必要に応じ現地調査を行い，目的の地図を編集して作成する作業。
地性線：地表の不規則な曲面をいくつかの平面の集合と考え，これらの平面が互いに交わる線。山りょう線，谷合線，傾斜変換線など。
中心線測量：路線測量等で，中心線形を現地に設置する作業で，線形を表す主要点及び中心点の座標を用いて測設する作業。
中心投影：光がレンズの中心を通りフィルム面に写される投影。対象物とレンズの中心とフィルム面が一直線にある関係をいう。
地理学的経緯度：世界測地系で表す。回転楕円体として GRS80 楕円体，座標系として地心直交座標系の ITRF94 座標系に基づき，グリニッジ天文台を通る子午線を経度 0 度，赤道を緯度 0 度とする座標。
地理空間情報：コンピュータ上で位置・属性に関する情報をもったデータ。都市計画図・地形図などの地図データ，空中写真データ，道路・河川などの台帳データ，人口などの統計データなど。
地理情報システム（GIS）：デジタルで記録された地理空間情報を電子地図（デジタルマップ）上で電子計算機によ

付録 1 測量用語

り一括処理するシステム。

地理情報標準：GISの基盤となる空間データを、異なるシステム間で相互利用する際の互換性を確保するためにデータの設計・品質・記述方法、仕様の書き方を定めたもの。

チルチングレベル：鉛直軸とは無関係に望遠鏡（視準線）を微動調整できる構造のレベル。気泡管の気泡を中央に導びけば、視準線は水平となる。

デジタイザ：画像データをデジタル化（図面座標値）して入力する装置。

デジタル航空カメラ：従来の銀塩フィルムを使用するフィルム航空カメラに対して、撮影した画像をデジタル信号として記録するカメラ。レンズから入った光を電気信号に変換する映像素子（CCD）と画像取得用センサーを搭載する複数のレンズで、分割して撮影し、つなぎ合せて一枚の写真とする。パンクロ撮影と同時にカラー、近赤外を撮影するため、高画質でゆがみのない写真ができる。

デジタル写真測量：デジタルステレオ図化機を用いて、数値画像・画像データ処理を行う測量。数値画像はデジタルカメラによって直接取得、又は高精度カラースキャナで空中写真をデジタル化する。階調数8～11ビット、1画素の大きさは10～15μmを標準とする。デジタルステレオ図化機は、デジタル写真を用いて、図化装置のモニターに立体表示させる。

デジタルステレオ図化機：デジタル写真を用いて、図化装置のモニターに立体表示させ図化する装置。

デジタルデータ：0又は1のいずれかの離散的な数値を用いて、これを組み立てる数値で示されるデータ。

電子基準点：高精度の測地網の基準となる点で、GNSSの連続観測システムの新しい基準点。

電子国土ポータル：数値化されたサイバー上の電子地図（電子国土）にアクセスし、必要な地図情報を得るための「電子国土の入口」をいう。

電子地図：電子国土。地形・地物などの地図情報をデジタル化された数値データとして記録した地図。コンピュータで直接、表示・編集・加工することを前提とする。拡大・縮小が自由で立体表示も可能な数値地図。

電子平板：トータルステーションとの接続を想定して開発された、測量現場専用の小型コンピュータ。観測データをそのまま平板画面上へ描くことができ細部測量に活用される。

電子レベル：コンペンセータと電子画像処理機能を有し、電子レベル専用標尺を検出器で認識し、高さ及び距離を自動的に算出するレベル。

点の記：永久標識の所在地、地目、所有者、順路、スケッチ等、今後の測量に利用するための資料。

東京湾平均海面：明治6年～12年の6年間、東京湾霊岸島で観測された結果を基に定められた平均海面（ジオイド）。基本測量や公共測量の基準となる高さ。

等高線法：数値図化機により等高線を描画しながら一定の距離間隔（図上1mm）又は時間隔（0.3秒）でデータを取得する高さの表現方法。

渡海（河）水準測量：水準路線中に川や谷があって、前視と後視の視準距離を等しくできない場合の観測方法。

トータルステーション（TS）：セオドライトと光波測距儀を一体化したもので、水平角・鉛直角及び距離を一度の視準

付録1 測量用語

で同時に測定できる。

ドット（dpi）：画像や印刷の解像度を表す最小単位の点。ディスプレイの場合は640×480ドット，プリンタの場合は1インチ当たりのドット数が解像度になる。

ナビゲーション：経路誘導システム。

二重位相差：干渉測位において，波数の観測値に含まれる衛星時計と受信機時計の誤差の影響を除去するため，2個の衛星と2個の受信機間での観測値の差を求めることをいう。

ネットワーク型RTK法：配信事業者のデータを利用して，GNSS測量機1台でRTK（リアルタイム・キネマティック）観測を行う方法。3～4級基準点測量に利用する。

倍角差：水平角観測において，2対回以上の対回観測を行ったとき，同一視準点に対する倍角の最大と最小の差。

配信事業者：国土地理院の電子基準点網の観測データ配信を受けている者，又は3点以上の電子基準点を基に測量に利用できる形式でデータを配信している者。

パスポイント：連続する3枚の空中写真の重複部に上，中，下の3点ずつ選んだ点で，コースとコースの重複部に1モデルに1点ずつ選んだタイポイントとで水平位置・標高を求めるための点をいう。

反射プリズム：光波測距儀（主局）の光波を反射する従局に設置するプリズムをいう。1素子反射プリズム，3素子反射プリズムなどがある。

搬送波：GNSS衛星から発信される通信用電波で，L_1帯（波長19cm），L_2帯（波長24cm）の2種類が使用されている。搬送波を変調してC/Aコード，Pコー

ド，航法メッセージをのせて発信し，距離及び軌道情報を提供する。

標高：ある地点の東京湾平均海面（ジオイド）を基準とした高さ。

標準大気モデル：GNSS測量において，解析機の中にセットされている大気情報。GNSS観測時には気候観測を行わないため，誤差は残る。

標準偏差：分散（残差の二乗和を自由度で割った値）の平方根で，測定値のバラツキ（誤差）の大きさを示す。

標定点：空中三角測量及び数値図化において空中写真の標定に必要な基準点又は水準点をいう。

フィックス（FIX）解：基線ベクトルを求めるための数値バイアス（通信用電波である搬送波位相）を最小二乗法で求め確定したときの解をいう。

復旧測量：公共測量によって設置した基準点及び水準点の機能を維持・保全するための測量。

平均図：新点の位置を選定する選定図に基づき，設置する基準点網の平均計算を行うための設計図である。測量計画機関の承認を得る必要がある。

平均計算：基準点測量において，最終結果（最確値）を求める計算で，観測値の標準偏差で判定する。厳密水平網平均計算，及び厳密高低網平均計算（1～2級基準点測量），簡易水平網計算，簡易高低網平均計算（3～4級基準点測量）など各等級区分により定められる。

平均二乗誤差：標準偏差。観測値のバラツキの大きさを表す値。小さいほど，観測精度が高い。

平面距離：球面距離を平面直角座標上に投影したときの距離。平面距離は，球面距離に縮尺係数を掛けて求める。

平面直角座標系：横メルカトル図法を日

315

本に適用した平面座標。公共測量の測量成果は、ガウス・クリューゲルの投影法による平面直角座標で表す。準拠楕円体が世界測地系に変わった結果、各基準点の座標値（X・Y座標，真北方向角，縮尺係数）が変わった（測地成果2000）。

ベクタデータ：図形をX・Yの座標値として表す。図形の要素がすべて起点と終点の座標値とその間の方向性をもった点の並びとする。デジタイザーはこの方式である。この幾何要素の図形間の位置関係を表したものが位相（トポロジー）情報という。

辺：点と隣接する点を繋ぐ測線。

偏角測設法：円曲線の設置法の一つで、セオドライトで偏角を，巻尺で弧長を測って曲線を測設する方法。

編集図：既成図を基図として，編集により作成された地図。

偏心計算：観測器械あるいは測標の中心と標石の中心を通る鉛直線のズレをいい，これを補正することを偏心計算という。

方位：ある地点での子午線の北の方向。

方位角：観測点における真北方向（子午線）を基準として，右回りに測った角。

方向角：座標原点における子午線と平行な線X軸を基準として，右回りに測った角。

放射法：細部測量において，方向線とその距離により地物の位置を求める方法。

放送暦：衛星の楕円運動を決めるために必要なパラメータ（軌道要素）。

真北：ある位置を通る子午線の指す北の方向。コンパスが指す北は磁北。

真北方向角：ある地点での真北を，その地点での局部的な平面座標系の北の方向（子午線）を基準にして表した角度。X軸から右回りの方向を（＋）、左回りを（－）とする。

マルチパス（多重経路）：GNSS衛星の電波が地物からの反射波により直接波に生じる誤差の原因となるもの。

メタデータ：各測量分野の空間データ（測量成果）について，その内容を説明したデータ。空間データのカタログ情報。誰でも閲覧できるようにクリアリングハウスに登録される。

メルカトル図法：投影面を円筒とし，地軸と円筒軸を一致させた正軸円筒図法に等角条件を加えた図法。

モザイク：隣接する正射投影画像をデジタル処理により結合させ，モザイク画像を作成する作業をいう。

用地測量：土地及び境界等について調査し，用地取得等に必要な資料及び図面を作成する測量。

横メルカトル図法：ガウス・クリューゲル図法。メルカトル図法を90°回転させたもので，地軸と円筒軸を直交させた円筒面内に投影した図法。

ラジアン単位：半径 R に対する弧の中心角をいう。角度を長さの比で表す。

ラスタデータ：画面全体に細かいメッシュ（格子）をかけ，その格子の一つひとつに白（0）か黒（1）かの階調（コントラスト）を持ったデータ。スキャナは，この方式で画素という概念に基づく。

リモート・センシング：遠隔計測。物質は温度状態に応じた波長の電磁波を光・赤外線・マイクロ波の形で放射している。この電磁波を利用して物体の種類や状態を調べる技術。

レイヤ管理：地図情報データ（位置情報と属性データ）のうち，地形・地物・注記及び自然・社会・経済の地理情報等

付録1 測量用語

の項目別の属性データをレイヤという。位置情報にレイヤを重ね合せ，地理情報を管理する。

路線：既知点から交点，交点から次の交点，交点から既知点間の辺を順番に繋いでできる測線。

路線測量：道路・鉄道等の線状築造物の計画・設計及び実施のための測量。

路線長：既知点から交点まで，交点から次の交点まで，交点から既知点までの辺長の合計。

路線の辺数：既知点から交点，交点から次の交点まで，交点から既知点までの路線の中の辺数。

CCD：電荷結合素子。光を電気信号に変換する半導体。

GIS：Geographic Information System。地理情報システム。

GNSS観測：GNSS測量機を用いて，GNSS衛星からの電波を受信し，位相データ等を記録する作業をいう。

GNSS測量：Global Navigation Satellite Systems。汎地球航法衛星システム。人工衛星からの信号を用いて位置を決定する衛星測位システムの総称。GPS測量が代表的である。

GNSS測量機：GPS測量機又はGPS及びGLONASS対応の測量機をいう。

GPS：Global Positioning System。GNSS測量のうち，GPS衛星，制御局（DoD），利用者（GPS測量）の3つの分野から構成される汎地球測位システム。電波の送信点と受信点間の伝播時間から2点間の距離を求める。

GRS80楕円体：Geodetic Reference System 1980。国際測地協会が1979年に採択した地球の形状・重力定数・角速度等の地球の物理学的な定数が定められたもの。地球と最も近似している楕円体。

ITRF94座標系：International Terrestrial Reference Frame。国際地球基準座標系。地球中心を原点とし，地球回転軸をZ軸，グリニッジ天文台を通る子午線と赤道面の交点と地球の重心を結んだ軸をX軸，X軸とZ軸に直交する軸をY軸とする3次元直交座標系。

JPGIS：地理情報標準プロファイル。日本国内における地理情報分野に係るルールを規定したもので，国際規格（ISO 191），日本工業規格（JIS X 71）に準拠し，実利用に必要な内容を抽出・体系化した規格。

PCV補正：Phase Center Variation。電波の入射方向によってアンテナの位相中心が変動するのを補正する。

RTK：Real Time Kinematic。リアルタイムキネマティック。固定局側での衛星からの受信情報を移動局側に無線で送り，移動点側でリアルタイムに基線ベクトルを求める観測方法。

TS等観測：トータルステーション（TS），セオドライト，測距儀等の測量機器をTS等といい，これらを用いて，水平角・鉛直角・距離等を観測する作業をいう。

UTM図法：ユニバーサル横メルカトル図法。地球全体を6°の経度帯（Zone）に分けた座標系ごとにガウス・クリューゲル図法で投影した図法。

VLBI測量：超長基線電波干渉計。数億光年の星からの電波を電波望遠鏡で受信し，2地点の距離を求める測量。地殻変動など全地球規模の測量に利用される。

WGS-84座標系：World Geodetic System 1984。米国が構築している世界測地系。その値は，ITRF系とほとんど同一である。

付録2．測量のための数学公式

1．数と式の計算

(1) 計算公式

① 指数法則

m，n は正の整数，$a \neq 0$，$b \neq 0$

$a^m a^n = a^{m+n}$　　$a^{\frac{m}{n}} = \sqrt[n]{a^m}$　$(a > 0)$

$(a^m)^n = a^{mn}$　　$a^0 = 1$

$(ab)^n = a^n b^n$

$a^m \div a^n = \begin{cases} a^{m-n} & (m > n) \\ 1 & (m = n) \\ a^{m-n} = a^{-(n-m)} & \\ \dfrac{1}{a^{n-m}} & (m < n) \end{cases}$

（例）大きい数や 0 に近い数を整数部分が 1 桁の数 a と整数 n を使って表す。

　　$2\,830\,000 = 2.83 \times 10^6$

　　$0.000\,283 = 2.83 \times 10^{-4}$

（例）標準温度 $t_0 = 15℃$，線膨張係数 $\alpha = 1.2 \times 10^{-5}/℃$ の鋼巻尺で，外気温 $t = 25℃$，測定長 200m のとき，温度補正 C_t はいくらか。

　　$C_t = \alpha L\,(t - t_0)$

　　　$= 1.2 \times 10^{-5}/℃ \times 200\text{m}\,(25℃ - 15℃)$

　　　$= 2.4\text{m} \times 10^{-5} \times 10^2 \times 10$

　　　$= 2.4\text{m} \times 10^{-5+2+1} = 2.4\text{m} \times 10^{-2}$

　　　$= 0.024\text{m}$

---

② 等式の基本性質

$A = B$，$B = C$ のとき　$A = C$

$A = B$ のとき　　　　　$A \pm C = B \pm C$

　　　　　　　　　　　　$AC = BC$

　　　　　　　　　　　　$\dfrac{A}{C} = \dfrac{B}{C}$　$(C \neq 0)$

$A = B$，$C = D\,(\neq 0)$ のとき

　　　　　　　　　　　　$A \pm C = B \pm D$

　　　　　　　　　　　　$AC = BD$

　　　　　　　　　　　　$\dfrac{A}{C} = \dfrac{B}{D}$

③ 恒等式

等式の両辺が式として等しい

$(a+b)(c+d) = ac + ad + bc + bd$

$(a+b)(a-b) = a^2 - b^2$

$(a \pm b)^2 = a^2 \pm 2ab + b^2$

$(ax+b)(cx+d) = acx^2 + (ad+bc)x + bd$

$a^2 + b^2 = (a+b)^2 - 2ab$

$4ab = (a+b)^2 - (a-b)^2$

$(a+b+c)^2 = a^2 + b^2 + c^2 + 2bc + 2ca + 2ab$

$a^3 \pm b^3 = (a \pm b)(a^2 \mp ab + b^2)$

(2) 分数式の性質

$\dfrac{mA}{mB} = \dfrac{A}{B}$

$\dfrac{B}{A} + \dfrac{C}{A} = \dfrac{B+C}{A}$　（加法）

$\dfrac{B}{A} - \dfrac{C}{A} = \dfrac{B-C}{A}$　（減法）

$\dfrac{A}{B} \times \dfrac{C}{D} = \dfrac{AC}{BD}$　（乗法）

$\dfrac{A}{B} \div \dfrac{C}{D} = \dfrac{A}{B} \times \dfrac{D}{C} = \dfrac{AD}{BC}$　（除法）

(3) 平方根の性質

2 乗して a になる数

$\sqrt{a^2} = a$

（例）

$\sqrt{0.5} = \sqrt{50 \times 10^{-2}} = 10^{-1}\sqrt{50}$

　　　（関数表より $\sqrt{50} = 7.07\,107$）

　　$= 7.071\,07 \times 10^{-1} = 0.707\,107$

$\sqrt{0.25} = \sqrt{25 \times 10^{-2}}$

　　$= 10^{-1}\sqrt{25} = 0.5$

$a > 0$，$b > 0$ のとき，

$\sqrt{a}\sqrt{b} = \sqrt{ab}$　　$\dfrac{\sqrt{a}}{\sqrt{b}} = \sqrt{\dfrac{a}{b}}$

$k > 0$，$a > 0$ のとき　$\sqrt{k^2 a} = k\sqrt{a}$

絶対値 $\begin{cases} a \geq 0 \text{ならば} & \sqrt{a^2} = |a| = a \\ a < 0 \text{ならば} & \sqrt{a^2} = |a| = -a \end{cases}$

(4) 比例式の性質

$\dfrac{a}{b} = \dfrac{c}{d}$，$\,a:b = c:d$ ならば

① $ad = bc$　（内項の積＝外項の積）

② $\dfrac{a}{c} = \dfrac{b}{d}$，$\dfrac{d}{b} = \dfrac{c}{a}$　（交換の理）

③ $\dfrac{a \pm b}{b} = \dfrac{c \pm d}{d}$ （合比・除比の理）

④ $\dfrac{a+b}{a-b} = \dfrac{c+d}{c-d}$ （合除比の理）

（例）$a:b=4:3$, $b:c=5:7$ のとき
$a:b:c$ は，
$a:b\ \ =4:3$
$\ \ \ \ b:c=\ \ \ \ \ \ 5:7$
$\overline{a:b:c=20:15:21}$

（例）直接水準測量では，軽重率は測定距離に反比例する。路線長が4km, 3km, 6kmのとき，軽重率Pは
$P_1:P_2:P_3 = \dfrac{1}{4}:\dfrac{1}{3}:\dfrac{1}{6}$
$\ \ \ \ \ \ \ \ \ \ \ \ \ = 3:4:2$
（最小公倍数12を掛ける）

(5) 整式の除法

① 除法の基本　$A(x) \div B(x)$ の商を$Q(x)$，余りを$R(x)$とすると
$A(x) = B(x)Q(x) + R(x)$

② 因数定理
$P(x)$が$x-a$で割り切れる $\Leftrightarrow$ $P(a)=0$

2．方程式・不等式

(1) 方程式の解法

① 等式の基本性質：
$a=b$ならば，$a+c=b+c$　$a-c=b-c$
$ma=mb$　特に，$m \neq 0$ のとき $\dfrac{a}{m}=\dfrac{b}{m}$

② 1次方程式：　$ax=b$ の解
$a \neq 0$ のとき　$x=\dfrac{b}{a}$
$a=0$ で $\begin{cases} b=0\text{のとき　全体集合} \\ b \neq 0\text{のとき　解はない} \end{cases}$

③ 連立2元1次方程式
2直線の交点の座標値 (x, y)。元は未知数(x, y)の数，次はx, yの次数（1次）。
$\left.\begin{array}{l} a_1 x + b_1 y = c_1 \\ a_2 x + b_2 y = c_2 \end{array}\right\} \Leftrightarrow$

$x = \dfrac{c_1 b_2 - b_1 c_2}{a_1 b_2 - a_2 b_1}$　$y = \dfrac{a_1 c_2 - a_2 c_1}{a_1 b_2 - a_2 b_1}$

(2) 不等式の基本性質

① $a<b$, $b<c$ ならば，$a<c$

② $a<b$ ならば，$a+c<b+c$, $a-c<b-c$
$m>0$ のとき，$ma<mb$
$m<0$ のとき，$ma>mb$

③ $a<b$, $c<d$ のとき
$\ \ \ \ \ \ \ \ \ \ \ a+c<b+d$, $a-d<b-c$
$0<a<b$, $0<c<d$ のとき
$\ \ \ \ \ \ \ \ \ \ \ ac<bd$, $\dfrac{a}{d}<\dfrac{b}{c}$

(3) 不等式の解法

① 1次不等式：$ax>b$ の解
$a>0$ ならば，$x>\dfrac{b}{a}$
$a<0$ ならば，$x<\dfrac{b}{a}$

② 2次不等式：
$a(x-\alpha)(x-\beta) \geqq 0$ の形に整理する。
$(x-\alpha)(x-\beta)>0 \Leftrightarrow x<\alpha,\ \beta<x$
$(x-\alpha)(x-\beta)<0 \Leftrightarrow \alpha<x<\beta$
（但し，α, βは実数，$\alpha<\beta$）

3．三角比・三角関数

(1) 三角比・逆三角関数

① 定義　$P(x, y)$，$OP=r$，OPがx軸となす角がθのとき，三角形の辺の比は，次のとおり。

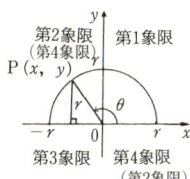

$\sin\theta = \dfrac{y}{r}$
$\cos\theta = \dfrac{x}{r}$
$\tan\theta = \dfrac{y}{x}$

第2象限（第4象限）　第1象限
$P(x, y)$
第3象限　第4象限（第2象限）

（注）（　）は測量で扱う象限（時計回り）

② 逆三角関数
2辺の比より，θを求める。

$\theta = \sin^{-1}\dfrac{y}{r}$（アークサイン）

$\theta = \cos^{-1}\dfrac{x}{r}$（アークコサイン）

$\theta = \tan^{-1}\dfrac{y}{x}$（アークタンジェント）

319

（例） AB＝3.56m, OB＝5.62m のとき，高低角θはいくらか。

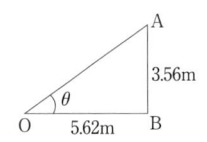

$\theta = \tan^{-1}\dfrac{3.56}{5.62} = \tan^{-1} 0.633$
関数表（P327）より，$\theta ≒ 32°$

（注） 測量では南北（子午線）方向をx軸，東西方向をy軸とする。数字と座標軸が異なる。

（注） 角はx軸を基準に，数学では反時計回りを正，測量では時計回りを正とする。象限も時計回りにとる。

③ 三角比の主な値

	0°	30°	45°	60°	90°	120°	150°
$\sin\theta$	0	$\dfrac{1}{2}$	$\dfrac{1}{\sqrt{2}}$	$\dfrac{\sqrt{3}}{2}$	1	$\dfrac{\sqrt{3}}{2}$	$\dfrac{1}{2}$
$\cos\theta$	1	$\dfrac{\sqrt{3}}{2}$	$\dfrac{1}{\sqrt{2}}$	$\dfrac{1}{2}$	0	$-\dfrac{1}{2}$	$-\dfrac{\sqrt{3}}{2}$
$\tan\theta$	0	$\dfrac{1}{\sqrt{3}}$	1	$\sqrt{3}$	∞	$-\sqrt{3}$	$-\dfrac{1}{\sqrt{3}}$

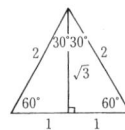

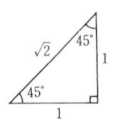

④ 三角比の相互関係：
$\tan\theta = \dfrac{\sin\theta}{\cos\theta}$
$\sin^2\theta + \cos^2\theta = 1$
$1 + \tan^2\theta = \dfrac{1}{\cos^2\theta}$

(2) 三角形と三角比
① 正弦定理：$\dfrac{a}{\sin A} = \dfrac{b}{\sin B} = \dfrac{c}{\sin C} = 2R$
 （Rは外接円の半径）
② 余弦定理：$a^2 = b^2 + c^2 - 2bc\cos A$
 $\cos A = \dfrac{b^2 + c^2 - a^2}{2bc}$

③ 面積：
・2辺とそのはさむ角：$S = \dfrac{1}{2}bc\sin A$
・ヘロンの公式：$S = \sqrt{s(s-a)(s-b)(s-c)}$
 但し，（$2s = a + b + c$）

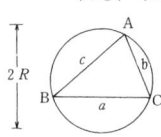

（例） 3辺の長さが25cm, 17cm, 12cmの三角形の面積は，
$2s = a + b + c = 54$, $s = 27$
$S = \sqrt{27(27-25)(27-17)(27-12)}$
$= 90 \text{cm}^2$

(3) 三角関数（還元公式）
① $-\theta$とθの関係（還元公式）
$\sin(-\theta) = -\sin\theta$
$\cos(-\theta) = \cos\theta$
$\tan(-\theta) = -\tan\theta$

② $90°\pm\theta$の公式（還元公式）
$\sin(90°\pm\theta) = \cos\theta$
$\cos(90°\pm\theta) = \mp\sin\theta$
$\tan(90°\pm\theta) = \mp\cot\theta$

③ $\pi\pm\theta$の公式（$\pi = 180°$）（還元公式）
$\sin(180°\pm\theta) = \mp\sin\theta$
$\cos(180°\pm\theta) = -\cos\theta$
$\tan(180°\pm\theta) = \pm\tan\theta$

④ $2n\pi + \theta$の公式（還元公式）
動径OPのなす角θ（rad）

$2n\pi + \theta$ ($0 \leq \theta \leq 2\pi$)
($n = 0, \pm1, \pm2, \cdots$)

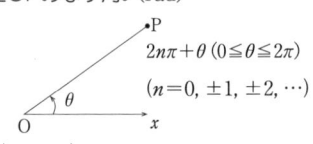

$\sin(2n\pi + \theta) = \sin\theta$
$\cos(2n\pi + \theta) = \cos\theta$
$\tan(2n\pi + \theta) = \tan\theta$

象限	1	2	(4)	3	4	(2)
$\sin\theta$	＋	＋	(－)	－	－	(＋)
$\cos\theta$	＋	－	(＋)	－	＋	(－)
$\tan\theta$	＋	－	(－)	＋	－	(－)

（ ） 測量での象限

（注） 試験で配布される関数表（P327）は90°までである。還元公式によって90°以下にする。

（例） $\sin 210° = \sin(180° + 30°)$
$= -\sin 30° = -0.5$
$\cos 210° = \cos(180° + 30°)$
$= -\cos 30° = -\sqrt{3}/2$
$\tan 210° = \tan(180° + 30°)$
$= \tan 30° = 1/\sqrt{3}$
$\sin 150° = \sin(180° - 30°)$
$= \sin 30° = 0.5$
$\cos 150° = \cos(180° - 30°)$
$= -\cos 30° = -\sqrt{3}/2$

(4) **弧度法（ラジアン）**

① 半径 R に等しい弧に対する中心角 θ は，円の大きさに関係なく常に一定である。この一定の角を1ラジアン（rad）とする。

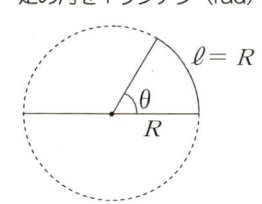

$\ell = R$

- 1ラジアン $= \dfrac{180°}{\pi} = 57°17'45''$
  $= 206\,265'' = 2'' \times 10^5 = \rho''$
  （円の半径に等しい弧の中心角）
- π （rad） $= 180°$
- $1° = \dfrac{\pi}{180} = 0.01745$ （rad）

② $\alpha°$ を θ （rad）で表すと
$180° : \pi = \alpha° : \theta$ より
$\alpha° = \dfrac{180°}{\pi}\theta, \quad \theta = \dfrac{\pi}{180°}\alpha°$

③ 弧度法に対して度（°）を単位として角を測る方法（$1° = 60'$，$1' = 60''$）を60進法（**度数法**）という。

（例） $20° = \dfrac{\pi}{180°} \times 20° = 0.349$ （rad）
$2\,\text{rad} = \dfrac{180°}{\pi} \times 2 = 114°35'30''$

④ 扇形の弧長と面積
弧長 $\ell = r\theta$
面積 $S = \dfrac{1}{2}r^2\theta$

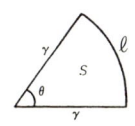

（例） 1km先にある幅10cmをはさむ角度はいくらか。

$\ell = 10$cm
$L = 1$km

$\theta \fallingdotseq \sin\theta \fallingdotseq \tan\theta = \dfrac{0.1\,\text{m}}{1\,000\,\text{m}}$
$= 10^{-4}\,\text{rad} = 10^{-4} \times 2'' \times 10^5 = 20''$
（1 rad は，$\rho'' = 2'' \times 10^5$ 秒と覚えておくこと。）

4．図形と方程式

(1) **図形の性質**

① 平行線と角：平行な2直線 m, n が1直線 ℓ が交わるとき
- 同位角は等しい（$a = a'$）。
- 錯角は等しい（$a = c'$）。

2直線が1直線に交わるとき
- 同位角が等しければ，2直線は平行
- 錯角が等しければ，2直線は平行

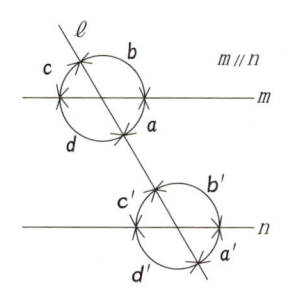

$m \parallel n$

② 多角形の角（$\angle R = 90°$）
- n 角形の内角の和は，$(2n-4)\angle R$
- 外角の和は，辺数に関係なく $4\angle R$

付録2 数学公式

321

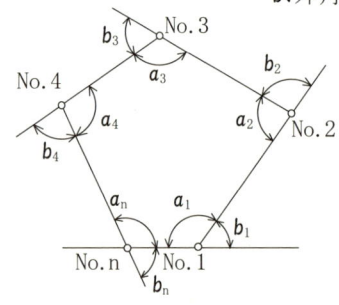

a:内角
b:外角

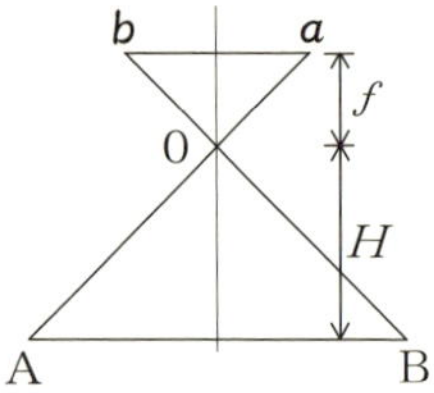

⑥ 平行四辺形：
・対角は等しい。
（∠A＝∠C, ∠B＝∠D）
・対辺は等しい。（AD＝BC, AB＝CD）
・対角線は互に他を2等分する。
（AO＝OC, BO＝OD）

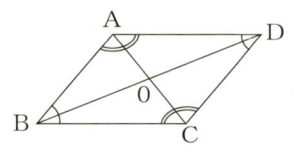

（例） 8角形の内角の和が$1\,079°52'$のとき，その誤差は
誤差＝$1\,079°52' - (2\times 8 - 4)\times 90° = 8'$

③ 直角三角形（∠c＝90°）：
$c^2 = a^2 + b^2$ （ピタゴラスの定理）

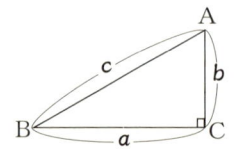

④ 三角形の合同条件：
・対応する3組の辺が等しい。
・2組の辺ときょう角が等しい。
・1辺と両端角が等しい。

⑤ 三角形の相似条件：
・3組の辺の比が等しい。
・2組の辺の比ときょう角が等しい。
・2組の角が等しい。

（例） △OAB∽△Oabのとき
相似比＝$\dfrac{ab}{AB} = \dfrac{f}{H}$

(2) 点・距離
O (0, 0), A (x_1, y_1), B (x_2, y_2) のとき
距離 AB＝$\sqrt{(x_2 - x_1)^2 + (y_2 - y_1)^2}$

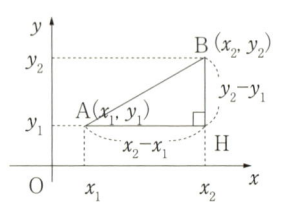

（例） 線分ABの長さを求めよ。
A(80.24m, 21.72m),
B(172.36m, 257.02m)
AB＝$\sqrt{(172.36 - 80.24)^2 - (257.02 - 21.72)^2}$
＝252.69m

5．ベクトル

ベクトル$\vec{a}$を一つの平面で考えるとき，平面ベクトルといい，空間で考えるとき，空間ベクトルという。

(1) ベクトルの和・差：
平行四辺形を作って作図する。
$\overrightarrow{OB} = \overrightarrow{OA} + \overrightarrow{AB} = \vec{a} + \vec{b}$（加法）
$\overrightarrow{BA} = \overrightarrow{OA} - \overrightarrow{OB} = \vec{a} - \vec{b}$（減法）
$\overrightarrow{BA} = -\overrightarrow{AB}$（逆ベクトル）

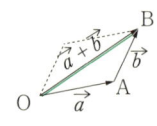

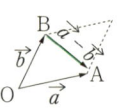

（注）
- $\vec{a}+\vec{b}$は，$\vec{a}$の終点を$\vec{b}$の始点として，$\vec{a}$，$\vec{b}$をつぎたすとき，$\vec{a}$の始点から$\vec{b}$の終点へ向かうベクトル。
- $\vec{a}-\vec{b}$は，$\vec{a}$，$\vec{b}$の始点を一致させるとき，$\vec{b}$の終点から$\vec{a}$の終点に向かうベクトル。

(2) 定数倍：伸長・縮小（実数との積）
$\vec{a}=\overrightarrow{OA}$，$k\vec{a}=\overrightarrow{OP}$ならば，$\overrightarrow{OP}=|k|\overrightarrow{OA}$
（向きが$k>0$なら一致，$k<0$なら逆）

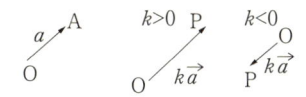

(3) ベクトルの演算
① 交換法則　：$\vec{a}+\vec{b}=\vec{b}+\vec{a}$
② 結合法則　：$(\vec{a}+\vec{b})+\vec{c}=\vec{a}+(\vec{b}+\vec{c})$
③ $\vec{0}$の性質　：$\vec{a}+\vec{0}=\vec{0}+\vec{a}=\vec{a}$
④ 逆ベクトル：$\vec{a}+(-\vec{a})=(-\vec{a})+\vec{a}=0$
⑤ h，kは実数 $h(k\vec{a})=(hk)\vec{a}$
$(h+k)\vec{a}=h\vec{a}+k\vec{a}$
$h(\vec{a}+\vec{b})=h\vec{a}+h\vec{b}$

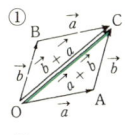

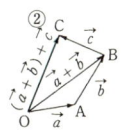

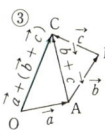

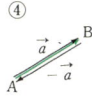

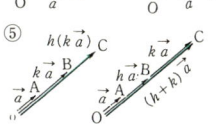

(4) ベクトルの成分（平面ベクトル）
① ベクトルの成分と大きさ
$\vec{a}=(x, y)$のとき，
$|\vec{a}|=\sqrt{x^2+y^2}$
② ベクトルの相等
$\vec{a}=(x_1, y_1)$，$\vec{b}=(x_2, y_2)$のとき
$\vec{a}=\vec{b} \Leftrightarrow x_1=x_2, y_1=y_2$
③ ベクトルの成分による計算
$\vec{a}=(x_1, y_1)$，$\vec{b}=(x_2, y_2)$，k：実数
$\vec{a}\pm\vec{b}=(x_1\pm x_2, y_1\pm y_2)$
$k\vec{a}=(kx_1, ky_1)$

④ ベクトルの成分
$\overrightarrow{OA}+\overrightarrow{AB}=\overrightarrow{OB}$より
$\overrightarrow{AB}=\overrightarrow{OB}-\overrightarrow{OA}$
$\overrightarrow{AB}=(x_2-x_1, y_2-y_1)$

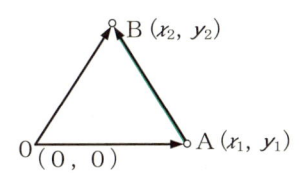

（例） 2つのベクトル$\vec{a}$，$\vec{b}$のなす角60°，大きさ$|\vec{a}|=3$，$|\vec{b}|=5$のとき，$\vec{c}$の大きさと，$\vec{c}$，$\vec{b}$のなす角αはいくらか。

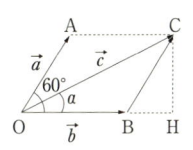

余弦定理より
$|\vec{c}|=\sqrt{|\vec{a}|^2+|\vec{b}|^2-2|\vec{a}||\vec{b}|\cos 120°}$
$\quad =7$
$CH=3\sin 60°=1.5\sqrt{3}$
$BH=3\cos 60°=1.5$
$\alpha=\tan^{-1}\dfrac{CH}{OH}=\tan^{-1}0.400 \fallingdotseq 22°$
関数表より$0.40403=\tan 22°$

⑤ 空間ベクトル
A点，B点の空間ベクトルの成分を
A(x_1, y_1, z_1)，B(x_2, y_2, z_2)のとき
$\overrightarrow{OA}+\overrightarrow{AB}=\overrightarrow{OB}$より
$\overrightarrow{AB}=\overrightarrow{OB}-\overrightarrow{OA}$
$\quad =(x_2, y_2, z_2)-(x_1, y_1, z_1)$
$\quad =(x_2-x_1, y_2-y_1, z_2-z_1)$

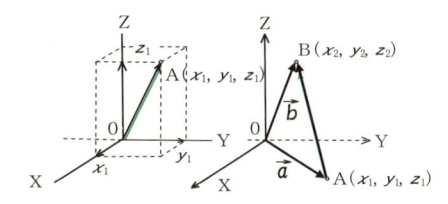

付録2 数学公式

6．行列と行列式

数字や文字を長方形上に並べたものを行列（マトリックス）という。行列はそれ自体（　）でくくったもので演算のルールをもたない。なお，1行又は1列しかない行列を行ベクトル，列ベクトルという。

成分の横の並びを行，縦の並びを列という。i行，j列の成分を(i, j)で表す。

(1) 行列
① 行列の加法，減法，実数倍

$$\begin{pmatrix} a & b \\ c & d \end{pmatrix} \pm \begin{pmatrix} p & q \\ r & s \end{pmatrix} = \begin{pmatrix} a\pm p & b\pm q \\ c\pm r & d\pm s \end{pmatrix}$$

$$k\begin{pmatrix} a & b \\ c & d \end{pmatrix} = \begin{pmatrix} ka & kb \\ kc & kd \end{pmatrix}$$

② 行列と列ベクトルの積

$$\begin{pmatrix} a & b \\ c & d \end{pmatrix}\begin{pmatrix} p \\ q \end{pmatrix} = \begin{pmatrix} ap & bq \\ cp & dq \end{pmatrix}$$

③ 行列と行列の積

$$\begin{pmatrix} a & b \\ c & d \end{pmatrix}\begin{pmatrix} p & q \\ r & s \end{pmatrix} = \begin{pmatrix} ap+br & aq+bs \\ cp+dr & cq+ds \end{pmatrix}$$

④ 逆行列

$A = \begin{pmatrix} a & b \\ c & d \end{pmatrix}$　$\Delta = ad-bc \neq 0$のとき

逆行列 $A^{-1} = \dfrac{1}{\Delta}\begin{pmatrix} -d & b \\ c & -a \end{pmatrix}$

（例）$3x+7y=1$，$x+2y=0$の解x, yはいくらか。

$$\begin{pmatrix} 3 & 7 \\ 1 & 2 \end{pmatrix}\begin{pmatrix} x \\ y \end{pmatrix} = \begin{pmatrix} 1 \\ 0 \end{pmatrix}$$

$A = \begin{pmatrix} 3 & 7 \\ 1 & 2 \end{pmatrix}$, $A^{-1} = \begin{pmatrix} -2 & 7 \\ 1 & -3 \end{pmatrix}$

$$\begin{pmatrix} x \\ y \end{pmatrix} = A^{-1}\begin{pmatrix} 1 \\ 0 \end{pmatrix} = \begin{pmatrix} -2 & 7 \\ 1 & -3 \end{pmatrix}\begin{pmatrix} 1 \\ 0 \end{pmatrix} = \begin{pmatrix} -2 \\ 1 \end{pmatrix}$$

∴ $x = -2, y = 1$

---

(2) 行列式

3次の行列 $\begin{pmatrix} a & b & c \\ d & e & f \\ g & h & i \end{pmatrix}$ を $\begin{vmatrix} a & b & c \\ d & e & f \\ g & h & i \end{vmatrix}$

と表したものを3次の行列式という。
i行，j列の要素を(i, j)で表す

行列式の計算は次のとおり。
① $(1,1)$要素＋，$(1,2)$要素－，……
　$(2,1)$要素－，$(2,2)$要素＋，……
　と交互に＋，－を付ける。
② (i, j)要素の属する行と列を取り除いた小型の行列式と，その(i, j)要素の積をつくる。
③ その代数和をつくる。

2次行列式

$$\begin{vmatrix} a^{(+)} & b^{(-)} \\ c^{(-)} & d^{(+)} \end{vmatrix} = ad-bc$$

3次行列式

(i, j)要素の属する行と列を取り除いた小型の行列式をつくる。

$$\begin{vmatrix} a & b & c \\ d & e & f \\ g & h & i \end{vmatrix} = a\begin{vmatrix} e & f \\ h & i \end{vmatrix} - b\begin{vmatrix} d & f \\ g & i \end{vmatrix} + c\begin{vmatrix} d & e \\ g & k \end{vmatrix}$$

$$= a(ei-fh) - b(di-gf) + c(dk-eg)$$

行列式の性質は次のとおり
① 行と列を入れ替えても行列式の値は変わらない。
② どれか2つの行又は列を入れ替えると逆符号の値となる。
③ どれか2つの行又は列が同じ要素から成っている場合，その行列式の値は0である。
④ どれか1つの行又は列の要素が，すべてK倍のとき，Kは行列式の外に出せる（$K \neq 0$，Kは実数）。

（例）$\begin{vmatrix} 4 & -1 & 5 \\ -3 & 4 & 0 \\ 1 & 3 & 6 \end{vmatrix} = 4\begin{vmatrix} 4 & 0 \\ 3 & 6 \end{vmatrix} - (-1)\begin{vmatrix} -3 & 0 \\ 1 & 6 \end{vmatrix}$

$\qquad\qquad\qquad + 5\begin{vmatrix} -3 & 4 \\ 1 & 3 \end{vmatrix}$

$= 4(24-0) + 1(-18+0) + 5(-9-4)$

$= 13$

7．確率・統計

(1) 二項定理（展開式）

二項定理 $(a+b)^n = \sum_{r=0}^{n} {}_nC_r a^{n-1} b^r$ の展開式の各項の係数 ${}_nC_r (r=0, 1, 2, \cdots\cdots n)$ を二項係数という。

$$(1+x)^n = 1 + nx + \frac{n(n-1)}{1 \cdot 2}x^2 + \cdots\cdots$$
$$+ \frac{n(n-1)(n-2)\cdots(n-r+1)}{1 \cdot 2 \cdot 3 \cdot\cdots\cdots r}x^r$$

（但し，$-1 < x < 1$）

① $n=2$ のとき，
$$(1+x)^2 = 1 + 2x + \frac{2(2-1)}{1 \cdot 2}x^2$$
$$= 1 + 2x + x^2$$

② $n=-1$ のとき，
$$(1+x)^{-1} = 1 - x + \frac{-1(-1-1)}{1 \cdot 2}x^2 - \cdots$$
$$= 1 - x + x^2 - \cdots\cdots$$

③ $n=\frac{1}{2}$ のとき，
$$(1\pm x)^{\frac{1}{2}} = 1 \pm \frac{1}{2}x - \frac{1}{8}x^2 \pm \frac{1}{16}x^3 - \cdots$$

④ $n=-\frac{1}{2}$ のとき，
$$(1\pm x)^{-\frac{1}{2}} = 1 \mp \frac{1}{2}x - \frac{3}{8}x^2 \mp \frac{5}{16}x^3 + \cdots$$

（例） 傾斜補正 C_g を求めよ。
$$L = \sqrt{L_0^2 - H^2}$$
$$= L_0\left(1 - \frac{H^2}{L_0^2}\right)^{\frac{1}{2}}$$
$$= L_0\left(1 - \frac{H^2}{2L_0^2} - \frac{H^4}{8L_0^4}\cdots\cdots\right)$$
$$\fallingdotseq L_0 - \frac{H^2}{2L_0}$$
$$\therefore C_g = L_0 - L = \frac{H^2}{2L_0}$$

(2) 度数分布

測定値の精密さを分散，標準偏差で表す。
測定値 $\ell_1, \ell_2, \cdots\cdots\ell_n$ のとき

① 最確値 $M = \frac{\ell_1 + \ell_2 + \cdots + \ell_n}{n}$

② 残差 $v = \ell_1 - M$

③ 分散 $V = \frac{\Sigma v^2}{n} = \frac{[vv]}{n}$

$$= \frac{\sum_{i=1}^{n}(\ell_i - M)^2}{n}$$

④ 1観測 $(\ell_1, \ell_2 \cdots \ell_n)$ の標準偏差 m
$$m = \sqrt{\frac{[vv]}{n-1}} = \sqrt{\frac{\sum_{i=1}^{n}(\ell_i - M)^2}{n-1}}$$
$n-1$：自由度

⑤ 最確値 M の標準偏差 m_0

最確値 $M = \frac{1}{n}\ell_1 + \frac{1}{n}\ell_2 + \cdots + \frac{1}{n}\ell_n$

$\ell_1, \ell_2, \cdots \ell_n$ は同精度とすれば
誤差の伝播により
$$m_0 = \sqrt{m_1^2 + m_2^2 + \cdots + m_n^2}$$
$$m_0^2 = m^2\left(\frac{1}{n^2} + \frac{1}{n^2} + \cdots + \frac{1}{n^2}\right) = \frac{m^2}{n}$$
$$\therefore m_0 = \sqrt{\frac{m}{n}} = \sqrt{\frac{[vv]}{n(n-1)}}$$
$$= \sqrt{\frac{\sum_{i=1}^{n}(\ell_i - M)^2}{n(n-1)}}$$

8．微分法

関数 $F(x)$ の導関数を $F'(x) = \frac{dF(x)}{dx}$ で表す。

$$\boxed{F'(x) = f(x)} \xrightarrow[\longleftarrow (微分)]{\longrightarrow (積分)} \boxed{F(x) = \int f(x)dx}$$

微分は，関数 $F(x)$ の変化率を見る（微視的）。積分は，その結果を見る（巨視的）。

(1) 微分の公式

① $y = u \pm v$ のとき，
$$\frac{dy}{dx} = \frac{du}{dx} \pm \frac{dv}{dx} = u' \pm v'$$

② $y = u \cdot v$ のとき，
$$\frac{dy}{dx} = \frac{du}{dx}v + u\frac{dv}{dx} = u'v \pm uv'$$

③ $y = \frac{u}{v}$ のとき，
$$\frac{dy}{dx} = \frac{\frac{du}{dx}v - u\frac{dv}{dx}}{v^2} = \frac{u'v - uv'}{v^2}$$

④ 合成関数：$z = g(y)$，$y = f(x)$ のとき，
$$\frac{dz}{dx} = \frac{dz}{dy} \cdot \frac{dy}{dx}$$

（例）　$y=(2x+5)^5$
　　　　$z=2x+5$ とおくと，$y=z^5$
　　　　$\dfrac{dz}{dx}=2, \quad \dfrac{dy}{dz}=5z^4$
　　　　$\dfrac{dy}{dx}=\dfrac{dz}{dx}\cdot\dfrac{dy}{dz}=2\cdot 5z^4$
　　　　$\phantom{\dfrac{dy}{dx}}=10(2x+5)$

(2) マクローリンの展開式（近似式）

① $(1+x)^k=1+kx+\dfrac{k(k-1)}{1\cdot 2}x^2+\dfrac{k(k-1)(k-2)}{1\cdot 2\cdot 3}x^3+\cdots\cdots$

② $\dfrac{1}{1\pm x}=1\mp x+x^2\mp x^3+\cdots\cdots$

③ $\dfrac{1}{(1\pm x)^2}=1\mp 2x+3x^2\mp 4x^3+\cdots\cdots$

④ $(1\pm x)^{\frac{1}{2}}=1\pm\dfrac{1}{2}x-\dfrac{1}{8}x^2\pm\dfrac{1}{16}x^3-\cdots\cdots$

⑤ $\sin x=x-\dfrac{x^3}{3!}+\dfrac{x^5}{5!}-\cdots\cdots$

⑥ $\cos x=1-\dfrac{x^2}{2!}+\dfrac{x^4}{4!}-\cdots\cdots$

⑦ $\tan x=x+\dfrac{x^3}{3}+\dfrac{2}{15}x^5+\cdots\cdots$

（例）　半径 R の弧長 c と弦長 ℓ の差は，

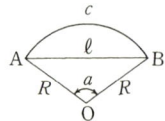

$\ell=2R\sin\dfrac{\alpha}{2}$

$\sin\dfrac{\alpha}{2}=\dfrac{\alpha}{2}-\dfrac{1}{3!}\left(\dfrac{\alpha}{2}\right)^3+\dfrac{1}{5!}\left(\dfrac{\alpha}{2}\right)^5+\cdots$

$c=R\alpha$ から　$\alpha=\dfrac{c}{R}$

$\sin\dfrac{\alpha}{2}=\dfrac{c}{2R}-\dfrac{1}{6}\left(\dfrac{c}{2R}\right)^3+\cdots\cdots$

$\therefore \ell=2R\left(\dfrac{c}{2R}-\dfrac{1}{6}\cdot\dfrac{c^3}{8R^3}+\cdots\right)$

$\fallingdotseq c-\dfrac{c^3}{24R^2}$

$c-\ell=\dfrac{c^3}{24R^3}$

（例）　x が微小のとき，次のとおり。
　　　　$\sin x\fallingdotseq x$
　　　　$\cos x\fallingdotseq 1$
　　　　$\tan x\fallingdotseq x$

9．積分法

(1) 不定積分

$\displaystyle\int x^n dx=\dfrac{x^{n+1}}{n+1}+c$

$\displaystyle\int (ax+b)^n dx=\dfrac{1}{a}\cdot\dfrac{(ax+b)^{n+1}}{n+1}+c$

(2) 定積分

① $F'(x)=f(x)$ とすれば

$\displaystyle\int_a^b f(x)dx=\Big[F(x)\Big]_a^b=F(b)-F(a)$

$\displaystyle\int_a^b x^r dx=\left[\dfrac{1}{r+1}x^{r+1}\right]_a^b$

② $x=g(t), a=g(\alpha), b=g(\beta)$ のとき

$\displaystyle\int_a^b f(x)dx=\int_\alpha^\beta f(g(t))g'(t)dt$

（例）　$\displaystyle\int_1^4(x-2)(2x-1)dx$
　　　　$=\displaystyle\int_1^4(2x^2-5x+2)dx$
　　　　$=2\displaystyle\int_1^4 x^2 dx-5\int_1^4 x dx+2\int_1^4 dx$
　　　　$=2\left[\dfrac{1}{3}x^3\right]_1^4-5\left[\dfrac{1}{2}x^2\right]_1^4+2\Big[x\Big]_1^4$
　　　　$=\dfrac{2}{3}(4^3-1^3)-\dfrac{5}{2}(4^2-1^2)+2(4-1)$
　　　　$=10.5$

（例）　$\displaystyle\int_0^1 x(1-x)^5 dx$

$1-x=t$ とおくと，$x=1-t, \dfrac{dx}{dt}=-1$

$t=1$ のとき $x=0$，$t=0$ のとき $x=1$

$\displaystyle\int_0^1 x(1-x)^5 dx=\int_0^1(1-t)t^5(-1)dt$

$=\displaystyle\int_1^0(t^6-t^5)dt=\left[\dfrac{1}{7}t^7-\dfrac{1}{6}t^6\right]_1^0=\dfrac{1}{42}$

関 数 表

問題文中に数値が明記されている場合は，その値を使用すること（試験時配布）。

平方根

	$\sqrt{\ }$		$\sqrt{\ }$
1	1.00000	51	7.14143
2	1.41421	52	7.21110
3	1.73205	53	7.28011
4	2.00000	54	7.34847
5	2.23607	55	7.41620
6	2.44949	56	7.48331
7	2.64575	57	7.54983
8	2.82843	58	7.61577
9	3.00000	59	7.68115
10	3.16228	60	7.74597
11	3.31662	61	7.81025
12	3.46410	62	7.87401
13	3.60555	63	7.93725
14	3.74166	64	8.00000
15	3.87298	65	8.06226
16	4.00000	66	8.12404
17	4.12311	67	8.18535
18	4.24264	68	8.24621
19	4.35890	69	8.30662
20	4.47214	70	8.36660
21	4.58258	71	8.42615
22	4.69042	72	8.48528
23	4.79583	73	8.54400
24	4.89898	74	8.60233
25	5.00000	75	8.66025
26	5.09902	76	8.71780
27	5.19615	77	8.77496
28	5.29150	78	8.83176
29	5.38516	79	8.88819
30	5.47723	80	8.94427
31	5.56776	81	9.00000
32	5.65685	82	9.05539
33	5.74456	83	9.11043
34	5.83095	84	9.16515
35	5.91608	85	9.21954
36	6.00000	86	9.27362
37	6.08276	87	9.32738
38	6.16441	88	9.38083
39	6.24500	89	9.43398
40	6.32456	90	9.48683
41	6.40312	91	9.53939
42	6.48074	92	9.59166
43	6.55744	93	9.64365
44	6.63325	94	9.69536
45	6.70820	95	9.74679
46	6.78233	96	9.79796
47	6.85565	97	9.84866
48	6.92820	98	9.89949
49	7.00000	99	9.94987
50	7.07107	100	10.00000

三角関数

度	sin	cos	tan	度	sin	cos	tan
0	0.00000	1.00000	0.00000				
1	0.01745	0.99985	0.01746	46	0.71934	0.69466	1.03553
2	0.03490	0.99939	0.03492	47	0.73135	0.68200	1.07237
3	0.05234	0.99863	0.05241	48	0.74314	0.66913	1.11061
4	0.06976	0.99756	0.06993	49	0.75471	0.65606	1.15037
5	0.08716	0.99619	0.08749	50	0.76604	0.64279	1.19175
6	0.10453	0.99452	0.10510	51	0.77715	0.62932	1.23490
7	0.12187	0.99255	0.12278	52	0.78801	0.61566	1.27994
8	0.13917	0.99027	0.14054	53	0.79864	0.60182	1.32704
9	0.15643	0.98769	0.15838	54	0.80902	0.58779	1.37638
10	0.17365	0.98481	0.17633	55	0.81915	0.57358	1.42815
11	0.19081	0.98163	0.19438	56	0.82904	0.55919	1.48256
12	0.20791	0.97815	0.21256	57	0.83867	0.54464	1.53986
13	0.22495	0.97437	0.23087	58	0.84805	0.52992	1.60033
14	0.24192	0.97030	0.24933	59	0.85717	0.51504	1.66428
15	0.25882	0.96593	0.26795	60	0.86603	0.50000	1.73205
16	0.27564	0.96126	0.28675	61	0.87462	0.48481	1.80405
17	0.29237	0.95630	0.30573	62	0.88295	0.46947	1.88073
18	0.30902	0.95106	0.32492	63	0.89101	0.45399	1.96261
19	0.32557	0.94552	0.34433	64	0.89879	0.43837	2.05030
20	0.34202	0.93969	0.36397	65	0.90631	0.42262	2.14451
21	0.35837	0.93358	0.38386	66	0.91355	0.40674	2.24604
22	0.37461	0.92718	0.40403	67	0.92050	0.39073	2.35585
23	0.39073	0.92050	0.42447	68	0.92718	0.37461	2.47509
24	0.40674	0.91355	0.44523	69	0.93358	0.35837	2.60509
25	0.42262	0.90631	0.46631	70	0.93969	0.34202	2.74748
26	0.43837	0.89879	0.48773	71	0.94552	0.32557	2.90421
27	0.45399	0.89101	0.50953	72	0.95106	0.30902	3.07768
28	0.46947	0.88295	0.53171	73	0.95630	0.29237	3.27085
29	0.48481	0.87462	0.55431	74	0.96126	0.27564	3.48741
30	0.50000	0.86603	0.57735	75	0.96593	0.25882	3.73205
31	0.51504	0.85717	0.60086	76	0.97030	0.24192	4.01078
32	0.52992	0.84805	0.62487	77	0.97437	0.22495	4.33148
33	0.54464	0.83867	0.64941	78	0.97815	0.20791	4.70463
34	0.55919	0.82904	0.67451	79	0.98163	0.19081	5.14455
35	0.57358	0.81915	0.70021	80	0.98481	0.17365	5.67128
36	0.58779	0.80902	0.72654	81	0.98769	0.15643	6.31375
37	0.60182	0.79864	0.75355	82	0.99027	0.13917	7.11537
38	0.61566	0.78801	0.78129	83	0.99255	0.12187	8.14435
39	0.62932	0.77715	0.80978	84	0.99452	0.10453	9.51436
40	0.64279	0.76604	0.83910	85	0.99619	0.08716	11.43005
41	0.65606	0.75471	0.86929	86	0.99756	0.06976	14.30067
42	0.66913	0.74314	0.90040	87	0.99863	0.05234	19.08114
43	0.68200	0.73135	0.93252	88	0.99939	0.03490	28.63625
44	0.69466	0.71934	0.96569	89	0.99985	0.01745	57.28996
45	0.70711	0.70711	1.00000	90	1.00000	0.00000	*****

付録3 関数表

ギリシア文字

大文字 [立体]	大文字 [イタリック]	小文字	読み方	大文字 [立体]	大文字 [イタリック]	小文字	読み方
A	A	α	アルファ	N	N	ν	ニュー
B	B	β	ベータ	Ξ	Ξ	ξ	クシーグザイ
Γ	Γ	γ	ガンマ	O	O	o	オミクロン
Δ	Δ	δ	デルタ	Π	Π	$\pi\tilde{\omega}$	ピーパイ
E	E	$\varepsilon\epsilon$	エプシロンイプシロン	P	P	ρ	ロー
Z	Z	ζ	ゼータ	Σ	Σ	$\sigma\varsigma$	シグマ
H	H	η	エータイータ	T	T	τ	タウ
Θ	Θ	$\theta\vartheta$	シータテータ	Υ	Υ	υ	ウプシロン
I	I	ι	イオタ	Φ	Φ	$\phi\varphi$	フィーファイ
K	K	κ	カッパ	X	X	χ	キーカイ
Λ	Λ	λ	ラムダ	Ψ	Ψ	$\psi\phi$	プシープサイ
M	M	μ	ミュー	Ω	Ω	ω	オメガ

接頭語

10^0	1	10^0	1
10^1	da(デカ)	10^{-1}	d(デシ)
10^2	h(ヘクト)	10^{-2}	c(センチ)
10^3	k(キロ)	10^{-3}	m(ミリ)
10^6	M(メガ)	10^{-6}	μ(マイクロ)
10^9	G(ギガ)	10^{-9}	n(ナノ)
10^{12}	T(テラ)	10^{-12}	p(ピコ)

索 引

あ

RTK	111,317
RTK法	114,136
ITRF94系	46,68
ITRF94系三次元直交座標	22
ITRF94座標系	112,317
IPの設置	274
アナログデータ	308

い

緯距	97,308
緯線	232
位相構造化	308
1観測	31
1観測の標準偏差	29,31
一条線	253
位置情報	60
1点法	291
1ラジアン	38
1級基準点	70
1級基準点測量	70
1級水準測量	138
1級水準点	138
1対回	308
1対回観測	85
一般図	239,308
緯度	232
移動局	310
陰影	222
引照点	306,308

え

永久標識	308
永久標識及び一時標識に関する通知	56
衛星測位	61,308
エポック	308

円曲線	279
円形気泡管の調整	146
円錐図法	233
鉛直角	88
鉛直軸誤差	76,148
鉛直写真	197
鉛直点	197
円筒図法	24,233

お

横断測量	275,277
応用測量	308
オーバーラップ	201,308
オフセット法	171
オフライン方式	169
オリジナルデータ	218,308
オンザフライ法（OTF）	308
温度補正	78
オンライン方式	169

か

外心誤差	77
解析図化機	212
外線長	279
階調	222
外部標定	208
ガウス・クリューゲル図法	24,233,238,308
過失	28
河川測量	20,286,308
画素	203,308
割円筒図法	270
カラー写真	197,223
仮BM設置測量	274
環	160
簡易水準測量	138
簡易水準点	138
関係法令の遵守	59
還元公式	37

干渉測位法	110,308
間接観測	34
間接観測法	114,115,125,126,136,173
間接水準測量	90
間接測定法	175
観測	72
観測差	85,308
観測図	72,107
観測方程式	308
環閉合差	160
緩和曲線	308

き

器械高	154
器械定数	83
器械的誤差	28
器高式野帳	154
記号道路	248
気差	90,150,151,309
基準点	18,251,309
基準点成果表	101,309
基準点測量	18,20,70,309
基準点の設置	169
気象補正	80
基図	244
既成図数値化	177,309
基線解析	119,123,309
基線ベクトル	111,123,124,309
既知点	70,309
ぎ柱（プリズモイド）公式	298
軌道情報	118,122
キネマティック法	110,136,309
基盤地図情報	59,60,61,262,309
基盤地図情報項目	62,167,186
基本図	62
基本測量	19,50,309
基本測量及び公共測量以外の測量	19,51
基本測量に関する規程の準用	57

基本調査		62	光学的調整		143	サイドラップ		201
きめ		222	公共基準点		310	細部測量		18,169,172
球差	90,148,150,151,166,309		公共測量		19,51,310	作業規程		57
求心		75,170	公共測量作業規程の準則		20	作業規程の準則	50,57,58,59,310	
球面距離		47,236,309	公共測量の基準		57	作業計画		59,72,139,195
球面座標系		22,309	公共測量の調整		57	作図データ		178
境界		253	航空カメラ		196	撮影		195,200
境界測量		309	航空レーザ測量		218,310	撮影間隔		201
共線条件		196	航空レーザ測量システム		219	撮影高度		199
曲線半径		279	較差		33,85	撮影条件		222
曲線長		279	後視		140	座標系変換		310
距離		27	光軸		75	座標法		295
距離標		288,289,309	高層建築街		250	座標読取装置付アナログ図化機		212
距離標設置測量		287,309	工程管理		59	左右の傾き		210
			交点		310	三角区分法		294
く			高度定数		88	三角比		36
			光波測距儀		80,310	3級基準点		70
杭打ち調整法		143,309	後方交会法		171	3級基準点測量		70
偶然誤差		28,309	航法メッセージ		118	3級水準測量		138
空中三角測量		208,309	鋼巻尺		78	3級水準点		138
空中写真測量		20,194	コース間隔		201	3級〜4級基準点測量		136
グラウンドデータ		218,309	コース撮影		202	残差		29,310
クリアリングハウス		262,309	国際図 1/100万		242	3次元計測データ		218
グリッドデータ		218,310	国土基本図		62,310	三次元直交座標		53
			国土調査		62	三斜法		294
け			国土調査法		62	3点法		291
			誤差		29	三辺法		294
計画書についての助言		57	誤差曲線		29			
経距		97,310	誤差の公理		28	**し**		
計曲線		174,252	誤差の伝播の法則		32			
計算		73	誤差論		28	C/Aコード		118
傾斜補正		78	個人的誤差		28	GRS80楕円体		22,52,317
経線		232	弧長		279	GIS		60,313,317
軽重率		30,157,310	国家基準点		310	GNSS		70
経度		232	固定局		310	GNSS観測	21,70,73,116,317	
系統的誤差		28,310	弧度法		38	GNSS測量		21,110,317
結合多角方式		98,310	1/5万の地形図		242	GNSS測量機		317
結合トラバース		96,310	コンペンセータ機能点検		147	CCD		317
現地測量		168,310				GPS		317
現地調査		195	**さ**			JPGIS		60,317
現地補測		195				ジオイド		23,138,310
弦長		279	最確値		29,310	ジオイド高		53,120,310
			最確値の標準偏差		29,31	ジオイド測量		120,310
こ			サイクルスリップ		129,310	ジオイドモデル		127
			再現の原理		208	色調		222
交会法		170	最小二乗法		310	指向		170
交角		279	細線化		181			

子午線	232	植生界	253	正規分布曲線	29		
視差	75,206,311	白黒写真	197	正弦定理	37		
視差差	207	真位置データ	178	正射投影	216,312		
視差の消去	75	心射円筒図法	234	正射変換	216		
視準距離	139,311	芯線化	181	整準	75,170		
視準軸誤差	76,77,148	深浅測量	287,311	整数値バイアス	113,117,312		
視準線	75	真値	29	整数値バイアスの確定	117		
刺針	195,311	新点	70,311	整数値バイアスの確定法	111		
視通	311	真幅道路	248	精度	29		
実施体制	59	真北	316	精度管理	59		
実施の公示	56	真北方向角	96,316	正標高	312		
実測図	244,311			セオドライト	74,312		
実体感	206	**す**		世界測地系	22,47,52,312		
実体視	206			赤外カラー写真	223		
実体写真	206	水準環	160,311	赤外写真	223		
自動（オート）レベル	142,311	水準器軸	144	赤道	232		
自動補正装置	142	水準器の感度	144	赤道面	232		
視度調整	75	水準器の半径	144	セッション	116,118,312		
尺定数	78	水準基標	289,311	セッション計画	116		
尺定数補正	78,79	水準基標測量	287,306	接線長	279		
写真縮尺	199	水準測量	20,138	接続標定	208		
写真地図	311	水準網	160,311	絶対標定	208		
写真地図作成	216	水準路線	140,311	節点	107,312		
写真判読	311	垂直写真	197	零目盛誤差	148		
修正測量	177,214,311	水部ポリゴンデータ	218	旋回角	210		
縦断測量	274,276	水平軸誤差	76,77	線拡大率	236		
自由度	29	数値画像	212	線形決定	274,312		
重量	30,310	数値図化	176,195,212,311	前後の傾き	210		
主曲線	174,252	数値地形図データ		前視	140		
縮尺係数			21,168,180,212,311	選点	72,107,139		
	27,47,100,101,236,238,311	数値地図2500	186	選点図	72,107,139,312		
取捨選択	246	数値地図25000	186	前方交会法	170		
種々の目標物	251	数値地形測量	172,176,311				
主題図	239,311	数値地形モデル	178,213,220	**そ**			
主点	197	数値標高モデル	218,220,311				
主点基線長	201	数値編集	169	測量成果の提出	57		
主任技術者	59	図郭	254	相互標定	208,210,312		
準拠楕円体	22,311	スキャナ	214,312	相対測位法	110		
準天頂衛星	5,110	図式	244,312	総描	246		
障害物の除去	56	図式規程	178	総描建物	250		
条件付観測	34	スタティック法	110,136,312	測地学的測量	18,312		
条件点	274	ステレオモデル	202,206,312	測地基準系	312		
条件方程式	311	ステレオ有効モデル	202	測地原点	26		
昇降式野帳	155			測地成果2000	312		
上盤水準器の調整	76	**せ**		測定値	29		
初期化	192			測量	18,50		
植生	253	成果表の作成	73	測量業	51		

索引

331

測量業者	51
測量計画機関	51,312
測量作業機関	51,312
測量士及び測量士補	58
測量成果	312
測量成果及び測量記録	51
測量成果の公開	56
測量成果の公表及び保管	56
測量成果の使用	56,57
測量成果の審査	57
測量成果の提出	59
測量成果の複製	56
測量成果の保管及び閲覧	57
測量の基準	52,59
測量の計画	59
測量の原点	26
測量標	51,313
測量標の使用	56
測量標の設置	72
測量標の保全	56
測量法	50
測量法の遵守	59
素子寸法	199

た

対空標識	195,198,313
対空標識の設置	198
大圏航路	234
楕円体高	53,120,313
楕円補正	313
多角測量	18,313
高さの基準面	23
多重経路	316
建物記号	250
建物等	250
WGS-84系	112
WGS-84座標系	125,317
単位水準環	160
単コース調整法	208
短縮スタティック法	111,136
単心曲線	278
単点観測法	126,136,173,313
単独測位	313
単独測位法	110
単路線方式	98,313

ち

地域撮影	202
チェイン	182,184
地形測量	20,168
地軸	232
地上画素寸法	200,203
地心直交座標系	22,313
地図情報レベル	21,168,313
地図投影法	25,313
地図編集	244,246,313
地性線	174,313
地籍調査	62
地盤高	140
中央縦距	279
中間点	140
中心杭	276
中心線測量	276,313
中心投影	216,313
長期計画	56
調査士	63
調整用基準点	218
直視	90
直接観測	34
直接観測法	114,115,136
直接水準測量	140
直接測定法	175
地理学的経緯度	52,313
地理空間情報	61,186,262,313
地理情報	60
地理情報システム	60,61,217,262,313
地理情報標準	60,314
地理情報標準プロファイル	60
チルチングレベル	142,314

て

DEM	311
TS	314
TS点	127,169
TS等	21
TS等観測	21,70,73,82,317
DOP	115
dpi	315
定期横断測量	287
定期縦断測量	287
定誤差	28,310
汀線測量	289
デジタイザ	214,314
デジタル航空カメラ	196,200,314
デジタル写真測量	212,314
デジタルステレオ図化機	21,212,230,314
デジタルデータ	314
転位	246
点検計算	108,160
点高法	298
電子基準点	112,314
電子国土	62,244,262
電子国土ポータル	262,314
電子地形図25 000	262
電子地図	314
電子平板	179,314
電子平板方式	169,178
電子レベル	143,314
天頂角	88
点の記	72,314

と

投影補正	79
等角(正角)図法	233
等角点	197
東京湾平均海面	314
等距離(正距)図法	233
等高線	174,252
等高線データ	219
等高線法	178,314
同時調整	195,208
投射図法	270
等深線	252
等積(正積)図法	233
トータルステーション	21,82,314
渡海水準測量	152
渡海(河)水準測量	314
特殊基準面	288
特殊図	239
独立観測	34,250
度数法	38
土地家屋調査士	63
土地の立入及び通知	56
ドット	315

トポロジー情報	182	反射プリズム	315	閉合差	96,160	
トラバース	96	搬送波	111,315	閉合比	97	
		汎地球測位システム	5,112	平板測量	170	
な		バンドル法	208	平板の標定	170	
内挿補間法	219	**ひ**		平面距離	47,236,315	
内部標定	208			平面測量	18	
ナビゲーション	315	Pコード	118	平面直角座標	24,236	
		PCV補正	122	平面直角座標系	23,27,100,315	
に		ピクセル	203,308	ベクタ型データ	182	
1/2.5万の地形図	243	比高	140,207	ベクタデータ	177,180,316	
2級基準点	70	ヒステリシス誤差	147	ベクトル	40	
2級基準点測量	70	ひずみ	204,232	ヘロンの公式	294	
2級水準測量	138	ひずみ量	204	辺	316	
2級水準点	138	標高	23,27,53,140,315	偏角	279,280	
二項定理	40	標高点	251	偏角測設法	280,316	
二重位相差	315	標尺補正	150	編集図	244,316	
1/20万の地勢図	242	標準大気モデル	120,135,315	偏心角	92	
二条線	253	標準偏差	29,315	偏心観測	92	
2点法	291	標定	208	偏心距離	92	
2辺ときょう角を測定する方法		標定点	195,315	偏心計算	92,316	
	294	標定点の設置	195	偏心誤差	77	
日本経緯度原点	26,52	標定要素	210	変調周波数	81	
日本水準原点	26,52,138	飛来情報	115			
				ほ		
ね		**ふ**		方位	316	
ネットワーク型RTK法		VLBI測量	317	方位角	24,96,316	
	111,115,136,315	フィックス	315	方位図法	233	
		FIX	315	方向角	24,96,316	
の		フィルム航空カメラ	196,200	方向観測法	84	
ノード	182,184	復旧測量	315	放射法	170,316	
法線測量	289	物理的誤差	28	放送暦	122,316	
		不定誤差	28,309	補助曲線	174,252	
は		不定水涯線	253	補助基準点	127	
バーコード標尺	143	ブロック調整法	208	補正量	35	
倍角	85	分散	29	補備測量	169	
倍角差	85,315			ポリゴン	182,184	
配信事業者	315	**へ**				
パスポイント	210,315	平均距離法	298	**ま**		
パターン	222	平均計画図	72,107,139	マップデジタイズ	177	
パララックス	75,311	平均計算	73,315	マルチパス	135,316	
パンクロ(白黒)写真	223	平均図	72,107,139,315			
反視	90	平均二乗誤差	29,315	**み**		
		平行圏	232	密着写真	197	
		閉合誤差	97			

め

メタデータ	262, 316
目盛誤差	77
メルカトル図法	234, 316

も

モザイク	217, 316
模様	222
もりかえ点	140

や

役杭	276

ゆ

UTM図法	25, 236, 238, 317
ユニバーサル横メルカトル図法	25

よ

用地測量	20, 292, 316
用地幅杭	277
用地幅杭設置測量	277
余弦定理	37
横メルカトル図法	24, 235, 316
予察	177
4級基準点	70
4級基準点測量	70
4級水準測量	138
4級水準点	138
4点法	291

ら

ラジアン単位	38, 316
ラスタ型データ	182
ラスタデータ	177, 180, 316
ラスタ・ベクタ変換	181

り

リアルタイムキネマティック法（RTK法）	111
リモート・センシング	316
流速	290
流速計	290
流量	291
両差	90, 151, 309
両端断面平均法	298

れ

0.5対回観測	85
レイヤ管理	316

ろ

路線	317
路線測量	20, 272, 317
路線長	317
路線の辺数	317

＜著者略歴＞

國澤　正和
くに　ざわ　まさ　かず

1969 年　　立命館大学理工学部土木工学科卒業
　　　　　　大阪市立都島工業高等学校（都市工学科）教諭を経て，2008 年
　　　　　　大阪市立泉尾工業高等学校長を退職
　　　　　　大阪産業大学講師
　　　　　　土木資格試験研究会　主幹

主な著書　はじめて学ぶ　測量士補受験テキストQ&A（弘文社）
　　　　　　直前突破　測量士補問題集（弘文社）
　　　　　　測量士補合格診断テスト（弘文社）
　　　　　　測量士補計算問題の解法・解説（弘文社）
　　　　　　全訂版　これだけはマスター　ザ・測量士補（弘文社・共著）
　　　　　　全訂版　合格用テキスト　測量士補受験の基礎（弘文社・共著）

写真提供等協力

福井コンピュータ株式会社

ご協力ありがとうございました。

弊社ホームページでは、書籍に関する様々な情報（法改正や正誤表等）を随時更新しております。ご利用できる方はどうぞご覧下さい。http://www.kobunsha.org
正誤表がない場合、あるいはお気づきの箇所の掲載がない場合は、下記の要領にてお問合せ下さい。

ご注意
(1) 本書は内容について万全を期して作成いたしましたが、万一ご不審な点や誤り、記載もれなどお気づきのことがありましたら、当社編集部まで書面にてお問い合わせください。その際は、具体的なお問い合わせ内容と、ご氏名、ご住所、お電話番号を明記の上、FAX、電子メール（henshu1@kobunsha.org）または郵送にてお送りください。
(2) 本書の内容に関して適用した結果の影響については、上項にかかわらず責任を負いかねる場合がありますので予めご了承ください。

はじめて学ぶ
測量士補受験テキスト Q&A

編　著	國澤　正和
印刷・製本	亜細亜印刷株式会社

発　行　所	株式会社 弘文社	〒546-0012 大阪市東住吉区中野2丁目1番27号 ☎ (06) 6797-7441 FAX (06) 6702-4732 振替口座　00940-2-43630 東住吉郵便局私書箱1号
代　表　者	岡﨑　達	

落丁・乱丁本はお取り替えいたします。